L'ARBORICULTEUR FRUITIER

ET LE

VITICULTEUR

DU MIDI DE LA FRANCE

PAR

Marius FAUDRIN

Chevalier de l'Ordre National du Mérite Agricole,
Membre de la Société Nationale d'Encouragement à l'Agriculture,
Professeur à l'Ecole pratique d'Agriculture de Valabre,
Élève de l'Instituteur J.-B. Brémond.

Orné de 47 Planches explicatives

3me ÉDITION

REVUE ET CONSIDÉRABLEMENT AUGMENTÉE

(Les précédentes Éditions ont été honorées d'une souscription de MM les Ministres de l'Agriculture et de l'Instruction Publique, et admises pour les Bibliothèques scolaires.)

EN VENTE

CHEZ L'AUTEUR RUE THIERS, 2

AIX-EN-PROVENCE

1895

[illegible]

L'ARBORICULTEUR FRUITIER

ET LE

Viticulteur du Midi de la France

Aix, Typ. A. MAKAIRE, rue Thiers 2.

L'ARBORICULTEUR FRUITIER

ET LE

VITICULTEUR

DU MIDI DE LA FRANCE

PAR

Marius FAUDRIN

Chevalier de l'Ordre National du Mérite Agricole,
Membre de la Société Nationale d'Encouragement à l'Agriculture,
Professeur à l'Ecole pratique d'Agriculture de Valabre,
Élève de l'Instituteur J.-B. Brémond.

Orné de 47 Planches explicatives

3me ÉDITION

REVUE ET CONSIDÉRABLEMENT AUGMENTÉE

(Les précédentes Éditions ont été honorées d'une souscription de MM les Ministres de l'Agriculture et de l'Instruction Publique, et admises pour les Bibliothèques scolaires.)

EN VENTE

CHEZ L'AUTEUR RUE THIERS, 2

AIX-EN-PROVENCE

1895

PRÉFACE

DE LA TROISIÈME ÉDITION

Malgré le prompt écoulement de la deuxième Edition de notre livre, nous ne pensions plus en continuer la publication ; nous croyions qu'une œuvre de cette nature ne devait avoir qu'un nombre restreint de lecteurs et qu'il avait produit tout son effet utile.

Mais devant les sollicitations réitérées de beaucoup de cultivateurs et d'amateurs de vergers et de vignobles, de demandes de chefs d'Institutions Agricoles, de Sociétés d'Horticulture, et surtout à la suite de l'honorable mission que M. le Ministre de l'Agriculture a bien voulu nous confier en nous chargeant du professorat de l'Arboriculture et de la Viticulture à l'Ecole de Valabre (Bouches-du-Rhône), nous avions comme l'impérieux devoir de faire paraître les résultats nouveaux de nos études et de nos observations, autant pour mettre notre travail au niveau des progrès accomplis dans ces sciences que pour avoir, à la disposition de nos élèves, un Guide qui contienne les détails de notre enseignement.

En même temps, nous profitons de ce concours de circonstances favorables pour :

Augmenter de plusieurs *Instruments* la série de ceux qui sont nécessaires au Jardinier et au Vigneron.

Conformer la théorie sur la *Sève*, avec les découvertes de nos savants physiologistes.

Ajouter les *Greffages* spéciaux à la Vigne.

Modifier certaines *Formes* arboricoles et viticoles.

Parler de la culture fruitière en *Pots* ; introduire la cultures d'*autres* espèces fruitières.

Développer les explications relatives à la *Conduite* des arbres à noyaux et particulièrement aux arbres de Verger.

Exposer une méthode qui favorise la *Fructification* de l'Olivier.

Réviser la nomenclature des *Fruits* à préférer, et faire connaître les *nouveautés* les plus recommandables.

Indiquer les meilleurs procédés de *Reconstitution* et de *Conservation* du Vignoble.

Apprendre la culture de la Vigne en vue d'*avancer* ou de *retarder* la récolte des raisins.

Enseigner de nouveaux remèdes pour guérir ou pour prévenir les *Maladies* et les *Ennemis* des arbres et de la Vigne.

Consacrer un chapitre spécial aux *Animaux* et aux *Insectes utiles*.

Enfin, énumérer les *Travaux* mensuels arboricoles et viticoles.

Si ces additions et ces améliorations ne suffisent pas encore pour obtenir les résultats que nous ambitionnons, nous aurons prouvé du moins notre dévouement à la cause de l'Arboriculture et de la Viticulture.

M. FAUDRIN.

PRÉFACE

DE LA DEUXIÈME ÉDITION

Encouragé par l'accueil favorable dont notre modeste travail a été honoré, en France et à l'Etranger, nous nous faisons un devoir de ne rien oublier pour rendre cette nouvelle édition de plus en plus digne du succès qu'a obtenu son aînée.

Dans la révision de l'ouvrage, nous nous sommes inspiré à la fois des nouveaux résultats de notre propre expérience et des observations judicieuses qu'on a bien voulu nous soumettre. Nous avons aussi apporté tous nos soins à rendre plus complet le développement des matières qui y sont traitées.

Enfin, on y trouvera de nombreuses additions que les progrès de la science ont rendues indispensables et que nous pourrions résumer dans les titres suivants :

Description de nouveaux outils ;
Plan d'un jardin fruitier paysager ;
Perfectionnement apporté à l'entaille ;
Formation des arbres en cône à ailes ;

Modification apportée au système de taille de la vigne, préconisée par le docteur J. Guyot ;

Moyens d'atténuer les désastres causés à la vigne par les fléaux naturels ;

Formation rationnelle de la tige des arbres de verger ;

Conduite de l'olivier et du mûrier, avec planches à l'appui [1] ;

Indication de nouveaux Remèdes plus efficaces pour guérir ou se débarrasser des maladies ou des ennemis des arbres fruitiers ;

Enfin, un moyen d'assurer et de prolonger la conservation des raisins de table.

Avec toutes ces améliorations et ces augmentations, notre livre aura-t-il atteint le but que nous nous proposions ? Nous n'osons l'espérer ; mais, ce que nous croyons pouvoir affirmer, c'est qu'il réalisera mieux nos vues et nos désirs.

Châteauneuf-de-Gadagne, le 15 décembre 1872.

---

(1) Quoique en dehors de l'arboriculture fruitière, nous avons cru devoir traiter de la culture de ce dernier arbre, pour faire droit aux demandes d'un grand nombre de nos lecteurs, qui nous ont fait remarquer, avec juste raison, que cette étude pourrait rendre des services réels à beaucoup de cultivateurs de notre Région.

PRÉFACE

DE LA PREMIÈRE ÉDITION

Tout, ou du moins à peu près tout, a été dit sur l'Arboculture Fruitière; mais, jusqu'à ce jour, les livres traitant de cette culture n'ont pas été d'une grande utilité à ceux qui s'en occupent, les explications n'ayant pas reçu les développements nécessaires ou étant remplis de détails de luxe qui surchargent inutilement la mémoire et découragent les personnes qui commencent l'étude de cette science.

Ce sont ces raisons qui nous ont déterminé à publier le présent Traité. Ecrivant, avant tout, pour nous rendre utile, et désireux de produire une œuvre aussi concise et aussi complète que possible, nous n'avons pas fait difficulté de sacrifier notre amour-propre d'auteur pour transcrire les idées de nos meilleurs arboriculteurs, que nous avons eu le soin de citer. Nous y avons également introduit le résultat de nos travaux, dont notre expérience dans l'enseignement et dans la pratique nous ont démontré la nécessité.

Cet ouvrage, nous l'avons divisé en chapitres, cette forme nous ayant paru plus propre que toute autre à initier aux préceptes de l'Arboriculture. Ces chapitres traitent :

Le Ier, des *Instruments utiles à l'arboriculteur* ;

Le IIe, de l'*Anatomie et de la Physiologie végétale* ;

Le IIIe, de la *Formation des Jardins fruitiers* ;

Le IVe, des *divers Modes de multiplication des arbres fruitiers* ;

Le Ve, des *Opérations applicables aux Arbres fruitiers pour les conduire et les faire fructifier* ;

Le VIe, de la *Taille des branches charpentières et des branches fruitières* ;

Le VIIe, des *meilleures Formes à donner aux Arbres fruitiers* ;

Le VIIIe, de *l'Établissement de la charpente des Arbres en Cône, en vase, en palmette et en cordon horizontal* ;

Le IXe, de la *Culture des Arbres à fruits à noyaux* ;

Le Xe, de la *Conduite des Arbustes et Arbrisseaux à fruits en baies* ;

Le XIe, de la *Formation du Verger* et de la *Culture de quelques essences fruitières ordinairement abandonnées à elles-mêmes* ;

Le XIIe, des *Remèdes destinés à combattre les maladies, les animaux et les insectes nuisibles aux arbres fruitiers* ;

Enfin, le XIIIe et dernier, de la *Manière de récolter, conserver et emballer les fruits.*

Telle est la marche que nous avons suivie dans ce livre ; elle embrasse, comme on voit, les connaissances qui constituent la science de l'arboriculteur.

Chacun de ces chapitres est accompagné de dessins ex-
icatifs, que nous avons nous-même confectionnés avec le
us grand soin. Ces dessins, réunis sous forme de plan-
ies, ont été placés au commencement de leur chapitre res-
ectif, et disposés d'une façon qui nous paraît appelée à
:lairer grandement l'intelligence par la vue. Nous espérons
u'on nous saura gré de cette innovation, qui permet au
ecteur d'avoir constamment sous les yeux la figure démons-
rative.

Nous avons numéroté chaque alinéa du livre, afin d'aider
e lecteur dans ses recherches et de lui faire trouver promp-
ement la raison ou le complément des indications dont il
eut s'inspirer.

En descendant dans certains détails qui pourraient paraître superflus, nous avons à cœur de nous mettre à la portée de tous ceux qui aborderont notre ouvrage avec le désir
de l'étudier et d'en suivre la théorie.

La clarté, la simplicité et la brièveté, voilà tous les orne-
ments du style de notre livre. C'est là, selon nous, le seul
moyen d'arriver à rendre populaires les éléments d'une
science à la fois si utile et si attrayante. Il ne nous appartient pas de décider si nous y aurons réussi, le lecteur en
jugera lui-même.

M. FAUDRIN.

INTRODUCTION

De toutes les sciences qui se rattachent à la culture du ol, l'*Horticulture* est, sans contredit, une des plus importantes, sinon la plus importante. Outre les grands bénéfices qu'elle procure au cultivateur, elle est aussi, pour l'amateur, une occupation aussi agréable que peu fatigante, surtout pour celui qui, après une vie passée dans le tumulte des villes, se retire à la campagne pour y jouir de la paix des champs.

Cette science se divise en quatre parties : l'*Arboriculture*, ou la culture des arbres fruitiers et forestiers ; la *Viticulture*, ou la culture de la Vigne ; l'*Olériculture*, ou la culture des légumes, et la *Floriculture*, ou la culture des Fleurs.

Nous ne nous occuperons ici que de l'*Arboriculture fruitière* et de la *Viticulture*.

L'ARBORICULTEUR FRUITIER

ET LE

VITICULTEUR

CHAPITRE PREMIER

Matériel Arboricole et Viticole

Pour entreprendre, avec succès, la production fruitière, cultivateur doit, avant tout, se munir des outils, appa-ils et ustensiles nécessaires à sa profession ; comme tou-urs, il recherchera l'économie et il ne se procurera que eux d'une utilité réelle et éprouvés par une sérieuse ratique.

L'outillage indispensable comprend : les *Bêches ordinai-es* et *bident* ou *trident*, les *Houes commune* et *bident*, a *Serfouette*, la *Ratissoire*, la *Pelle*, le *Râteau*, la *Pio-he*, le *Cordeau* et les *Piquets*, le *Rayonneur*, le *Déplan-oir*, le *Plantoir*, la *Brouette*, l'*Arrosoir*, la *Pompe à nain*, le *Pulvérisateur* ; les Abris : *Haies*, *Murailles*, *Treillages*, *Tuteurs*, *Tringles*, *Pitons*, *Fils de fer*, *Li-eaux*, *Baguettes*, *Potences*, *Raidisseurs*, *Échelle*, *Clous*, *Loques*, *Marteau*, *Panier*, *Tablier*, *Souflet insecticide*, *Pal injecteur*, et les Instruments de Coupe : *Serpette*, *Sécateur*, *Scie à main*, *Hâche*, *Cisailles*, *Echenilloir*, *Serpette à crochets*, *Annelleur*, *Ciseaux*, *Cueille-fruits*,

Greffoir ordinaire, Greffoir à gouge, Couteau commun, Métro-greffe, Coins, Ligatures et Engluments.

Outils de Labour. — La *Bêche ordinaire*, vulgairement *Louchet* (fig. 1), est employée pour les gros labours et les défoncements à bras d'homme, ainsi que pour ouvrir les trous destinés à la plantation des arbres.

Dans les vergers ou dans les vignobles, d'une certaine étendue, il est plus expéditif et plus économique, pour les défoncements, de recourir à la charrue, avec traction par les chevaux, ou à l'aide de la vapeur.

La *Bêche-bident* ou *trident*, communément *Fourche* (fig. 2), sert aux mêmes usages que la Bêche ordinaire, et elle la remplace avantageusement dans les endroits occupés par les racines, qui alors se trouvent respectées par l'outil.

La *Houe commune* (fig. 3), est utilisée pour ouvrir les sillons destinés à recevoir les semences, ou ceux destinés à l'irrigation ; cet outil sert également à détruire les mauvaises herbes, et à ameublir la superficie du sol.

La *Houe-trident* ou *Béchard* (fig. 4), est à la Houe commune ce que la Fourche est au Louchet ; elle est préférable pour exercer les binages en terrains compactes ou pierreux.

La *Binette* (fig. 5), est une sorte de petite houe double figurant, d'un côté, une houe à fer plein, et, de l'autre, une houe-bident ; son maniement est commode pour effectuer les labours superficiels et pour détruire les plantes parasites, particulièrement dans les plantations rapprochées : avec la lame on assouplit l'espace réservé entre les rangées d'arbres, et avec la partie dentée, on fouille entre les sujets.

Dans les vignobles, on a recours, maintenant, à la *Bineuse à cheval*, qui agit plus vite et aussi bien, ce qui réduit les frais de main-d'œuvre.

La *Serfouette* est un diminutif de la binette ; on l'emploie aux mêmes travaux, ainsi que pour butter et déchausser les greffes de la vigne.

La *Ratissoire*, (fig. 6), est copiée aussi sur le modèle de la binette ; sa lame est disposée pour opérer tantôt en tirant, tantôt en poussant ; on en confectionne également qui opèrent dans les deux sens ; la partie tranchante de la lame doit être légèrement cintrée en dedans. En terrain caillouteux, il vaut mieux que la lame soit dentée, alors elle glisse plus facilement entre les pierres.

La *Pelle* (fig. 7), est utile pour sortir la terre des trous ou pour les combler, pour amonceler ou pour charger les terreaux et autres matières à déplacer dans le champ ; on peut également s'en servir pour remplacer la Ratissoire.

Le *Râteau* (fig. 8), sert à ramasser les immondices du jardin, à briser les mottes, et à niveler la surface du sol des plates-bandes.

La *Pioche* (fig. 9), est munie d'un manche et d'un fer aigu d'un côté, et, de l'autre, aplati en forme de houe simple ; on l'emploie dans les défrichements, les défoncements, les tranchées, etc.

Ustensiles et Appareils. — Le *Cordeau* et les *Piquets* (fig. 10), servent à disposer des lignes exactement droites.

Le *Rayonneur* ou *Traçoir* (fig. 11), est usité pour dessiner régulièrement les lignes destinées à recevoir les sujets des plantations. Cet appareil représente tantôt une sorte d'araire à double mancherons tiré par un ouvrier, tantôt un T majuscule muni, sur ses bras, de chevilles en fer ou en bois, plus ou moins espacées, suivant l'intervalle que l'on veut donner aux arbres ou aux vignes.

Avant de faire fonctionner le Traçoir, on tire d'abord, au cordeau, deux rayons qui se coupent à angles droits au centre du champ ; puis, on place une des dents extérieures de l'appareil dans le rayon ouvert, et, en s'attellant aux mancherons, les autres dents décrivent des raies parfaitement parallèles.

Le *Déplantoir* (fig. 12), ressemble à une cuiller ; il permet d'extraire, du sol, les jeunes sujets avec la plupart de leurs racines, ce qui aide à la reprise des repiquages.

Le *Plantoir* (fig. 13), est une sorte de cheville recourbée à son extrémité supérieure pour permettre de l'enfoncer plus aisément en terre ; l'autre bout est simplement aiguisé en pointe si le bois est dur, et enchâssé dans une douille en métal, s'il est tendre ; on s'en sert pour activer la plantation des égrains qui n'offrent encore que des rudiments de radicelles, ou des boutures.

Pour la vigne, on se sert d'une *Taravelle*, c'est-à-dire d'une barre en fer longue d'environ 1^{m},50 et grosse comme un manche à balai ; cette tige est transpercée, tous les 0^{m},10, de trous dans lesquels on peut introduire une tringle en fer d'environ 0^{m},25 de longueur qui marque, à la fois, et la profondeur à donner à la plantation, et qui fait l'office de pédale, pour faire pénétrer la pointe de l'outil dans le sol.

La *Brouette* (fig. 14), est destinée à transporter les engrais et autres matériaux utiles ou inutiles aux cultures.

L'*Arrosoir* (fig. 15), est nécessaire pour porter l'eau destinée à désaltérer les plantations. Cet ustensile doit être muni d'une *Pomme* garnie de trous, mais sur les deux tiers seulement de sa surface, afin de permettre au liquide de se répandre mieux en forme de pluie, si les besoins des cultures l'exigent.

On emploie également des *Brise-jet*, sortes de lames en cuivre ou en zinc en forme de bractée d'artichaut ou de bec aplati que l'on enfonce dans le goulot de l'arrosoir ; alors l'eau sort non seulement bien divisée, mais il ne se produit plus d'engorgement, quelle que soit l'impureté du liquide.

Matériel arboricole et viticole

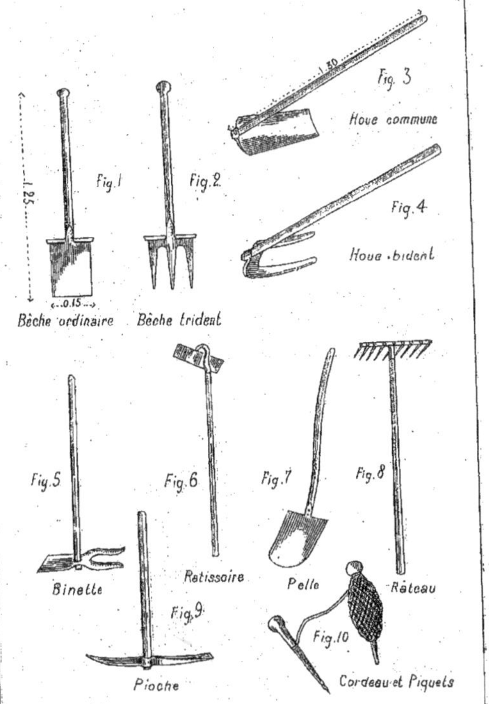

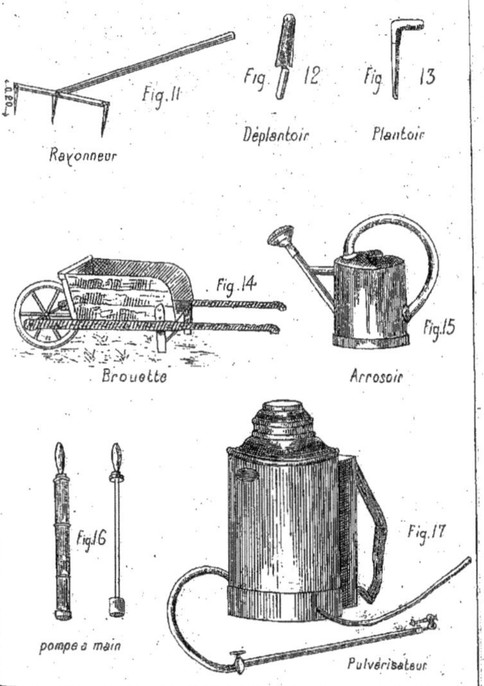

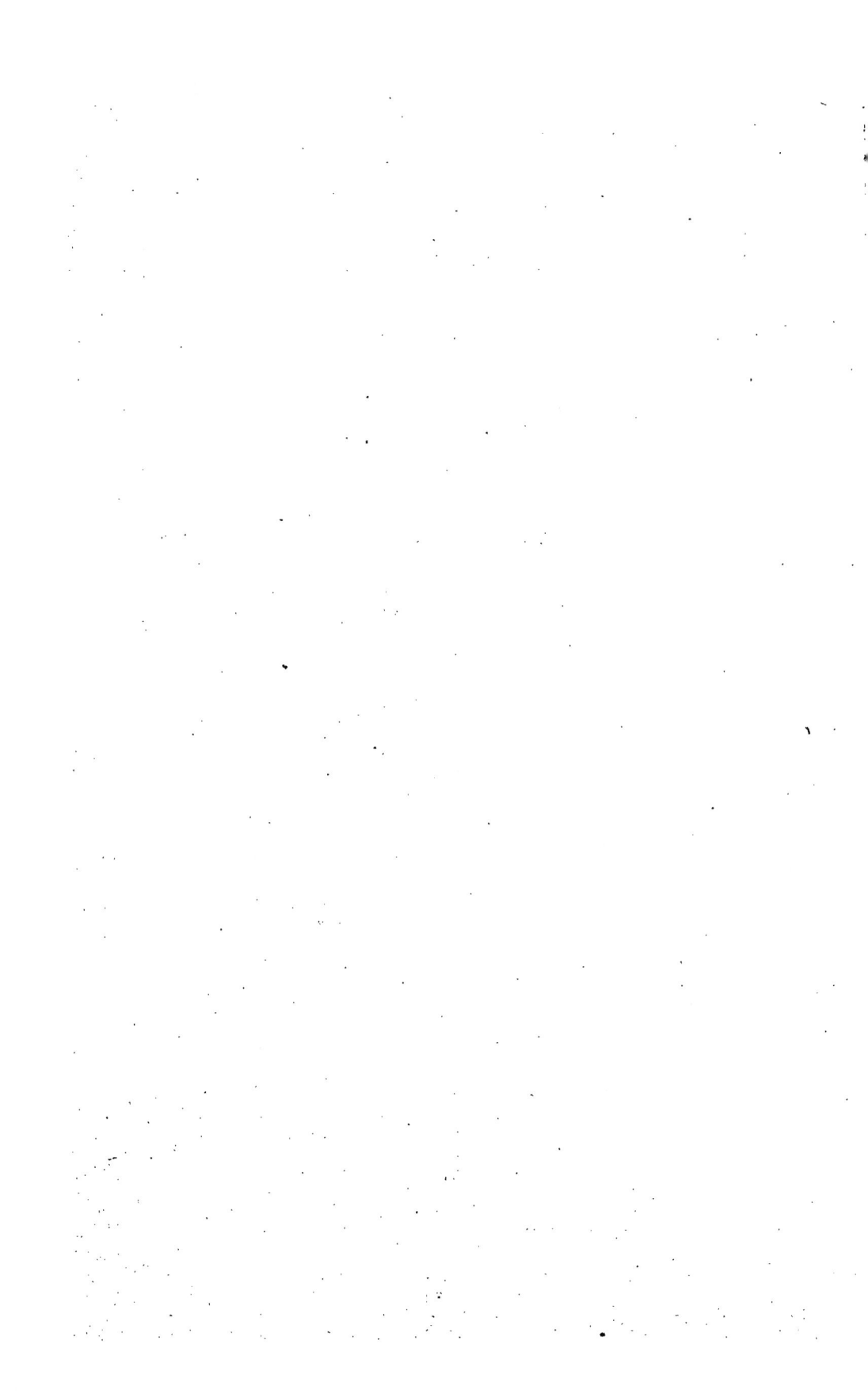

La *Pompe à main* (fig. 16), ressemble à une seringue ; elle fonctionne par le même mécanisme, seulement, son orifice offre une plaque percée de plusieurs rangées de petits trous. On a recours à cet ustensile pour projeter l'eau destinée à rafraîchir et à laver le feuillage, ou pour mouiller, avec les liquides ferreux, les fruits dont on veut augmenter le volume ou aviver le coloris.

Le *Pulvérisateur* (fig. 17), est un appareil d'aspersion perfectionné ; il offre, sur le précédent, plusieurs avantages, entre autres ceux d'opérer vite et mieux. Il y a aussi des Pulvérisateurs à grand travail, portés à dos de cheval ou sur des véhicules *ad hoc*, employés en grande culture.

Abris. — Pour prospérer, la plupart des arbres exigent différentes précautions qui, à certaines époques de l'année, les protègent contre les accidents atmosphériques.

En Provence, il est nécessaire de garantir les plantations contre les vents, celui du Nord surtout, qui est le plus violent. A cet effet, on a recours aux *Haies* et aux *Murailles*.

Haies. On en distingue de deux sortes : la H. sèche et la H. vive.

Haie sèche (fig. 18). On la confectionne, ordinairement, avec des tiges d'*Arundo donax* (canne de Provence) que l'on coupe, en hiver, quand elles sont mûres, et on les dispose en palissade que l'on établit de la manière suivante : à l'endroit désigné pour la recevoir, on commence par ouvrir, avec la bêche ou avec la charrue, un petit fossé d'environ $0^m,25$ de profondeur ; puis on y place les cannes debout, à $0^m,01$ environ l'une de l'autre et légèrement inclinées en avant, c'est-à-dire dans la direction opposée au vent nuisible ; ensuite on comble la tranchée en tassant, assez fortement, la terre ; enfin, on achève de consolider ces tiges en les reliant entre elles avec d'autres cannes fixées dans le sens transversal.

Ces abris ont, avec le mérite de ne pas épuiser le sol,

celui de *briser* le vent, qui alors de nuisible devient utile, en créant un courant d'air salutaire autour des plantations. La hauteur de ce genre de défense doit être d'environ 3 mètres, et l'intervalle à leur conserver peut varier entre 8 et 10 mètres.

Haie vive (fig. 19). On la compose avec des arbres ou des arbustes à végétation touffue, ou armés de piquants, et d'une tonte facile, comme le Cyprès, le Thuya, le Peuplier pyramidal, l'Aubépine, le Paliure épineux, etc. Aux endroits les plus ventés, on plante les sujets à grand développement, et, sur les autres points, on met ceux à végétation modérée. Le traitement de ces sujets doit avoir pour but, avant tout, de les équilibrer dans leurs tiges et dans leurs ramifications latérales.

Quant aux *Haies basses*, pour les avoir défensives et élégantes tout à la fois, on s'y prend comme il suit : On dispose, en ligne, de jeunes plants que l'on sépare d'environ 0m,30 les uns des autres ; puis, après leur mise en terre, on les rabat à 0m,20 environ au-dessus du sol pour provoquer le développement de quelques bourgeons vigoureux, dont les deux meilleurs seuls sont conservés et palissés sur un contre-espalier établi avec des échalas espacés d'environ 3 mètres les uns des autres et réunis entre eux avec deux rangées de fils de fer ou simplement avec des liteaux ou des cannes et sur lesquels on fixe des baguettes dirigées en V ouvert, suivant l'angle de 45°.

Chaque année, en hiver, on taille les bras des tiges en raison de leur force, et on les entrecroise au fur et à mesure qu'ils se rencontrent avec leurs voisins. Par l'effet de cette disposition, les branches, en grossissant, se soudent à chaque point de rencontre, ce qui donne à la barrière une grande solidité. Lorsque la clôture est formée, son entretien se réduit en deux tailles exécutées, l'une, pendant la saison sèche, et l'autre, à la fin du printemps ; on obtient ainsi un véritable mur de verdure.

Murailles. Il est toujours préférable de substituer, aux haies, des *Murs*, qui outre leur avantage de défendre les plantations contre l'impétuosité des vents, offrent aussi la précieuse ressource de pouvoir être occupés par avec arbres dont les fruits alors sont plus certains d'arriver à complète maturité.

Le mur pour *Espalier* (fig. 20), ou pour supporter des arbres fruitiers, peut être construit, soit en pierres, soit en briques, soit même en pisé; on l'enduit d'une couche de bon mortier ou de plâtre, afin qu'il ne puisse servir de refuge aux ennemis arboricoles, et on le coiffe d'un *Chaperon* A, faisant saillie d'environ 0^{m},10. La hauteur de la muraille aura 3 mètres environ et une épaisseur d'environ 0^{m},30. Sur la façade on y scelle des *Pitons* B, munis d'un crochet pour supporter les fils de fer ; ceux-ci seront disposés sur trois lignes: la première sera placée à 0^{m},30 au-dessus du sol, la seconde, au milieu de l'élévation du mur, et la troisième à 0^{m},25 au-dessous du chaperon ; à 0^{m},15 en contre-bas de ce dernier, on bâtit une quatrième rangée de pitons dans les mêmes conditions que les premières, mais ceux-ci portent des anneaux percés triangulairement ; ils sont destinés à supporter les *Potences* C, sortes de tringles en fer en forme de Z, longues d'environ 0^{m},60 et dont le bout inférieur doit pouvoir s'emmancher dans le piton disposé pour le recevoir. Sur ces appuis, on y installe, en temps opportun, des *Paillassons* D, couvertures en paille de seigle, roseaux, etc., et on les y retient avec des *Liteaux* ou des *Baguettes* E, maintenues, à leur tour, avec des liens d'osier ou des fils de fer galvanisés n° 5. On termine le treillage en étendant des fils de fer galvanisés n° 16 sur chaque série de pitons à crochets, et on les raidit avec des engins spéciaux (p. 9); puis, on applique, verticalement, sur les fils de fer, des liteaux, cannes, etc., à chaque distance de 0^{m},30 ou de 0^{m},60, suivant l'espèce d'arbre à palisser, et on les immobilise avec un nœud en fil de fer galvanisé n° 5.

Contre-espalier (fig. 21. On nomme ainsi un treillage, pour soutenir des arbres également, mais placé dans l'intérieur du jardin, en plein-air. Cette installation comprend des tringles en fer ou de fortes barres en bois que l'on place à trois mètres les unes des autres et que l'on enfonce solidement en terre ; elles doivent avoir l'élévation de l'espalier et recevoir aussi trois lignes de fils de fer, sur lesquelles on fixe également des baguettes. Pour donner plus de résistance aux piquets *têtes de lignes*, on les consolide avec des jambes de force, autres piquets plantés obliquement et qui arc-boutent les premiers. On obtient le même résultat en prolongeant les lignes de fils de fer jusqu'à une grosse pierre enterrée et placée à un mètre en dehors des tringles-terminus, et dans laquelle on scelle un fort crochet où l'on accroche solidement les fils.

Pour achever le contre-espalier, on fixe, à plat ou latéralement, au sommet des barres principales, une petite tringle plate de $0^m,02$ de largeur et d'une longueur d'environ $0^m,50$, ou à défaut un liteau offrant les mêmes dimensions, et pour que ces sortes de potences soient capables de soutenir les paillassons, on relie ces supports entre eux avec d'autres liteaux d'une longueur proportionnée à l'écartement des principaux appuis.

Lorsqu'on a recours aux charpentes en bois, il est utile, avant de s'en servir, de les enduire d'une couche de *Goudron végétal* ou *minéral*, ou, ce qui vaut mieux encore, de les traiter au *Sulfate de cuivre* dissout dans l'eau, à la dose de 7 à 8 kil. par hectolitre d'eau. L'immersion doit durer de 8 à 10 jours, plus ou moins suivant la contexture du bois, qui se conserve d'autant plus que ses tissus sont plus tendres, plus spongieux.

Les échalas, d'un usage si fréquent aujourd'hui, en viticulture, gagnent également à s'imbiber d'une solution cuivreuse.

Il en est de même aussi des paillassons ; seulement on ne

Matériel arboricole et viticole (suite)

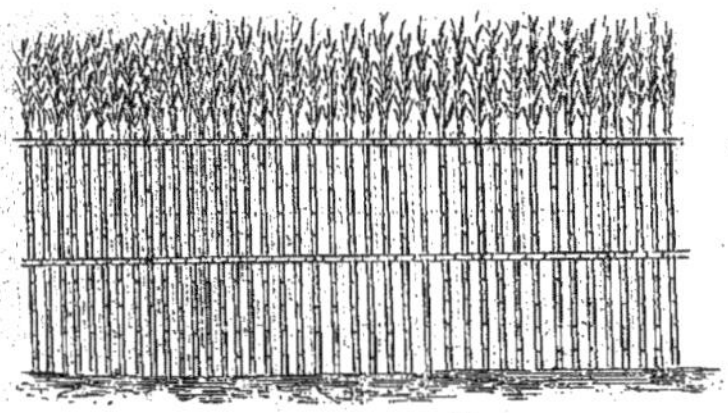

Haie sèche Fig. 18

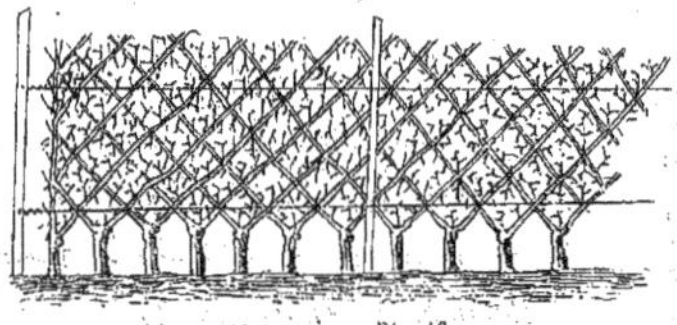

Haie vive Fig. 19

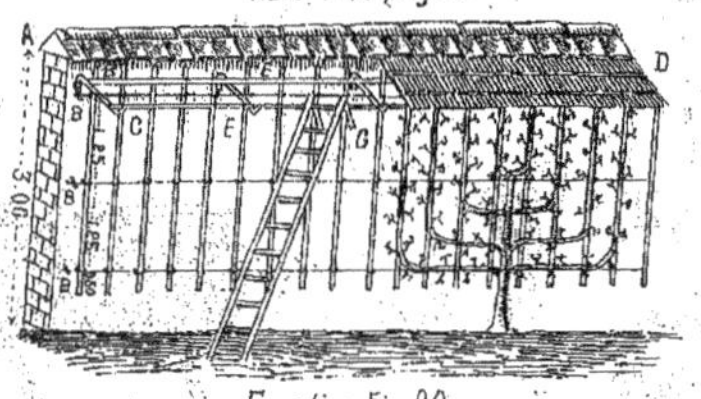

Espalier, Fig. 20

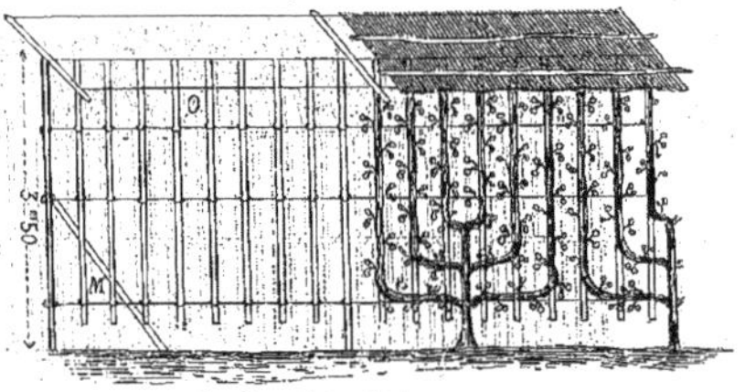

Contre espalier. Fig. 21

Fig. 27

Tendeur Collignon. Fig. 28

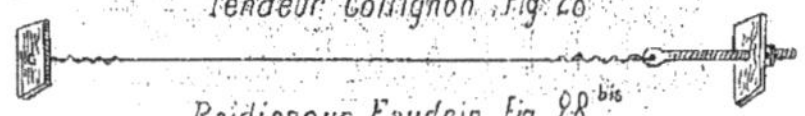

Raidisseur Faudrin Fig. 28 bis

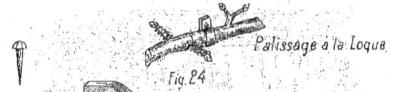

Palissage à la Loque. Fig. 24

Clou. Fig. 22

Loque. Fig. 23

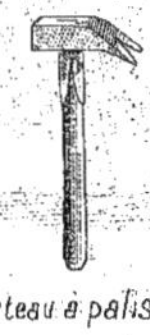

Fig. 25 Marteau à palisser

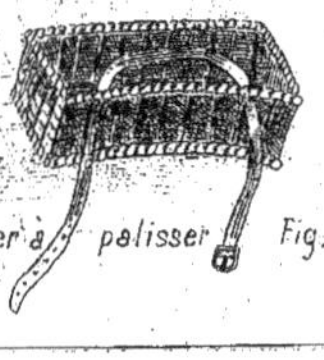

panier à palisser Fig. 26

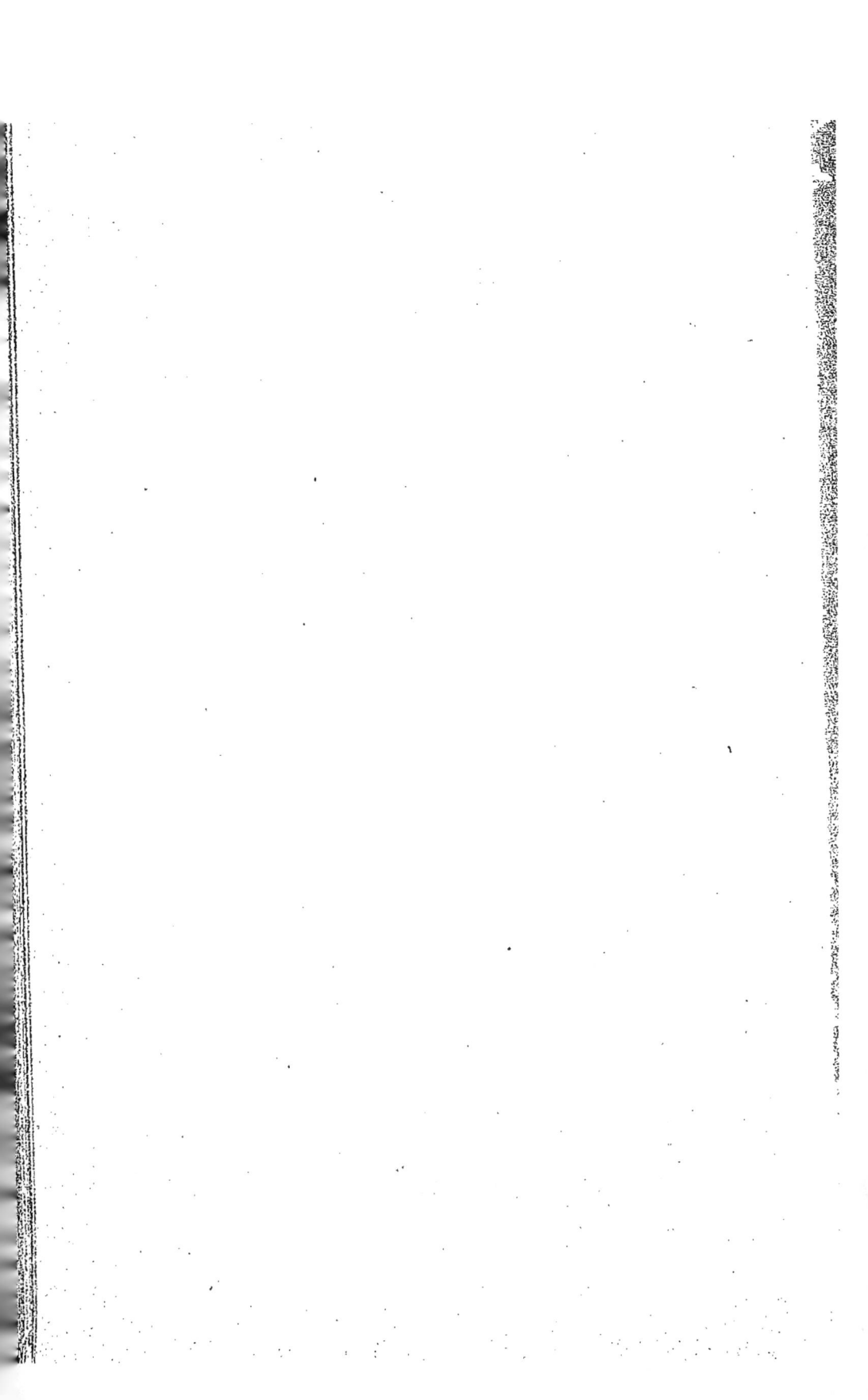

doit les faire tremper dans un bain cuivrique que pendant 24 heures, et réduire la quantité de cuivre à 2 kil.

Dans le nord de la France, les arbres en espalier sont maintenus contre le mur même. A cet effet, on se sert de *Clous* (fig. 22) et de *Loques* (fig. 23). Les clous, à tête conique et à tige d'environ 0m,02 de longueur, servent à fixer la loque ; celle-ci est une bande d'étoffe ou de drap, plus ou moins longue et large, qui prend, en bague, la branche (fig. 24), et l'on enfonce le clou, dans le mur, à l'aide d'un *Marteau* (fig. 25), divisé du côté du pène pour servir, au moment du dépalissage, à arracher les clous, travail qui s'effectue facilement en engageant, dans la rainure du marteau, la tête du clou, et par la force naturelle du levier.

Le *Panier à palisser* (fig. 26), est une sorte de corbeille en osier, munie d'un ceinturon et que le jardinier place devant lui ; on y met les ustensiles nécessaires pour le palissage.

Ce genre de palissage (Ch. IV), a le mérite de faire des arbres élégants et de concentrer la chaleur sur les parties attachées ; cette dernière condition est particulièrement nécessaire pour les pays déshérités d'un bon soleil ; mais, sous le climat méridional, il n'est pas avantageux, au contraire, il fatigue la végétation sans profit aucun pour la fructification ; il vaut mieux, dans le Midi, établir le treillage à une certaine distance de la muraille, et avec des liteaux ou des fils de fer, former des mailles carrées de 0m,10 de côté ; puis appuyer les arbres sur ce treillis, qui aère mieux le feuillage et lui évite les insolations.

Raidisseurs. Ces appareils servent à tendre les fils de fer, afin que ceux-ci puissent supporter, sans fléchir, le poids du treillage et des arbres.

Après avoir vu employer la plupart des modèles de *Tendeurs*, nous conseillons, comme un des meilleurs, le *Raidisseur Collignon* perfectionné (fig. 26), et, comme le plus simple, le *Tendeur Faudrin* (fig. 29)[1]. Voici la manière d'utiliser ce dernier : on le fixe, par le trou de la tête, à chaque bout des lignes de fils de fer ; puis, après avoir sorti les écrous, on passe les boulons dans les trous des tringles-pitons du commencement et de la fin de l'espalier, ou dans les trous des poteaux extérieurs du contre-espalier, et on en fait ressortir la base, afin de pouvoir y remettre les écrous, que l'on visse jusqu'à ce que les fils aient la tension désirable.

On assure aux raidisseurs une durée plus longue en les choisissant galvanisés ou, à défaut, en y passant une couche de goudron ou de peinture à l'huile.

L'*Echelle à palisser* (fig. 20), sert, dans les espaliers, pour pratiquer les opérations qui, du sol, dépassent la portée de la main ; c'est tout bonnement une échelle ordinaire dont les bras sont munis, à leurs extrémités supérieures, de deux montants en fer ou en bois d'environ $0^{m},20$ de longueur, qui, en éloignant l'échelle du mur, préviennent tout froissement et facilitent le travail du jardinier.

Pour les contre-espaliers et les autres formes d'arbres à branches libres, qui n'offrent pas de point d'appui, on a recours à l'*Echelle double.*

Instruments de Taille. — La *Serpette* (fig. 30), est l'outil le plus parfait pour la netteté des coupes ; mais son maniement exige beaucoup de pratique et une certaine habileté. Pour être bien conditionné, cet instrument doit avoir la lame en acier de première qualité et d'une bonne trempe ; il est essentiel aussi que la courbure de la lame ne soit ni trop prononcée, ni trop droite ; sa direction doit suivre l'angle de 45 degrés.

(1) C'est M. E.-A. Carrière, le distingué rédacteur en chef de la *Revue Horticole* (de Paris), qui nous a fait l'honneur d'attacher notre nom à cet ustensile, lequel n'est autre qu'une vis de couchette.

Quand on opère avec cet outil, on saisit le manche, d'une main ; puis, de l'autre main, on tient le rameau que l'on veut raccourcir, en appliquant le pouce un peu au-dessous du point où l'on veut couper ; on incline légèrement la lame de bas en haut, et, ensuite, on tire vivement la poignée, à soi ; il en résulte alors une section parfaitement régulière.

Le *Sécateur* (fig. 31), est copié sur le modèle des ciseaux ; son usage est plus simple et plus facile que celui de la serpette.

Pour bien tailler, avec cet instrument, il faut le coucher à plat, dans la main, de façon que le crochet soit dessus et la lame dessous ; on appuie l'outil à l'endroit où l'on veut tailler ; puis on en presse les bras, et en leur imprimant un petit mouvement, demi-circulaire, de droite à gauche, aidé par une légère inclinaison, avec l'autre main, de la partie à couper, on obtient une blessure presque aussi nette que celle obtenue avec la serpette.

Comme la serpette, le sécateur également doit être en véritable acier ; le crochet et la lame seront minces et allongés, et celle-ci disposée de manière à offrir une large échancrure ; pour que l'outil tienne bien en main, les bras porteront des tailles de lime ; quant au ressort, il le vaut mieux fixe, pour le bon fonctionnement de l'outil.

L'*Egohine* ou *Scie à main* (fig. 32), est indispensable pour retrancher les grosses branches qui ne pourraient être coupées avec le sécateur ou la serpette. Une scie, pour bien agir, doit avoir la lame mince, flexible et le dos plus étroit que le côté opposé ; la dentelure sera fine et bien évidée, afin de tracer un large passage à l'outil.

Ce genre d'amputation exige que la plaie soit *polie*, de suite, avec un instrument tranchant, pour enlever les bavures qu'elle laisse et qui seraient un obstacle à la prompte cicatrisation de la coupe.

La *Hâche* (fig. 33), sert aux mêmes opérations que la

scie, sur qui elle a l'avantage de produire des plaies plus franches. Lorsque les blessures offrent un diamètre tant soit peu développé, on aide à leur cicatrisation en les recouvrant d'un *Englument* quelconque (P. 15).

Les *Cisailles* (fig. 33), sont utilisées pour tondre les haies vives.

Ces divers instruments doivent être maintenus, constamment, en état de propreté ; quand on s'en sert, il s'encrassent, ce qui oblige à les laver, non seulement pour les empêcher de se détériorer, mais pour en obtenir des coupes plus vives et plus saines. Quand le taillant est émoussé, on repasse les lames sur une meule de grès, puis on l'adoucit sur une pierre plus tendre pour lui enlever le fil, et on répète l'opération autant de fois que cela est nécessaire.

La scie à main est entretenue en bon état avec la lime dite tiers-point.

L'*Echenilloir* (fig. 35), est un genre de sécateur muni d'une douille que l'on emmanche à une perche ; le bras qui porte la lame est terminé, à son extrémité, par un trou dans lequel on fixe une corde aussi longue que le manche. Cet outil est utilisé pour débarrasser les arbres des bourses à chenilles ; on peut s'en servir également pour épointer ou raccourcir les ramifications qui dérangent l'équilibre de la sève.

La *Serpette à crochets* (fig. 36), est nécessaire pour supprimer les pousses inutiles à la construction de la forme de l'arbre et à sa fructification. Avec l'un des crochets, celui qui coupe, on taille de haut en bas, et, avec l'autre, on fait tomber les productions abattues qui sont engagées dans les branches. L'axe de l'outil, en forme de ciseau de menuisier, sert à couper de bas en haut.

L'*Annelleur* ou *Pince à décortiquer* (fig. (37), est d'une application avantageuse pour avancer l'époque de maturité des fruits et plus particulièrement celle des raisins.

Matériel arboricole et Viticole (Suite & fin)

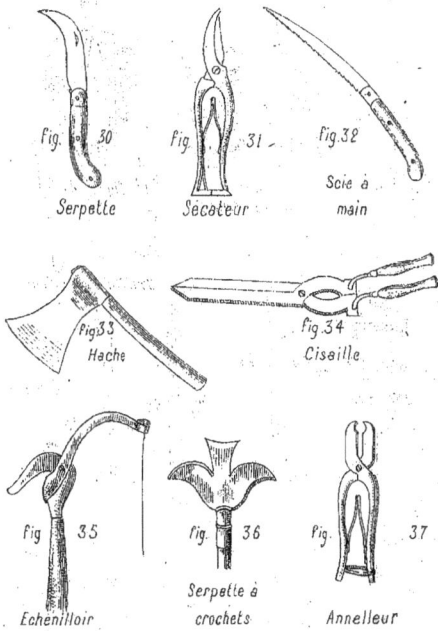

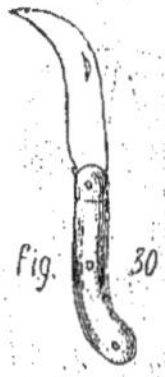
Fig. 30 Serpette

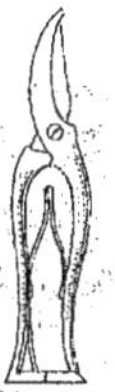
Fig. 31 Sécateur

Fig. 32 Scie à main

Fig. 33 Hache

Fig. 34 Cisaille

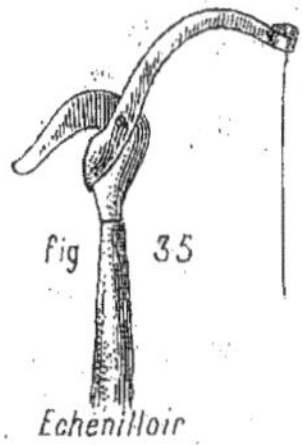
Fig. 35 Echenilloir

Fig. 36 Serpette à crochets

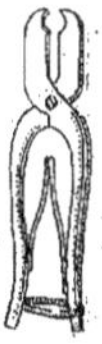
Fig. 37 Annelleur

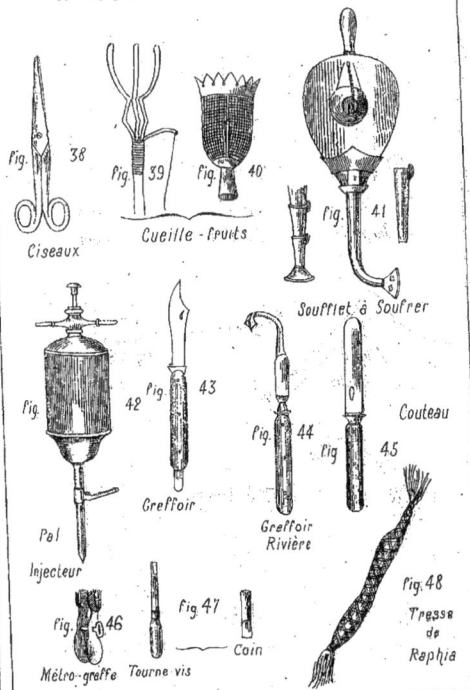

Fig. 38 Ciseaux

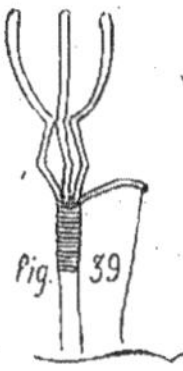
Fig. 39

Fig. 40 Cueille-fruits

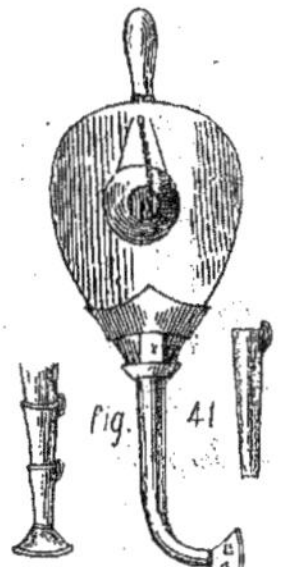
Fig. 41 Soufflet à Soufrer

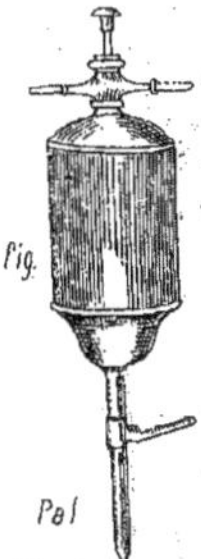
Fig. 42 Pal Injecteur

Fig. 43 Greffoir

Fig. 44 Greffoir Rivière

Fig. 45 Couteau

Fig. 46 Métro-greffe

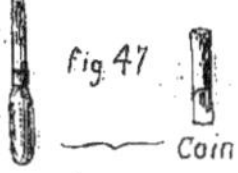
Fig. 47 Tourne vis — Coin

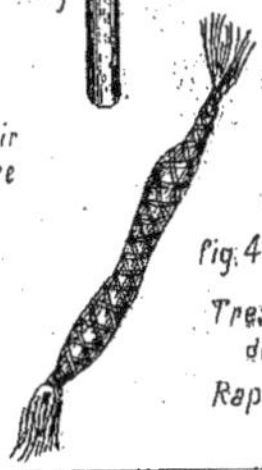
Fig. 48 Tresse de Raphia

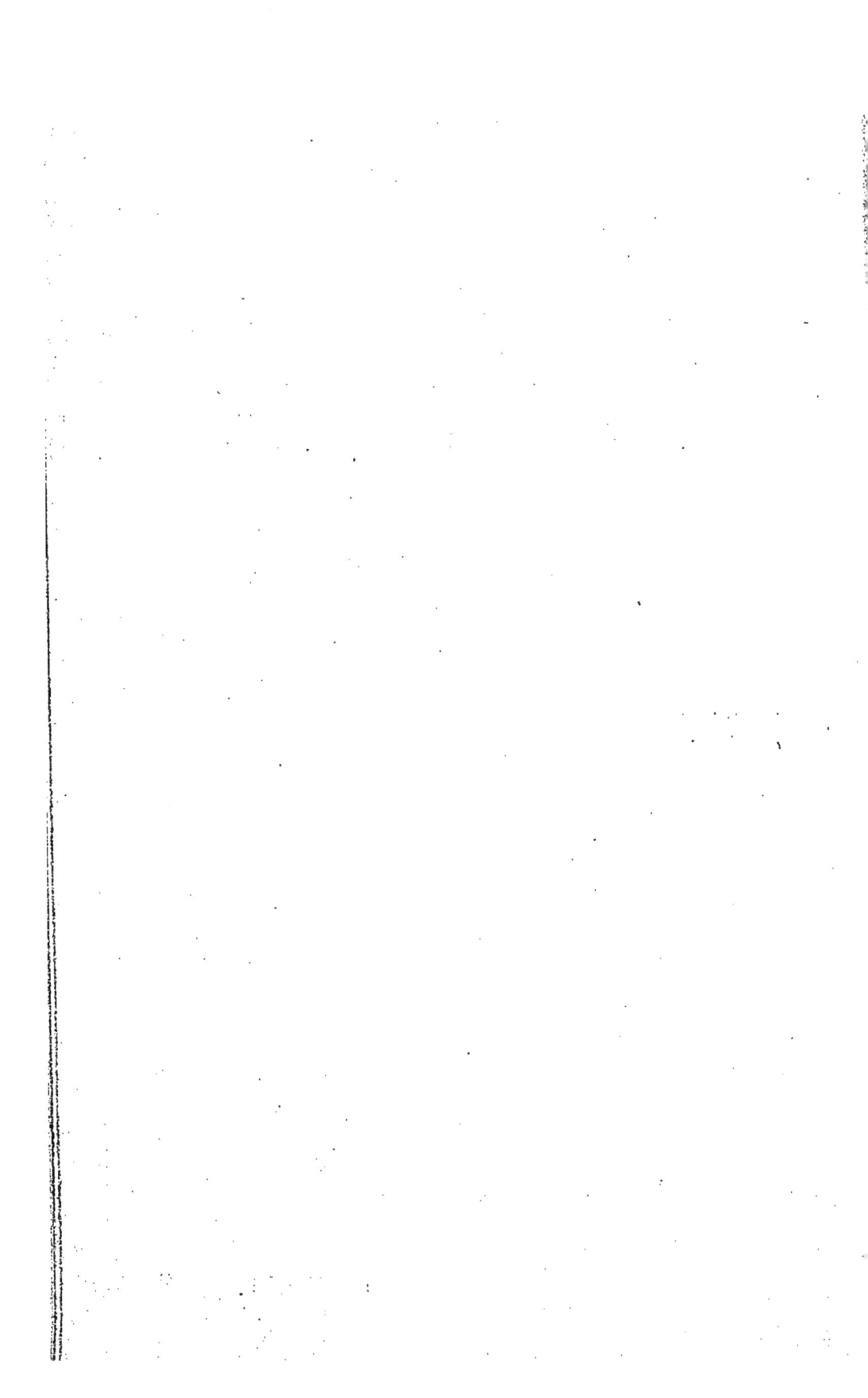

A cet effet, on introduit le rameau à opérer entre les lames de l'outil, et, à l'aide d'un mouvement circulaire, il se détache un anneau d'écorce.

On peut, cependant, obtenir à peu près les mêmes résultats avec un bout de fil de fer dont on fait une bague, au rameau, ou en entaillant l'écorce à l'aide de la scie à main, ce qui est encore plus simple et plus expéditif.

Les *Ciseaux* de jardinier (fig. 38), sont plus allongés et ont les lames plus aiguës que les ciseaux ordinaires ; on s'en sert pour certaines opérations en vert : épointage, effeuillage, récolte des fruits et surtout pour éclaircir les grains de raisin.

Les *Cueille-fruits* (fig. 39 et 40), sont indispensables pour détacher les fruits des arbres de verger. Le premier a les divisions garnies de velours ; elles s'écartent et se rapprochent à volonté et imitent absolument la main, pour saisir le fruit. On lui donne la préférence pour les poires, pommes, pêches, etc.

Le second est plus avantageux pour la cueillette des figues ou autre fruit délicat.

Le *Soufflet à soufrer* (fig. 41), n'est autre qu'un soufflet ordinaire complété par une boîte en fer blanc, destinée à contenir le soufre ou autre poudre insecticide ou anticryptogamique. Un bout-rallonge droit ou courbe, aigu ou évasé, en entonnoir, permet de saupoudrer toutes les parties de l'arbuste.

Le *Pal injecteur* (fig. 42), est d'un grand secours pour la destruction des ennemis souterrains des arbres ; c'est une sorte de pompe avec réservoir destiné à contenir les liquides insecticides. Cet appareil se compose de deux manettes A, et d'une pédale B, qui permettent de l'enfoncer plus aisément dans la terre ; d'un bouton de poussée C, pour la tige du piston, et d'une vis D, pour régler le dosage.

Quand on veut faire fonctionner le pal, on appuie sur le

bouton de poussée, et, celui-ci, en s'abaissant dans le réservoir E, chasse le liquide qu'il contient ; cette pression soulève un clapet qui laisse passer le liquide, et le piston, en remontant, fait remplir de nouveau la chambre de dosage, et l'appareil est prêt pour une autre injection.

L'*Entonnoir-piège* est représenté par une sorte de plat à barbe ; il est d'ordinaire en zinc ou en fer blanc ; on se sert également d'une toile montée sur un arc en bois ou en acier trempé et bridé, aux deux bouts, avec une courroie en caoutchouc ; si l'appareil est en métal, le fond du récipient est disposé de façon à recevoir un liquide insecticide, ou on y fixe un petit sac dans lequel on met une poudre insecticide, afin que les insectes, qui y tombent, ne puissent s'échapper de l'entonnoir.

OUTILS ET USTENSILES POUR LE GREFFAGE. — En outre du Sécateur, de la Serpette et de l'Egohine, le greffeur doit avoir des instruments spéciaux :

Le *Greffoir ordinaire* (fig. 43), une sorte de couteau dont la lame est un peu arrondie à son sommet, du côté du tranchant ; le manche porte, à son talon, une spatule en ivoire, ou en bois ; elle peut être aussi en métal, mais inoxydable. On se sert de la lame pour couper et préparer les greffons, ou inciser les écorces, et, de la spatule, pour séparer l'écorce du bois (Ch. V).

Le *Greffoir Rivière* (fig. 44), offre une lame composée de trois parties distinctes : en haut, c'est une gouge angulaire et verticale, qui sert à entailler le sujet ; en bas, c'est une autre gouge angulaire, mais transversale, pour préparer le greffon, et, au milieu, c'est comme une lame de couteau vulgaire, qui sert à approprier les plaies.

Un *Couteau de Cuisine* (fig. 45), pour fendre les gros sujets, et leur produire une coupe nette.

On peut se servir utilement aussi d'un *Ciseau* avec manche et lame d'une seule pièce, en fer ou en acier, que l'on utilise également comme levier ou coin, afin de maintenir la fente entr'ouverte, pour faciliter l'insertion du greffon. Dans le même but, on fait usage encore d'un *Tourne-vis*, ou d'un simple *Coin* (fig. 47).

Le *Métro-greffe* (fig. 45), est utile pour s'assurer de l'exacte dimension des greffons et des sujets, dans les opérations où il les faut de même grosseur ; c'est une double spatule réunie par une vis et qui fait l'office d'un compas.

Les *Ligatures* sont nécessaires pour assurer le contact du greffon avec le sujet ; elles doivent être souples, plates et solides, comme les lanières d'écorce de saule, d'orme, de mûrier, etc.; on se sert également de petits galons en coton, ou bien de la laine ; cette dernière convient bien pour certains greffages corticaux (Ch. V).

Quand on transforme la vigne, on donne la préférence au *Raphia* (fig. 48), une fibre extraite d'un palmier, appelé *Sagoutier* ; mais à la condition que le greffage sera souterrain, car ce dernier lien est hygrométrique, ce qui le fait se resserrer ou se détendre, suivant l'état de la température, et qui peut faire échouer la reprise du greffon.

Le liage se fait de plusieurs manières ; l'un des meilleurs est celui qui consiste à passer le premier tour du lien sur le second tour, et le dernier sous l'avant-dernier.

Enfin, il faut disposer d'*Englument : Cires* ou *Mastics*. Les onguents valent moins que les mastics, et parmi ceux-ci il faut préférer ceux que l'on peut appliquer *à froid*, ceux *à chaud* ayant l'inconvénient quelquefois de nuire au greffons et de gêner la soudure.

CHAPITRE II

Anatomie et Physiologie végétales

Un jardinier a besoin de connaître des notions, au moins, d'Anatomie et de Physiologie ; les ignorer ou les savoir marque la différence qu'il y a entre le routinier, qui suit des pratiques plus ou moins acceptables et qui s'égare dès qu'il en sort, et le cultivateur instruit, qui est sûr des procédés qu'il raisonne.

Ce Chapitre sera donc une sorte de *Vocabulaire* de l'arboriculteur et du viticulteur.

ANATOMIE

L'anatomie a pour objet l'étude des organes extérieurs et intérieurs qui constituent un arbre, un arbuste ou un arbrisseau ; on les désigne sous les noms d'*Organes Elémentaires*, *Organes de la Végétation* et *Organes de la Reproduction*.

ORGANES DE LA VÉGÉTATION. — Quand on examine, à l'aide d'un verre grossissant, l'organisation intérieure d'un végétal, on y voit :

1° Des *Cellules* ou *Utricules* (fig. 49), corps simples, primordiaux et généralement de forme ronde, plus ou moins sphériques et ayant quelque analogie aussi avec les alvéoles d'une ruche ; la réunion de ces cellules produit le *tissu cellulaire* ou *utriculaire*, il se rencontre dans toutes les parties des plantes, dont il forme les portions molles : la moëlle, la substance verte des feuilles, la pulpe des fruits, etc.

2° Des *Fibres* ou *Clostres* (fig. 50), cellules allongées en forme de fuseaux ; de même que la réunion des cellules, constitue le tissu cellulaire, la réunion des fibres produit le *tissu fibreux*, dont se composent, en grande partie, les couches ligneuses des branches, les pédoncules des fruits, etc.

3° Des *Vaisseaux* (fig. 51), autre modification de la cellule ; celle-ci, en vieillissant, finit par perdre, à chaque bout, ses cloisons et devient un vaisseau ou tube. L'assemblage de ces tubes ou vaisseaux est désigné sous le nom de *tissu tubulaire* ou *vasculaire* ; il se trouve dans presque tous les organes des arbres et forme une espèce de réseau allongé dont les mailles sont remplies de tissu cellulaire.

ORGANES DE LA VÉGÉTATION. — Ces organes sont au nombre de trois principaux ; la *Racine*, la *Tige* et les *Feuilles*.

La *Racine* (fig. 52) est la partie de l'arbre qui vit dans la terre et qui est destinée à le fixer ; on y reconnaît :

1° Le *Pivot*, A, portion maîtresse de la racine ;

2° Les *Radicelles*, B, ramifications secondaires du pivot ;

3° Les *Fibrilles*, C, radicelles très minces, *Chevelu*, des jardiniers.

Ces trois organes correspondent à trois organes analogues de la partie aérienne de l'arbre : le *Pivot* correspond à la *Tige* ; les *Radicelles*, aux *Branches*, et les *Fibrilles*, aux *Feuilles*.

La structure intérieure de la *Racine* offre une *Ecorce* et un *Corps ligneux* ; l'*Ecorce* se compose de feuillets minces et superposés, et le *Corps ligneux* de couches concentriques.

Le point intermédiaire entre la tige et la racine s'appelle le *Collet*, D.

La *Tige* (même fig.), est la portion de l'arbre qui sort du sol et dont la tête se développe dans l'air ; on y trouve :

1° La *Tige* proprement dite ou le *Tronc*, E, lequel, quand il procède d'une graine, est la continuation de la

Plumule ou *Tigelle* ou tige embryonnaire ; dans la vigne, elle prend le nom de *Cep*.

2° Les *Branches*, ou divisions de la tige, que l'on classe en *Branches-mères, sous-mères*, etc.; scientifiquement parlant, on donne le nom de *Branche* (fig. 53), à toute production âgée de plus d'un an.

L'endroit qui unit la branche au tronc ou à une autre branche, s'appelle *Empâtement, Base, Talon* ou *Couronne*.

3° Les *Rameaux* ou *Scions* (fig. 54), pousses de la dernière végétation et après la chute de leurs feuilles ; elles portent ce nom jusqu'à ce que la sève nouvelle du printemps suivant convertisse ses boutons en bourgeons. Le rameau de la vigne porte le nom de *sarment*.

4° Les *Bourgeons* (fig. 55), jeunes ramifications à l'état herbacé. Le bourgeon de la vigne se nomme *Pampre*. On appelle *Bourgeon anticipé*, F, celui qui naît sur le bourgeon normal et qui végète en même temps que lui.

Il y a aussi le *Bourgeon gourmand*, ainsi dénommé parce qu'il absorbe beaucoup de nourriture au détriment des bourgeons utiles et qu'il ne fait que du bois ; on le reconnaît à sa direction verticale, son écorce unie, et à ses œils aplatis et séparés par de larges mérithalles ; on le trouve sur le dessus des branches, sur les coudes, c'est-à-dire dans tous les endroits favorisés par l'action de la sève.

5° Les *Nœuds* (fig. 56), points renflés et saillants, que les rameaux et les bourgeons présentent de distance en distance et d'où sortent les œils (P. 19). Partout où il y a des nœuds il y a des œils ou des boutons plus ou moins apparents et prêts à s'ouvrir quand les circonstances l'exigent L'intervalle qui sépare les nœuds s'appelle *Entre-nœuds* ou *Mérithalle*, et l'espace compris entre deux boutons qui s'adviennent directement se nomme *Cycle* ; dans la plupart des arbres, il est de cinq boutons, et dans la vigne, il n'est que de trois boutons seulement.

On appelle *Vrilles* (fig. 58, A), les pousses en filaments qui servent, à la vigne, pour s'accrocher aux tuteurs ou aux treillages, et, à défaut, aux arbres, et on nomme *Vrillons*, les mêmes appendices qui sortent des raisins ; on les considère comme des grappes avortées.

6° Les *Œils* ou *Gemmes* , rudiments de bourgeons qui naissent à l'aisselle des feuilles. A la fin de la saison, alors qu'ils sont enveloppés d'écailles, qu'ils sont formés, on les appelle *Boutons*, dans le Poirier, le Prunier, etc., et *Bourres*, dans la vigne.

On distingue trois sortes de boutons: le *Bouton à bois*, le *Bouton à Fleur* ou à *Fruit* et le *Bouton mixte*.

Le *Bouton à bois* (fig. 56), se présente, en hiver, sous une forme aiguë, et en été il est accompagné d'une ou deux feuilles au plus.

Le *Bouton à fruit* (fig. 57), montre une forme arrondie, brune ou marron dans le Poirier, le Cerisier, etc., et blanchâtre ou rose dans le Pêcher. En été, il est entouré de sept à huit feuilles, dans les sujets à pépins, où, d'habitude, il met trois ans pour se constituer définitivement ; tandis qu'il lui suffit d'un an, dans les suiets à noyaux.

Quant au *Bouton mixte* (fig. 58), c'est celui qui produit à la fois et du bois et du fruit, tels sont ceux du Framboisier, de la Vigne, etc.

Chaque bouton, quelle que soit sa nature, porte à ses côtés des *sous-boutons*, dits aussi *boutons stipulaires*, HH, qui se développent quelquefois en même temps que le bouton principal, mais surtout quand celui-ci fait défaut ; les boutons stipulaires ont également des *contre-stipulaires*.

Lorsque le bouton, arrivé au terme normal de son développement, reste dans l'inaction, par manque de sève, on l'appelle bouton *stationnaire* ; quand il est enveloppé dans les plis de l'écorce, on le nomme bouton *latent*, et s'il se trouve sur le bois vieux, sans trace apparente, on dit qu'il est *adventice*.

Comme la Racine, le Tronc, vu intérieurement (fig. 59), se compose aussi de plusieurs parties :

1° De la *Moëlle*, I, sorte de tissu cellulaire renfermé dans un tuyau ou canal, nommé *Canal* ou *Etui médullaire* ; sa place occupe ordinairement le centre de la tige ;

2° Du *Corps ligneux*, J, couches circulaires enchâssées les unes dans les autres et entourant le canal médullaire ; les couches les plus intérieures, qui sont les plus anciennes et les plus foncées en couleur, sont distinguées sous le nom de *bois* proprement dit, ou de *cœur du bois*, K, et la couche extérieure qui est la plus nouvelle, la moins colorée, s'appelle *Aubier*, L ;

3° Du *Corps cortical* M, couches qui recouvrent celles du bois et qui forment la partie la plus extérieure du tronc; la couche qui s'applique immédiatement sur l'aubier, s'appelle le *Liber*, N ; puis, c'est l'*Ecorce* proprement dite, O, comprend les couches corticales les plus anciennes, et ensuite l'*Epiderme*, P, couche mince, luisante et qui, dans les jeunes arbres, représente la partie visible de l'écorce.

Les lignes qui traversent les couches ligneuses et qui vont de la moëlle à l'écorce, s'appellent les *Rayons médullaires*.

Les *Feuilles* (fig. 60), sont les organes avec appendices de couleur verte, qui, à chaque végétation, garnissent la partie aérienne de l'arbre ; on observe parfois, à leur base, de petits filaments de formes différentes ; ce sont les *Stipules*, Q.

Une feuille est formée :

1° D'une *Pétiole* ou *Queue*, R, support de la feuille qui l'unit au bourgeon ; il est formé par la réunion des fibres

Planche IV. Chapitre II

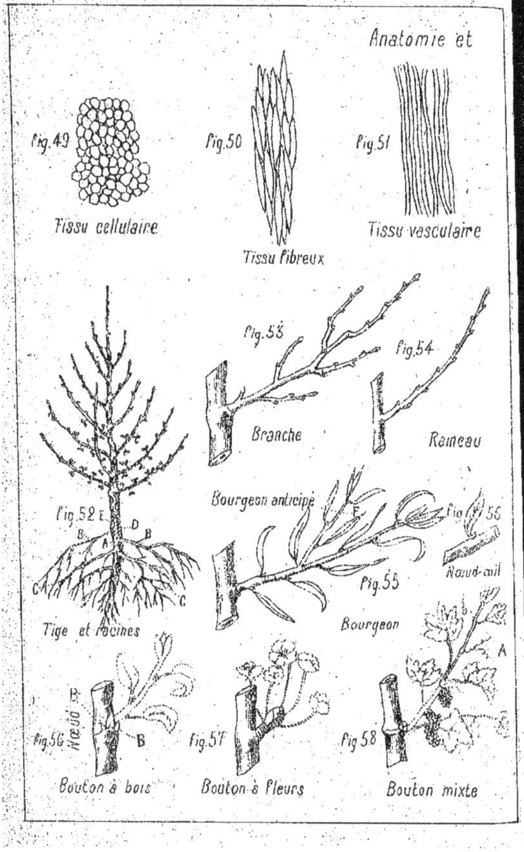
Anatomie et
fig.49
Tissu cellulaire
fig.50
Tissu fibreux
fig.51
Tissu vasculaire
fig.52
Tige et racines
fig.53
Branche
fig.54
Rameau
Bourgeon anticipé
fig.55
Bourgeon
fig.56
Nœud-œil
fig.56
Nœud
Bouton à bois
fig.57
Bouton à fleurs
fig.58
Bouton mixte

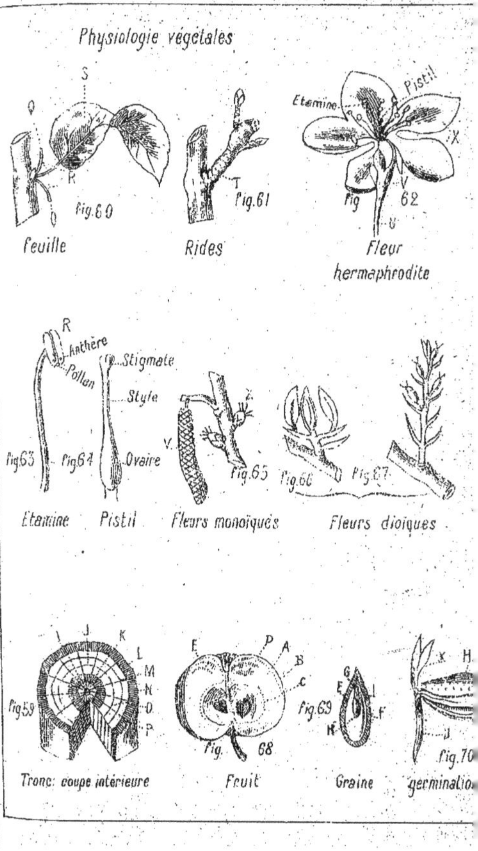
Physiologie végétales
fig.60
Feuille
fig.61
Rides
Etamine
Pistil
fig 62
Fleur hermaphrodite
Anthère
Pollen
Stigmate
Style
Ovaire
fig.63
fig.64
Etamine
Pistil
fig.65
Fleurs monoïques
fig.66
fig.67
Fleurs dioïques
fig.59
Tronc: coupe intérieure
fig. 68
Fruit
fig.69
Graine
fig.70
germinatio

dont les prolongements constituent les nervures de la feuille ;

2° D'un *Disque*, S, surface plane de la feuille qui contient le *Parenchyme*, tissu utriculaire rempli de *Chlorophylle* et recouvert d'une membrane nommée *Epiderme*, garnie d'une infinité de petites ouvertures appelées *Pores* ou *Stomates*.

Les feuilles, en tombant, laissent à leurs points d'attaches, sur les rameaux, des cicatrices que l'on désigne sous le nom vulgaire de *Rides* (fig. 61) ; ces plis, T, renferment des boutons ordinairement débiles et disposés surtout à se façonner à fruit

Organes de la Reproduction. — Sous cette qualification, on comprend la *Fleur* et le *Fruit*.

La *Fleur* (fig. 62), est l'ensemble des organes de la fécondation ; la partie qui la supporte se nomme *Pédoncule*, U ; le pédoncule est à la fleur ce que le pétiole est à la feuille.

Dans une fleur, on distingue :

1° Le *Calice*, V, première enveloppe formée par les sépales, sortes de petites feuilles vertes ;

2° La *Corolle*, X, seconde enveloppe formée par les pétales ; c'est à ces derniers que les fleurs doivent leur brillant coloris et la suavité de leur parfum ;

3° Les *Etamines* (fig. 63), organes mâles, portant un *Filet allongé* et terminé par une espèce de poche appelée *Anthère*, R, qui contient le *Pollen*, poussière fine granulée et ordinairement jaune ; c'est l'agent indispensable de la fécondation ;

4° Le *Pistil* (fig. 64), organe femelle, petit tuyau s'élevant perpendiculairement du centre de la fleur ; il est muni, à sa partie supérieure, d'un corps visqueux nommé *Stigmate*, et, à sa base, d'un renflement connu sous le nom d'*Ovaire*, et dans lequel sont renfermés les *Ovules*, germes des graines; le tube qui unit le stigmate à l'ovaire s'appelle le *Style* ou *Tuyau pollinique*.

Lorsque les fleurs se présentent avec tous les organes que nous venons d'énumérer, on les désigne sous le nom d'*Hermaphrodites*, comme celles des Poirier, Pommier, Pêcher, etc., mais il est des fleurs qui n'offrent que des étamines, ou des pistils; si elles sont placées sur le même sujet, on les nomme *monoïques* (fig. 65); cette anomalie existe sur les Noisetier, Noyer, Châtaignier, etc. Enfin, il est des végétaux qui ne montrent que des fleurs ou mâles ou femelles, (fig. 66 et 67), on les qualifie de *Dioïques;* telles sont celles des Pistachier, Palmier-Dattier, etc.

Le *Fruit* (fig. 68), est le résultat de la fécondation; il est formé:

1° Du *Péricarpe*, A, partie provenant de l'ovaire et qui détermine la forme générale du fruit. La membrane extérieure du péricarpe s'appelle *Epicarpe*, B; la membrane intérieure, *Endocarpe*, C; et la couche intermédiaire, *Mésocarpe* ou *Sarcocarpe*, D. Dans l'Amandier, le Noyer, etc., le péricarpe se nomme *Brou* ou *Drupe*.

2° De la *Graine* (fig. 69), corps placé ordinairement au milieu du fruit et attaché au péricarpe par le *Cordon ombilical*, E; elle renferme le germe d'un arbre semblable à celui qui lui a donné naissance.

Dans la graine, on remarque une enveloppe nommée *Tunique* ou *Follicule*, F, composée d'une substance particulière et de consistance variable, cartilagineuse, osseuse etc.; une *Amande*, G, corps charnu recouvert par la follicule et contenant l'*Embryon*, H, germe d'un nouveau sujet. Les deux lames qui constituent l'amande ont reçu le nom de *Cotylédons*.

En connaissant l'organisme des végétaux, dont la nomenclature n'a rien de bien scientifique, on le voit, le jardinier s'évitera bien des mécomptes, convaincu qu'il est impossible de pratiquer l'Horticulture sans savoir dénommer les parties d'une plante.

Pour compléter cette étude, nous examinerons, maintenant, le rôle que ces organes remplissent dans la vie végétale.

PHYSIOLOGIE

L'existence d'un arbre est subordonnée à quatre fonctions principales : la *Germination*, la *Nutrition*, l'*Accroissement* et la *Reproduction*.

GERMINATION (fig. 70).—La graine, pour germer, réclame le concours simultané de plusieurs agents :

1° De l'*Eau*, pour faciliter la rupture de la coque ou de la tunique, ramollir les cotylédons, délayer la substance de l'amande et faire gonfler l'embryon.

2° De l'*Air*, pour que l'oxygène, en se combinant avec le carbone que contient l'amande, produise de l'acide carbonique et rende les cotylédons aptes à nourrir l'embryon. C'est ce qui explique pourquoi les semences ne doivent pas être enterrées trop profondément ;

3° De la *Chaleur*, pour accélérer la germination.

Outre l'action indispensable de ces trois agents, la graine réclame encore un milieu convenable, qui est le sol ; celui-ci, en effet, renferme, à sa surface, de la fraîcheur et de la chaleur ; il est assez meuble pour permettre le libre accès de l'air ; enfin, il est assez compacte pour supporter le développement de l'arbre.

Dans cette situation, le pépin ou le noyau, à l'époque de sa germination, laisse entr'ouvrir son enveloppe ; ensuite, ses cotylédons se séparent ; puis l'embryon prend son essor et il ne tarde pas à montrer deux organes qui, naturellement, se dirigent en sens opposé, la *radicule*, J, ou la jeune racine, et la *plumule* ou la jeune tige K.

Une fois hors de terre, la plumule continue son élongation et montre bientôt ses principales feuilles ; de son côté aussi la radicule pousse et émet de nouvelles racines, et quand le sujet a épuisé la nourriture fournie par les cotylédons, il trouve en lui-même sa subsistance; l'acte de la germination est alors achevé.

Nutrition. — On entend par nutrition la fonction par laquelle l'arbre puise les éléments nécessaires à sa santé et à sa fertilité, et élabore les substances qui concourent à la formation de ses divers organes.

Les organes essentiels de l'alimentation sont les *Racines* et les *Feuilles.*

Par ses racines, l'arbre absorbe des matières organiques et inorganiques : des sels, des acides, etc., ainsi que l'indique l'analyse des végétaux.

Pour s'introduire dans l'intérieur de la plante, ces substances se dissolvent dans l'eau ou l'humidité que contient le sol, et de cette combinaison résulte la *Sève.*

Ce liquide, qui est à l'arbre ce que le sang est à l'animal, est attiré par les racines et, sous l'influence d'une force encore inexpliquée, l'*endosmose* arrive dans la tige, en traversant les couches d'aubier, et de là se répand dans toutes les ramifications. Aussitôt parvenue dans les feuilles ou dans les autres parties vertes, la sève se met en contact avec l'air et, sous l'action de la lumière solaire, ses principes s'élaborent et, en même temps, il y a dégagement d'oxgyène et assimilation de carbone. Pendant la nuit, le contraire a lieu, l'arbre aspire de l'oxygène et exhale de l'acide carbonique. Ce phénomène est connu sous le nom de *Respiration des plantes* ; il offre, en effet, beaucoup d'analogie avec celle des animaux qui, eux, puisent de l'oxygène dans l'atmosphère et le transforment en acide carbonique.

Lorsque la plante est privée de l'action bienfaisante du soleil, elle s'*étiole,* c'est-à-dire qu'elle grandit démesurément et prend la jaunisse. Dans ce cas, il y a toujours absorption par les feuilles, mais il n'y a plus formation de chlorophylle et les aliments ne sont plus digérés; le sujet languit alors, affamé, ce qui amène des résultats désastreux pour la santé de l'arbre.

Les feuilles exercent un autre rôle dans la vie végétale; par leurs pores, elles débarrassent les matières nutritives de la sève, de l'eau qui leur a servi de véhicule; c'est une véritable *transpiration*.

Quand le suc séveux a subi des modifications nécessaires pour sa constitution définitive, on lui donne le nom de *Cambium*, et, sous cette forme, il produit ou du bois ou du fruit, suivant les besoins du sujet.

La circulation de la sève se fait en toute saison, mais avec plus ou moins d'intensité; en hiver même la végétation n'est jamais complètement suspendue, comme le prouve le grossissement des boutons, surtout de ceux qui sont à fruit.

On remarque parfois que lorsque la sève du printemps a parcouru toutes ses phases, si un été sec survient, la végétation éprouve un temps d'arrêt; mais si, à cette température élevée, succèdent des pluies abondantes, un nouveau bourgeonnement apparaît; ce retour de végétation est désigné sous le nom de *Sève d'août*. On doit généralement éviter de se servir du résultat de cette pousse dont les productions alors ont rarement le temps de se lignifier, de s'*aoûter*, avant l'arrivée des grands froids.

ACCROISSEMENT. — Dans les arbres, l'accroissement s'opère en deux sens, en *Hauteur* et en *Largeur*.

Le développement en *hauteur* se fait par l'élongation du bouton terminal de la tige et des branches; ce développement provient de la création de nouvelles cellules qui se superposent et qui, successivement, deviennent des fibres et des vaisseaux, et de cette transformation il en résulte tous les organes constitutifs de l'arbre. Cet allongement cesse en automne aussitôt après la chute des feuilles ; au printemps suivant, dès le réveil de la végétation, il recommence de nouveau et ainsi de suite jusqu'à la mort du sujet. D'après cela, il est donc possible de reconnaître l'âge d'un arbre, en comptant le nombre de pousses superposées ; de même aussi, on peut le savoir en comptant le nombre des couches ligneuses du Tronc.

L'accroissement en *diamètre* a lieu lorsque la sève est devenue *cambium* ; cette matière génératrice forme, chaque année, et une nouvelle couche d'aubier qui recouvre la précédente, et une nouvelle couche de liber qui se place en dedans de l'ancienne, de sorte que chaque feuillet d'écorce et surtout de bois, qui est le plus épais, indique le nombre d'années du sujet.

Dans les vieux arbres, ce mode d'accroissement se fait souvent avec difficulté, l'écorce, empêche, par sa contraction, la facile formation de l'aubier ; mais si, par une cause quelconque les couches corticales redeviennent élastiques, le développement reprend son cours normal. On provoque, artificiellement, cet état favorable de la végétation, par les *Incisions longitudinales* (Ch. IV).

L'accroissement des racines offre beaucoup d'analogie avec celui des branches. Les racines sont formées de paquets de fibres qui se détachent de la partie inférieure de la tige, comme les feuilles se détachent de la partie supérieure.

Reproduction. — Cette fonction, la plus importante de la vie végétale, comprend : la *Floraison* et la *Fécondation.*

Floraison. C'est le moment où les parties qui forment la fleur s'épanouissent et montrent leurs organes sexuels.

Fécondation. Elle s'opère par le contact du *Pollen* avec l'*Ovaire.*

Lorsque la fleur est épanouie, les étamines se redressent, leurs anthères s'ouvrent et le pollen qu'elles renferment s'en détache pour se répandre sur le stigmate du pistil, dont l'enduit visqueux contribue beaucoup à retenir la poussière fécondante. Aussitôt en contact avec le stigmate, les grains du pollen se gonflent, puis s'introduisent dans le style et, peu à peu, atteignent l'ovaire ; de cette union résulte l'*embryon*.

Une fois l'acte générateur accompli, la fleur se flétrit, les pétales se dessèchent et tombent ; les étamines subissent le même sort ; le pistil perd son stigmate et son style ; l'ovaire seul persiste, s'accroît et perfectionne les rudiments des graines qu'il porte dans son sein. On dit alors que le fruit est *noué*.

Pour avoir un succès assuré, la fécondation doit s'opérer par un temps calme et sec ; les grands vents dispersent le pollen loin des organes générateurs, et les grandes pluies et les brouillards lavent le pollen ou le collent sur les pétales. Ce dernier accident se nomme la *Coulure* (Ch. XVI).

En grossissant, le fruit, par son tissu cellulaire, remplit une fonction analogue à celle des feuilles, seulement le cambium qu'il prépare ne sert qu'à son propre accroissement, tandis que celui qui est élaboré par les feuilles concourt, en même temps, et à l'accroissement du sujet et à sa fructification. Voilà pourquoi, quand l'arbre est surchargé de fruits, la sève est souvent insuffisante pour nourrir, à la fois, et les fruits de la présente récolte, et les boutons destinés à fructifier l'année suivante.

Lorsque le fruit est arrivé à son entière grosseur, il *tourne*, c'est-à-dire qu'il se colore et finalement se mûrit. Les rayons solaires sont utiles à sa coloration et à sa maturation, ainsi que le prouvent les fruits placés du côté du midi de l'arbre, lesquels sont toujours empreints de couleurs plus vives et d'une saveur plus prononcée que ceux venus aux autres expositions du sujet.

A l'époque de sa maturité, le fruit, qui jusqu'alors avait

aspiré de l'acide carbonique et expiré de l'oxygène, remplit maintenant une fonction inverse, analogue à celle des animaux, il absorbe de l'oxygène et rejette l'excédant d'acide carbonique qu'il s'était approprié en vue de son accroissement.

HYBRIDATION

De nos jours, cette opération a fait de grands progrès ; elle consiste à imiter, artificiellement, la fécondation, en transportant le pollen d'une fleur sur le pistil d'une autre fleur ; ce travail se fait souvent par le secours des vents, ou par le concours des insectes, surtout des papillons et des abeilles ; mais il y a avantage à agir méthodiquement ; les résultats alors sont plus sûrs et plus complets.

Suivant le cas, on traite ou les étamines ou le pistil ; à cet effet, on se munit d'instruments *ad hoc* : ciseaux, pincettes et pinceaux, et, pour prévenir l'apport d'un pollen différent de celui qu'on veut employer, on emprisonne les fleurs fécondées artificiellement dans un petit sac en tulle, afin d'intercepter toute communication avec le dehors.

Pour hybrider avec des chances de succès, il est indispensable de s'adresser à des végétaux qui présentent les mêmes caractères botaniques, et, suivant que l'on veut obtenir des produits ou plus hâtifs, ou plus tardifs, ou plus gros, ou plus colorés ; on assemble des variétés qui offrent, au contraire, les plus grandes dissemblances, c'est-à-dire celles dont les fruits sont, l'un, vis à vis de l'autre, très précoces ou très tardifs ; très volumineux ou petits ; foncés en couleur ou très pâles, etc.

En viticulture, ce moyen a déjà fourni des cépages méritants et qui permettent, maintenant, soit de se dispenser de la greffe sur plans, réfractaires au Phylloxera, soit d'utiliser à peu près tous les terrains.

MORT

Comme tous les êtres organisés, les arbres sont soumis à la loi commune, ils meurent au bout d'un temps plus ou moins long et qui est le même pour tous les sujets d'une même espèce ; mais diverses causes peuvent abréger leur existence : maladies, mutilations trop réitérées ou pratiquées sans discernement, etc. Sans ces accidents, la plupart des espèces fruitières vivraient et fructifieraient pendant plus d'un siècle.

La disposition intérieure de la tige montre, on le sait, des couches emboîtées les unes dans les autres ; les couches qui donnent passage à la sève cessent leurs fonctions à la fin de chaque période de végétation et sont remplacées par de nouvelles couches qui agissent aussi pendant le même laps de temps, pour ensuite devenir inertes, comme les premières, et céder la place aux autres. On peut donc admettre qu'il y a deux ordres de durée dans la tige, la *durée physiologique*, c'est-à-dire le temps pendant lequel un organe remplit ses fonctions, et la *durée réelle*, ou le temps qui s'écoule depuis la mise en terre de l'arbre jusqu'à sa dessication complète.

Dans les arbres fruitiers, ces deux durées sont combinées : la tige existe jusqu'à la mort de la plante ; mais chacune des couches qui la composent cesse ses fonctions au bout d'un an, sans cesser de faire partie du tout.

CHAPITRE III

Lois de la Végétation et de la Fructification

La culture rationnelle des arbres fruitiers repose sur des principes qu'il importe de bien se graver dans la mémoire, pour obtenir les résultats que l'on a en vue dans la plantation d'un jardin ou d'un verger.

En voici l'exposé :

1° L'éducation la plus logique est celle qui se concilie le mieux avec les caractères botaniques et les fonctions physiologiques du sujet que l'on se propose de cultiver.

2° L'ensemble des branches d'un arbre doit être considéré comme la reproduction de l'ensemble des racines.

3° L'arbre prend, en général, la forme de son fruit.

4° La vie d'un arbre bien constitué comprend deux périodes distinctes : une période de vigueur et d'infertilité, une période de fertilité et de décadence.

5° L'arbre qui fructifie en pépinière ou aussitôt qu'il en est sorti, est un arbre sans avenir.

6° Toutes les parties ligneuses de la tête d'un arbre peuvent émettre des racines, et *vice versâ*.

7° Les boutons ou bourgeons à bois peuvent être transformés à fruit, et réciproquement.

8° La sève agit en sens inverse de l'eau ; tandis que celle-ci tend à descendre ; l'autre, au contraire, tend à monter.

9° La sève afflue dans les branches verticales et délaisse les branches transversales.

10° La sève ardente produit du bois, la sève modérée produit du fruit, et la sève languissante ne donne ni bois, ni fruit.

11° Les branches verticales sont portées à faire du bois plutôt que du fruit; les branches transversales, au contraire, sont disposées à faire du fruit plutôt que du bois, et les branches obliques font, à la fois et du bois et du fruit.

12° Moins la sève est entravée dans sa marche, plus elle fait du bois; et plus elle est contrariée, plus elle fait du fruit.

13° D'habitude, un rameau vertical ne peut développer que la moitié de ses boutons; un rameau oblique peut en laisser sortir les deux tiers, et un rameau transversal a la possibilité de les faire bourgeonner tous.

14° L'air et la lumière sont indispensables à la formation des parties ligneuses et fructifères de l'arbre.

15° Les feuilles sont des organes améliorants, et les fruits des organes épuisants.

16° A une année de surabondance de fruits succède, d'ordinaire, une année de stérilité.

17° Il est essentiel de proportionner la fructification à la santé du sujet.

18° La durée et la fertilité d'un arbre dépendent surtout du parfait équilibre de la sève.

CHAPITRE IV

Soins généraux Arboricoles et Viticoles

Les opérations applicables aux arbres fruitiers et à la vigne se partagent en deux séries principales qui réunissent, les unes, les *soins d'hiver* ou en *sec*, et les autres, les *soins d'été* ou en *vert*, les premiers comprennent : la *Taille*, l'*Equilibre*, le *Palissage*, l'*Eborgnage*, l'*Entaille*, les *Incisions longitudinales*, l'*Affranchissement*, la *Restauration* et le *Rajeunissement*, et les derniers, l'*Equilibre en vert*, le *Palissage en vert*, l'*Ebourgeonnement*, le *Pincement*, le *Cassement*, l'*Arcure*, la *Taille en vert*, l'*Annellation corticale*, l'*Effeuillage*, le *Bassinage* et l'*Eclaircie des Fruits* avec les moyens de les *colorer* et de les faire *grossir*.

SOINS D'HIVER OU EN SEC

Taille. — Cette opération est utile aux arbres pour leur donner une forme agréable au coup d'œil et pour permettre à la sève de circuler plus régulièrement dans l'ensemble des branches ; elle rend les fruits plus gros, plus savoureux et surtout plus assurés ; enfin, elle permet d'utiliser, tout en les embellissant, les murs de clôture du jardin.

En général, la taille ne prolonge pas l'existence d'un végétal ; mais sa fructification est plus prompte et plus régulière. Cependant le pêcher en espalier fait exception ; sa durée alors est plus grande que celui qui est livré à son propre sort.

On peut commencer à tailler à partir du milieu de l'automne et continuer jusqu'à la fin de l'hiver, c'est-à-dire depuis la mi-novembre jusque vers le 15 mars, on opère d'abord les espèces fruitières qui poussent le plus hâtivement, telles que l'Amandier, le Noisetier, etc., on continue par le Pêcher, l'Abricotier, le Prunier, etc., et l'on termine par le Poirier, le Pommier, etc. Il faut cesser seulement pendant les fortes gelées, car alors on pourrait porter atteinte à la santé de l'arbre.

Quelques jardiniers-praticiens conseillent de recourir à la taille quinze jours avant la chute complète des feuilles ; les plaies exécutées à ce moment se cicatrisent sinon tout à fait, du moins en partie, et le sujet, alors, n'ayant plus que des productions utiles à nourrir, se conserve mieux en santé.

Les arbres faibles demandent la taille *courte*, et d'autant plus courte qu'ils sont plus faibles. Tailler court, c'est réduire les rameaux de prolongement des branches charpentières, A (fig. 71), à $0^m,10$ ou $0^m,15$ de leur base, au dessus de quatre ou cinq boutons ; ceux-ci reçoivent alors toute la nourriture qui était destinée au rameau et se développent vigoureusement. Quand le sujet entre en décadence, on le soumet au *Rapprochement*, B, c'est-à-dire qu'on coupe ses branches sur le bois de deux ou trois ans. Lorsque la végétation est languissante, on emploie le *Ravalement*, C, qui consiste à rabattre les membres de la charpente près du tronc ; enfin, quand le pied est arrivé à sa dernière période de dépérissement, on y applique le *Recépage*, D, ou la coupe au collet, juste au-dessus du bourrelet de la greffe. Dans ce dernier cas, il est utile, pour aider le sujet à repousser, de le regreffer en couronne. (Ch. V.)

Les arbres vigoureux réclament la taille *longue* et d'autant plus longue qu'ils sont plus vigoureux. Tailler long, c'est garder aux rameaux terminaux les deux tiers, les trois quarts, les quatre cinquièmes de leur longueur ; par ce moyen, l'action de la sève, très divisée, modère l'élongation des bourgeons et les dispose à se mettre à fruit.

Quelle que soit l'espèce d'arbre que l'on opère, on doit

toujours amputer *obliquement*. Sur les rameaux, on fait la plaie derrière les boutons, de façon qu'elle commence à leur point de naissance et se termine à leur sommet (fig. 72). Si on laisse un trop long fragment de bois au-dessus du bouton (fig. 73), cet *onglet* ou *chicot* fait non seulement dévier le bourgeon de sa véritable disposition, mais il se dessèche et devient une gêne pour la libre circulation de la sève ; si, au contraire, on entame trop près du bouton (fig. 74), le bourgeon manque de solidité, il est *éventé* et donne une pousse mal constituée.

Dans les sujets à noyaux, particulièrement sur le Pêcher, la coupe sur les boutons doit monter un peu plus haut que chez les sujets à pépins.

Enfin, dans la vigne, il faut laisser un bout de bois de quelques centimètres au-dessus de la bourre (fig. 75), et même conserver tout le mérithalle, c'est-à-dire couper dans le *diaphragme* ou *cloison*, E, qui existe à l'endroit de chaque nœud.

Lorsqu'on est obligé d'enlever une branche (fig. 76), on doit toujours respecter son talon (P. 18), sans lequel on rendrait la blessure trop grande et sa cicatrisation plus difficile.

Équilibre. — L'action de la sève ne s'exerce pas toujours également bien dans l'ensemble de l'arbre. Pour rétablir l'équilibre entre les branches, on a recours aux moyens suivants : on taille le côté fort plus court que le côté faible ; on conserve au premier tous ses boutons à fleurs et même on y en ajoute, par la greffe à fruit (Ch. V), tandis qu'on les enlève à l'autre ; enfin, on entaille (p. 35) sous l'empâtement des parties vigoureuses, et au-dessus de celui des parties faibles.

Palissage. — Ce travail consiste à fixer les différentes productions d'un arbre à la place qu'elles doivent occuper. Pour les arbres en plein air : Cône, Gobelet (Ch. VII), on se sert de *brides* et d'*arcs-boutants*, d'une bride ou ficelle, lien d'osier, etc., pour rapprocher deux branches trop écartées entre elles ou de la tige, et d'un arc-boutant pour écarter celles qui sont trop rapprochées ; les arcs-boutants sont taillés en pointe, d'un côté, et en biseau double, avec encoche, de l'autre bout.

Mais, le palissage convient surtout à l'espalier ou au contre-espalier, pour attacher ses *ramifications* contre le mur ou le treillage ; à cet effet, on fixe les rameaux des branches charpentières, suivant leur place, leur vigueur et leur rôle, en observant seulement de ne pas les froisser, ni les croiser, afin d'éviter la confusion. On ne doit pas attacher pendant les fortes gelées, de peur de briser les rameaux ou les sarments, en voulant les courber ou les incliner. Le meilleur moment est celui qui concorde avec la marche apparente de la sève.

Eborgnage (fig. 77). Ce procédé consiste à détacher avec l'ongle ou à l'aide d'une serpette les boutons inutiles ou mal placés, comme ceux FF, dans l'intérêt de la charpente de l'arbre et de sa fructification. Il faut être prudent, avec un pareil moyen, parce que les boutons sur lesquels on compte peuvent subir des accidents et alors on n'a plus la possibilité de pourvoir à leur remplacement.

Entailles (fig. 78). — L'entaille ou *cran* s'effectue au moyen de deux incisions transversales, cintrées et réunies à leurs extrémités, afin de pouvoir enlever la portion d'écorce cernée. Cette sorte de croissant doit avoir $0^m,002$ de largeur sur $0^m,001$ de profondeur, plus ou moins, suivant le degré de santé du sujet.

L'entaille s'applique ou au-dessus ou au-dessous d'une production ; on l'exécute au-dessus, G, pour fortifier une ramification, et au-dessous, H, pour l'affaiblir ; toutefois, il faut éviter d'en faire sur les arbres malades ; on ne doit pas non plus les trop multiplier sur le même sujet; leur effet pourrait être nul.

Un mode d'entaille dont nous avons le premier, peut-être, constaté les bons résultats, est celui qui consiste à opérer deux crans, l'un, à droite, et l'autre, à gauche du bouton A; ainsi on favorise mieux le bourgeon que par le procédé vulgaire, parce qu'on y concentre davantage la sève.

Le véritable moment pour entailler est le printemps; cependant, sur les arbres à noyaux, il est préférable d'opérer en mai, pour prévenir l'arrivée de la gomme (Ch. XVI).

Les crans doivent être exécutés avec un outil tranchant, surtout sur les espèces à noyaux; sur ces dernières, il est même préférable d'entailler sans enlever le fragment d'écorce incisé.

Incisions longitudinales (fig. 78 bis). — Ce genre d'incision consiste à ouvrir, dans l'écorce, avec un instrument à lame aiguë et bien affilée, des lignes qui doivent s'arrêter à l'aubier (P. 20).

Cette opération s'applique, avec succès, sur toutes sortes d'arbres; elle favorise le grossissement de la tige, qui alors composée de tissus plus dilatés, donne passage à une plus grande quantité de sucs nutritifs.

On se trouve bien d'inciser toutes les fois que la sève éprouve une gêne dans sa marche à travers le végétal; ainsi quand le greffon manque d'affinité avec le sujet, après un coup de soleil sur l'écorce, etc. En culture potagère, on s'en sert utilement aussi pour augmenter le volume des fruits des cucurbitacées, ou pour leur rendre leur forme normale.

Affranchissement (fig. 79). — Ce travail, dont le but est de substituer les racines du greffon à celles du sujet, se pratique de la manière suivante: sur le bourrelet de la greffe, I, on produit, suivant la grosseur de la tige, trois ou quatre crans longs d'environ 0m,03 et larges d'environ 0m,01, que l'on fait pénétrer un peu dans l'aubier. Après, on butte la partie incisée avec une couche de bonne terre, d'environ 0m,10 d'épaisseur, et complétée par un paillis, afin de maintenir une fraîcheur convenable autour des entailles, et y provoquer l'émission des racines, J, qui doivent remplacer celles du sujet, K.

L'affranchissement s'applique surtout au Poirier enté sur Cognassier, lorsqu'on n'a à sa disposition, pour l'utiliser, qu'un terrain sec, tandis que l'arbre réclame un sol frais. Dans ce cas, en plantant, on enterre le nœud du greffage, et, de cette manière, on réussit mieux la transformation ; par la suite, les arbres, devenus francs de pied, vivent et fructifient comme dans leur situation normale.

Mais, si pour certains sujets l'affranchissement est une excellente chose, pour d'autres, il est défavorable aux intérêts du cultivateur, c'est-à-dire à la fructification ; ainsi, par exemple, pour les Pommiers greffés sur Doucin et sur Paradis (Ch. V), si on les laisse s'affranchir, ce qui arrive fréquemment, quand on enterre la greffe. Pour la vigne (genre vini-fera), greffée sur cépage américain, l'affranchissement est même dangereux pour l'existence de l'arbuste, en ce sens que les racines du greffon, après avoir paralysé celles du sujet se laissent envahir par le Phylloxera, et alors celui-ci les met dans l'impossibilité de nourrir l'arbuste (Ch. XVI).

Restauration. — Quand un arbre, épuisé par de trop fortes récoltes ou fatigué par une sécheresse prolongée, n'émet plus que des pousses languissantes, il faut aviser aux moyens de le *restaurer*. Pour cela, en hiver, on le taille court et on le décharge de tous ses boutons à fleurs ; puis, on l'alimente avec du fumier bien décomposé ou, ce qui vaut mieux encore, on arrose ses racines avec une solution de sulfate de fer (Ch. XVI), ou de sulfocarbonate de potassium (Ch. XVI). On obtient encore de bons effets en faisant détremper de la Poulette ou de la Colombine (fiente de poule, de pigeon, etc.), à la dose de 2 kil. par décalitre d'eau.

RAJEUNISSEMENT. — La plupart des végétaux ont sur nous, hommes, l'avantage de pouvoir être rajeunis. Pour cela, il suffit de leur réduire la tête plus ou moins suivant le degré de vétusté du sujet.

Les procédés de rajeunissement varient avec la forme imposée à l'arbre. Ainsi, pour le *Cône* (fig. 80), on rabat la tige au point L; puis on raccourcit les branches latérales restantes de façon à ce que le sujet garde toujours le dessin qui lui est propre. Dans le *Gobelet* (fig. 81), on réduit les membres principaux de sa charpente, un peu au-dessus des premières bifurcations, au point M et même sur les trois branches mères, au point N, si c'est nécessaire. Quant à la *Palmette* (fig. 82), on l'ampute sur ses meilleures branches sous-mères et de $0^m,15$ à $0^m,20$ environ au-dessus des coudes qui les redressent verticalement au point O. Quelle que soit la forme opérée, on aura l'attention de faire les plaies sur un nœud ou une ramification dont on ne laisse que le talon, et l'on obtient ainsi un nouveau prolongement convenable pour la reconstitution de l'arborescence.

Dans les espèces à fruits à pépins, les effets du rajeunissement sont à peu près certains; sur les espèces à fruits à noyaux, ils sont plus douteux; lorsqu'on est obligé d'en venir à cette grave opération, on doit la compléter par des incision, longitudinales (p. 36) et l'exécuter de préférence en mai, lors de la pleine végétation.

De même que les branches charpentières, les branches fruitières aussi peuvent être rajeunies (fig. 83). Le renouvellement des coursonnes fruitières s'obtient en dénudant les bras de l'arbre sur une longueur d'environ un mètre; dans le courant de l'été, on ne laisse pousser dans le bas de la partie dégarnie, qu'un seul bourgeon, dont on favorise le plus possible la croissance. L'hiver suivant, ce rameau est taillé de la longueur du vide et couché sur cet endroit, où on le retient accolé à l'aide de liens; dans cette disposition, il se couvre de productions fruitières qui se couronnent (Ch. VIII) au bout de deux ou trois ans. Quand ce résultat est obtenu, on reconstitue au-dessus une même étendue de la branche mère et ainsi de suite jusqu'à son sommet. Par ce procédé, on fait revenir à la fertilité des arbres qui semblaient condamnés à une irrémédiable stérilité.

SOINS D'ÉTÉ OU EN VERT

Equilibre. Pendant la végétation, comme en hiver, on rétablit aussi la balance entre les différentes parties d'un arbre, par plusieurs moyens et même ce sont les plus énergiques : on supprime les fruits du côté faible ; on pince les bourgeons du côté fort, et, dans les arbres en espalier, on dépalisse le côté faible, tandis qu'on étreint le côté fort ; on redresse les terminaux du côté faible et on abaisse ceux du côté fort ; enfin, on met le côté fort à l'ombre, à l'aide d'un paillasson ou d'une toile. Privées de lumière, les feuilles alors ne peuvent plus digérer la sève et le côté couvert reste stationnaire, tandis que le côté faible, éclairé, c'est-à-dire toujours alimenté, ne tarde pas à s'égaliser avec son correspondant. Dès que l'équilibre est obtenu, on découvre le côté ombragé en profitant, pour le faire, d'un temps couvert pour que les feuilles ne soient pas surprises par un soleil trop ardent et qui pourrait les brûler.

PALISSAGE. Le palissage d'été a le même but et s'exécute de la même façon ; seulement celui-ci s'applique sur des rameaux, au lieu que celui-là s'opère sur des bourgeons.

ÉBOURGEONNEMENT (fig. 84). Cette opération, appelée *Epamprage*, dans la vigne, consiste à supprimer les bourgeons inutiles, quand ils ont une longueur de 0m,05 à 0m,10, c'est-à-dire quand ils sont encore à l'état herbacé.

Dans les arbres à pépins, on n'ébourgeonne ordinairement que pendant l'année qui suit la plantation ; s'il existe des bourgeons doubles, triples ou plus nombreux sur le même nœud (page 18), on ne conserve que les plus vigoureux ou les mieux placés ; on enlève les autres, tels que ceux P, ou ceux Q, qui ne sont pas nécessaires à la charpente du sujet ni à sa fructification.

Sur les arbres à noyaux, en particulier pour le Pêcher, cette pratique se fait tous les ans, et non seulement sur la tige, mais encore sur les coursons fruitiers, en vue de leur renouvellement (Ch. XI).

On ne doit jamais arracher les bourgeons ; il vaut toujours mieux les couper nettement, avec un outil tranchant (p. 10) ; on ne doit pas non plus, et dans aucun cas, opérer quand les feuilles sont mouillées de la pluie ou simplement de la rosée, pour ne pas provoquer le développement de certaines maladies d'une guérison parfois fort difficile (Ch. XVI).

Pincement (fig. 85). Ce procédé, qu'il serait plus juste d'appeler *Epointage*, consiste à rogner l'extrémité d'un bourgeon. (Le *gréou* en langage provençal). Ses effets sont multiples : il transforme à fruit les bourgeons à bois ; il aide à l'équilibre de la végétation ; il favorise la construction des formes ; il fait multiplier les productions, et souvent il arrête la coulure (Ch. XVI).

Le moment de pincer est déterminé par l'état de la végétation ; on commence en avril ou en mai et on continue durant toute la belle saison.

Les arbres faibles ou malades ne doivent pas être pincés ; on les laisse pousser librement, et si, dans le courant de la végétation, leurs futurs bourgeons fructifères deviennent vigoureux, on les soumet au *cassement*.

Cassement (fig. 86). Ce moyen s'exécute en prenant un bourgeon entre les doigts et en le brisant complètement ; si

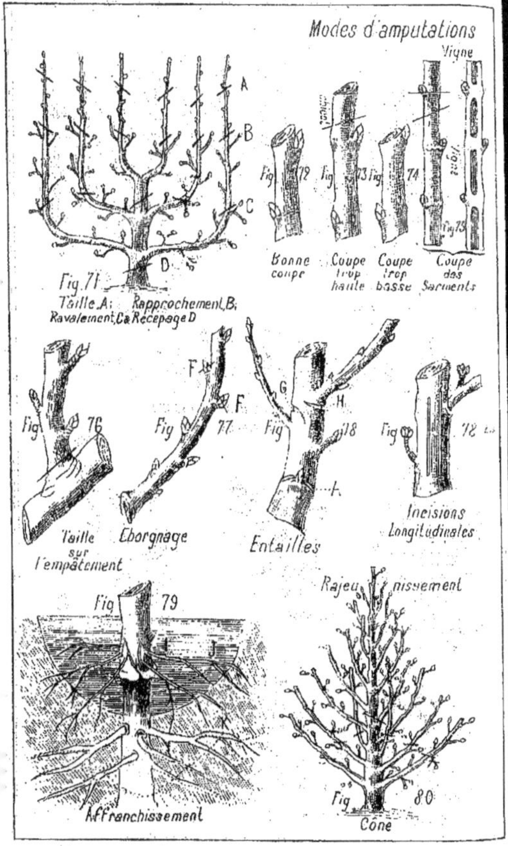
Modes d'amputations
A
B
C
D
Fig. 71
Taille A; Rapprochement B; Ravalement C & Recepage D
Fig. 72
Bonne coupe
Fig. 73
Coupe trop haute
Fig. 74
Coupe trop basse
Vigne
Fig. 75
Coupe des Sarments
Fig. 76
Taille sur l'empâtement
Fig. 77
F
Ebornage
Fig. 78
G
H
I
Entailles
Fig. 78
Incisions Longitudinales
Fig. 79
Affranchissement
Rajeunissement
Fig. 80
Cône

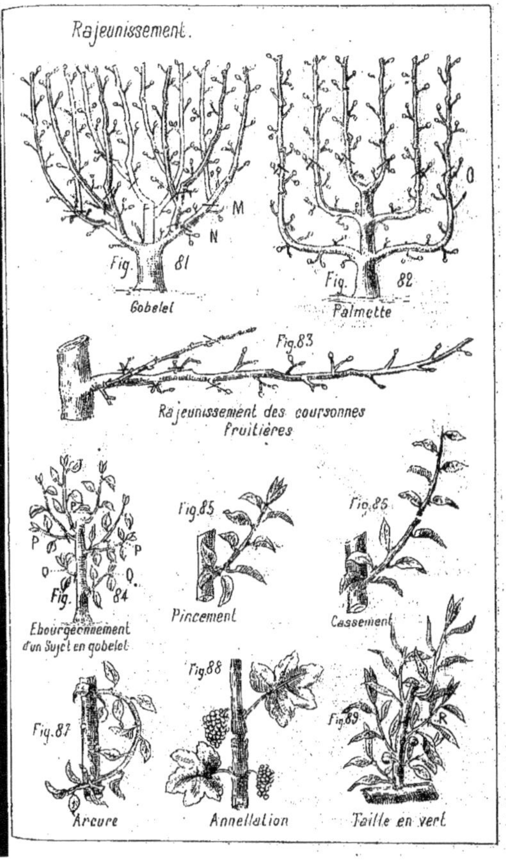
Rajeunissement.
M
N
Fig. 81
Gobelet
O
Fig. 82
Palmette
Fig. 83
Rajeunissement des coursonnes fruitières
P
Q
Fig. 84
Ebourgeonnement d'un Sujet en gobelet
Fig. 85
Pincement
Fig. 86
Cassement
Fig. 87
Arcure
Fig. 88
Annellation
Fig. 89
R
Taille en vert

la production est devenue ligneuse et coriace, on la rompt entre le pouce et le plat de la lame de la serpette.

Les arbres à fruits à pépins seuls acceptent cette opération, que l'on applique vers la mi-juillet, à l'époque du ralentissement de la sève. On peut aussi l'exécuter dans le courant de l'hiver.

Arcure (fig. 87). Ce procédé, l'un des plus efficaces pour la mise à fruit, consiste à recourber un bourgeon en arrière et de façon que son extrémité regarde en bas ; on le maintient, dans cette position, au moyen d'un lien ou on l'accroche à une production fruitière. Si le bouton terminal est à fleurs, on le conserve ; mais on l'éborgne, s'il est à bois.

L'arcure se pratique aux mêmes époques que le cassement.

Quand le bourgeon ou le rameau a pris le pli, il est bon de le dégager de sa ligature pour l'exposer mieux à l'action bienfaisante de la lumière.

Taille en vert (fig. 88). Cette opération consiste à couper, en pleine sève, les parties nuisibles à la charpente de l'arbre ou à sa fructification ; le Pêcher l'appelle souvent à son secours pour les coursonnes qui n'ont pas conservé leurs fruits, ainsi qu'il est indiqué au point R. On ne peut pas préciser l'époque de cette taille, parce qu'il est difficile de prévoir les accidents particuliers aux arbres.

Dans nos contrées méridionales, exposées aux rayons ardents du soleil, on doit être réservé dans l'emploi de ce moyen, qui pourrait faire dessécher l'écorce sur les endroits subitement privés de leurs ramifications ; on se contentera d'opérer partiellement et seulement sur les branches les plus fortes et les plus touffues.

Annellation corticale (fig. 89). Ce moyen, improprement nommé *Incision annulaire*, s'effectue en enlevant autour d'une tige ou d'une branche, avec une pince à décortiquer (p. 12) ou autre outil convenable, une bande d'écorce plus ou moins large, suivant la force du sujet. On se sert de cette opération pour faire nouer les fruits et pour en avancer l'époque de récolte.

L'annellation se fait au-dessous du point que l'on veut favoriser, et dans la vigne on la descend jusque sur le bois de deux ans, entre les deux pampres du courson ; de cette manière, on favorise à la fois et la maturité du raisin et la vigueur du sarment de réserve (Ch. XV).

Effeuillage. Cette opération consiste à dégager l'arbre de ses feuilles trop nombreuses ou mal posées, pour bien aérer et éclairer le branchage et la fructification.

Sous le climat provençal, ce moyen est rarement avantageux ; au contraire, il serait plus souvent utile de mettre des feuilles que d'en ôter. Si on est obligé d'effeuiller, on attendra que les fruits tournent (page 27) et on profitera d'un ciel nuageux, afin de ne pas les surprendre, ce qui en durcirait l'épiderme, les empêcherait de grossir et de prendre de la qualité.

Quand on opère, on ne doit pas extirper les feuilles, de peur d'endommager les œils qui sont à leurs bases ; il faut en retrancher seulement les disques, avec un sécateur (p. 21) ou des ciseaux et conserver une portion de leurs pétioles.

Bassinage. Cette sorte d'aspersion, que l'on pratique à l'aide d'une pompe à main (p. 5), stimule beaucoup la végétation, surtout au moment des grandes chaleurs, en modérant la transpiration des feuilles (page 25).

Pour bassiner, on doit se servir d'une eau dont la température soit égale à celle de l'air ordinaire ; si on employait de l'eau froide, on pourrait troubler le mouvement séveux et occasionner à l'arbre la maladie de la chlorose (Ch. XVI).

Eclaircie des Fruits. Ce travail, généralement négligé,

quoique fort utile, consiste à alléger l'arbre de sa surabondante fructification ; alors les produits qui restent sont meilleurs et ils ne fatiguent pas l'arbre.

On ne doit éclaircir les fruits que lorsque la nature a fait son choix, c'est-à-dire au moment où ils ont acquis le tiers ou le quart de leur grosseur définitive.

Il est difficile de fixer la quantité de fruits à laisser sur un arbre, un sujet vigoureux pouvant en nourrir davantage qu'un arbre d'une santé ordinaire. Toutefois, voici la règle sur laquelle on peut se baser : dans les espèces à pépins, on conservera trois fruits de grosse variété, par mètre courant de branche charpentière ; le double, si le fruit est d'une variété de moyenne grosseur, et le triple, si le fruit est d'une petite variété. Pour les Pêches, Abricots, etc., on en laissera environ dix par mètre. Avec cette sélection, on obtient des récoltes parfaites, et les sujets se conservent sains et productifs pendant de longues années.

Grossissement des Fruits. Pour augmenter le volume des fruits, on a recours à plusieurs moyens, tels que l'emploi de supports, soit pour les maintenir dans leur position naturelle, c'est-à-dire avec les pédoncules en bas, soit en les appuyant sur une planchette fixée après un pieu enfoncé dans le sol. On greffe un bourgeon à bois sur le pédoncule ou dans le voisinage du fruit ; on greffe avec des productions fruitières (Ch. V) ; enfin, on trempe les fruits dans une solution de sulfate de fer, à la dose de 3 à 4 grammes par litre d'eau.

En somme, le cultivateur peut faire donner à ses arbres, ou du bois, ou du fruit, à volonté. Dans le premier cas, il se sert de la taille courte, des entailles, du rajeunissement, etc., et, dans le second cas, du pincement, du cassement, de l'arcure, etc.

LA LUNE EXERCE-T-ELLE UNE ACTION SUR LES VÉGÉTAUX ?

Contrairement à l'opinion de bon nombre de personnes encore, la Lune n'a pas d'effet appréciable sur les plantes, ainsi que l'ont prouvé, il y a bien longtemps déjà, et le confirment de nouveau tous les jours, les expériences des savants et des praticiens.

On ne doit pas attribuer non plus d'action nuisible à la lune qui commence en avril et qui devient pleine à la fin de ce mois ou dans le courant du mois de mai, et appelée *Lune rousse* ; les faits dont on l'accuse sont vrais, mais l'astre en question y est complètement étranger.

Au XVIme siècle, Ollivier de Serres, agronome distingué, disait :

Que l'homme étant par trop lunier
De fruits ne remplit son panier.

La Quintinye, jardinier chef des jardins royaux, à Versailles, sous le règne de Louis XIV, a écrit : « Je proteste de « bonne foi que, pendant plus de trente ans, j'ai eu des « applications infinies pour remarquer au vrai si les lunai- « sons doivent être de quelque considération au jardinage, « afin de suivre exactement un usage que je trouvais établi « s'il me paraissait bon ; mais, au bout du compte, ce que « j'en ai appris par des expériences longues et fréquentes, « exactes et sincères, a été que ces discours ne sont simple- « ment que de vieux dires de quelques jardiniers mal- « habiles. »

Il ajoute : « J'ai donc suivi ce qui était bon et j'ai con- « damné ce qui m'a paru ne l'être pas ; les décours ont été « du nombre des réprouvés, et en effet, greffez en quelque « temps de la lune que ce soit, pourvu que vous le fassiez « adroitement et dans la saison propre à chaque greffe, et « sur les sujets convenables vous réussirez. »

Et il finit ainsi : « Semez toutes sortes de graines ou « plantes, toutes sortes de végétaux, en quelque quartier de « la lune que ce soit, je vous réponds du succès égal de vos « semences et de vos plants : le premier jour de la lune « comme le dernier est également favorable. »

Le frère François, chartreux, auteur du *Jardinier solitaire*, ouvrage ancien où l'on puise beaucoup de connaissances utiles, s'exprime ainsi : « Les jardiniers qui ont « cette croyance sont dans l'erreur, ainsi que l'expérience « l'a fait connaître, puisque sans observer le cours de la « lune, je me suis toujours bien trouvé ne ne point m'arrê- « ter à cette espèce de superstition en matière de jardi- « nage. »

Un autre auteur du siècle dernier, Liger, a les mêmes opinions : « Quand je vois des gens, dit-il, qui admettent « les lunes dans tout le jardinage, je dis qu'ils s'embarras- « sent l'esprit de rien ; il n'est rien de plus sûr, et l'expé- « rience nous le démontre tous les jours, que quand il fait « beau il fait bon tailler les arbres, sans s'amuser si la lune « est dans son plein ou dans son décours, les influences de « cet astre n'étant pas capables de changer la détermination « du suc qui monte dans la plante. »

Et il conclut ainsi : « Eh bien, moi je dis, avec tout ce « qu'il y a d'habiles jardiniers, que c'est un abus, une er- « reur, une chimère qu'on se forme et qui ne peut être « admise que par des esprits faibles et incapables de ré- « flexion. »

Dans son *Traité d'Arboriculture*, le Père d'Ardène est non moins explicite à ce sujet. « Ces vieilles fables de « lunaison, dit-il, sont aujourd'hui trop discréditées pour « faire des dupes. »

En 1722, Saussay, jardinier de S. A. S. la duchesse de Condé, à Anet, écrivait : « Je ne prends jamais garde aux « lunes, pour semer mes graines ; c'est une folie que de

« s'attacher aux degrés de la lune, il faut toujours semer « quand les saisons de le faire sont venues ; il suffit donc « de s'attacher à bien connaître les saisons propres à cha- « que greffe. Je me suis toujours bien trouvé de cette mé- « thode et je conseille de n'en point suivre d'autres. »

M. Dulard, de l'Académie des Belles-Lettres de Marseille, auteur de la *Grandeur de Dieu dans les merveilles de la Nature*, poème, chant IV, page 121, 1761, dit :

C'est du fond du terrain plus ou moins consulté
Que dépend l'abondance ou la stérilité ;
C'est là leur origine et leur cause certaine,
Non la forme inégale et l'influence vaine
Du globe lumineux qui préside à la nuit
Et règle les travaux du laboureur séduit.
Préjugé ridicule, erreur héréditaire
Dont le peuple imbécile est encor tributaire,
Que la saine physique apprend à dédaigner
Et des esprits pourtant, ne peut déraciner.

Les intelligents cultivateurs de Mallemort (Bouches-du-Rhône) sont convaincus que la *bonne lune* se trouve chez le marchand d'engrais.

D'après un auteur moderne, *il vaut mieux consulter le soleil que la lune.*

Et nous-même également, si notre témoignage a quelque valeur, nous pourrions citer une expérience qui donne raison aussi aux opinions que nous venons d'exposer : nous avons planté deux rangées de vignes, l'une à la *nouvelle lune* et l'autre à la *pleine lune* ; la première ligne de ceps, conduite avec tous les soins voulus, a donné les meilleurs résultats, malgré la condamnation anticipée des vignerons luniers ; le succès a même dépassé notre attente, puisqu'il a été supérieur à celui des ceps de la seconde ligne ; mais il faut tout dire, rien n'avait été négligé : écorçage des sarments, arrosage au jus de fumier, etc., pour amener un excellent effet ; néanmoins, si la lune avait une action aussi puissante que celle qu'on lui prête, ces précautions n'auraient pu, à notre avis, empêcher l'influence défavorable de cet astre.

Enfin, à une question posée à M. le comte Léonce de Lambertye, au sujet de la mise à fruit du melon, cet horticulteur émérite a répondu que, d'après ses recherches, pendant 22 ans, cette plante potagère a noué :

En nouvelle lune	*4 années.*
En premier quartier	*7 années.*
En pleine lune	*3 années.*
Et en dernier quartier	*8 années.*
Total	*22 années.*

« La conclusion, dit-il, à tirer de ces faits, c'est que « cette lune, on lui met beaucoup de choses sur le dos « dont elle est parfaitement innocente. »

CHAPITRE V

Pépinière

On appelle *Pépinière* l'endroit consacré à la multiplication et à l'élevage des arbres jusqu'au moment de leur mise en place à demeure.

Le terrain réservé à cette culture doit recevoir d'abord un bon *défoncement* et, en même temps, une forte *fumure*. Le labour consiste à ameublir, la surface *totale* du champ, à une profondeur de 0m,60 à 0m,80, afin de donner à la couche arable la friabilité nécessaire pour le libre développement des racines des jeunes plants. On procède à ce travail, de bonne heure, vers la fin de l'été, ou au plus tard dans le courant de l'automne, afin de pouvoir utiliser l'emplacement en temps opportun et dans les meilleures conditions possibles.

Lorsque la terre ne se trouve pas dans un état physique suffisant pour les besoins des plantes, on l'améliore par l'apport des substances qui lui font défaut ; ainsi, par exemple, quand elle est trop légère, ce qui l'expose à la sécheresse, on y ajoute de l'argile, pour augmenter sa consistance et mieux conserver sa fraîcheur ; au contraire, si le terrain est trop compacte, ce qui peut lui donner un excès d'humidité, on y mêle du sable, pour le rendre plus perméable, et si le sol était marécageux, on aurait recours au *Drainage. (Voir, à ce sujet, les Traités spéciaux d'Agriculture.)*

La véritable fumure est celle en *Fumier de ferme*, que l'on emploie dans les proportions de 25,000 à 30,000 kil. à l'hectare. On a recours aussi aux *Engrais industriels*; parmi ces derniers, l'un des plus avantageux, à cause de son action favorable et immédiate sur la végétation, est le suivant :

Azote nitrique............. 2 0/0.
Phosphate assimilable....... 20 à 22 0/0.
Potasse.................... 12 0/0.

500 ou 600 kil. suffisent à l'hectare.

TRACÉ. — On divise le champ en *carrés* ou en *rectangles* que l'on sépare par des allées ou des chemins de 1m,50 ou de 2 mètres de largeur, suivant la superficie du terrain.

D'après Etienne Calvel [1], pour bien conduire une pépinière, surtout si elle est vaste, on doit avoir une sorte de carte topographique sur laquelle on inscrit des lettres alphabétiques et des numéros, ainsi qu'un registre où tous les différents arbres sont rapportés avec leurs noms et leurs qualités ; sans cette précaution, on peut les confondre et cette négligence est souvent la source de beaucoup d'erreurs.

Au carré des *arbres à pépins*, par exemple, on met une plaque avec la lettre A ; puis, là où sont plantés les sauvageons de *Poiriers*, on place une étiquette avec les lettres A-A, et, pour désigner les variétés, on marque, sur une autre étiquette A-A-1, A-A-2, etc., suivant le nombre de variétés cultivées. Pour les sujets de *Poiriers* sur boutures de *Cognassiers*, on inscrit sur l'étiquette A-B, et sur celle qui sert à désigner les variétés, A-B-1, A-B-2, etc., et ainsi de suite pour les autres carrés et les autres rangées d'arbres.

Avec ce moyen, on ne peut guère se tromper ; de plus, on inspire confiance au visiteur qui vient dans le but d'acheter, et le pépiniériste se trouve facilité dans ses recherches.

(1) Excellent auteur et praticien qui vivait au commencement du présent siècle.

MODES DE MULTIPLICATION

Il existe quatre procédés de propagation des arbres fruitiers : le *Semis*, le *Bouturage*, le *Marcottage* et le *Greffage*.

SEMIS

Ce moyen est le plus naturel et le plus sûr pour avoir des arbres rustiques et durables ; seulement, les sujets ainsi obtenus sont lents à fructifier et reproduisent rarement les qualités qui les distinguent de leurs congénères.

Les pépins ou les noyaux qu'on se propose de semer doivent être récoltés sur des arbres sains, fertiles et adultes, et producteurs de beaux et bons fruits.

Les semences sont dans leur état de perfection lorsque les fruits, parvenus à complète maturité, se détachent d'eux-mêmes des arbres qui leur ont donné naissance.

Il est préférable de se servir des semences de la dernière récolte ; celles plus anciennes lèvent moins facilement. On stimule la vitalité des embryons en faisant tremper les graines un ou deux jours, selon leur consistance, dans une eau additionnée d'un dixième de son volume d'ammoniaque liquide du commerce, à 22° Baumé.

Suivant l'exemple donné par la nature, la vraie saison, pour semer, serait l'automne ; après avoir séparé les pépins ou les noyaux de la pulpe qui les entoure, on devrait aussitôt les confier à la terre ; mais diverses circonstances s'y opposent : la saison déjà avancée, la crainte que les jeunes plants ne puissent supporter les rigueurs de l'hiver, l'humidité surabondante de certains terrains, etc., tels sont les motifs qui obligent à retarder la pratique de cette opération jusqu'au printemps.

Pépins. — Pendant le laps de temps qui s'écoule entre la récolte et le semis, on conserve les graines par le procédé de la *stratification* (fig. 90). Ce système consiste à interposer les pépins entre des couches de sable frais que l'on met dans un vase, A, dans le jardin, à l'abri de la gelée ou d'une trop grande humidité, et on surmonte le pot d'un petit mamelon de terre friable, B.

Au mois de mars ou d'avril, quand les grands froids ne sont plus à redouter, on découvre les graines pour les mettre en place. A cet effet, sur la plate-bande, on trace avec la houe ou la binette (page 2), des sillons profonds de 3 à 4 centimètres, plus ou moins suivant la grosseur de la graine et la composition du sol ; puis on sème les pépins à quelques centimètres seulement les uns des autres, et on les recouvre avec la terre sortie de la rigole, ou mieux encore avec du terreau ; si le terrain est sec, on mouille la surface du sol, avec la pomme de l'arrosoir, et quand le sol est argileux, on répand sur le semis une légère couche de cendres ou de vieux fumier, afin que le terrain ne s'endurcisse point.

Pendant l'été on tient la terre propre, meuble et fraîche, avec le secours des binages, sarclages et arrosements. On éclaircit également les plants, s'ils sont trop drus, de façon à laisser entre eux un intervalle d'environ cinq centimètres.

Lorsque les sujets sont assez forts pour subir une *transplantation*, ce qui arrive ordinairement un ou deux ans après le semis, on opère le *repiquage*, afin d'avoir des plans bien constitués, bien enracinés et faciles à déplacer pour réussir leur mise en place définitive. On fait précéder cette opération du raccourcissement du pivot (p. 17, fig 91) au point C, c'est-à-dire à $0^m,10$ ou $0^m,12$ du collet, pour favoriser l'émission des racines latérales ; on rabat également une portion de la tigelle (un tiers environ), pour la mettre en équilibre avec les racines ; si, au-dessous de la coupe, il existe des ramifications, on les enlève sur leur empâtement.

Dans ce nouveau carré, les plants sont distancés de 0^{m},35 à 0^{m},40 les uns des autres, sur la ligne, et les rangées sont placées à 0^{m},60 d'intervalle. Pour rendre la plantation plus expéditive, on se sert du plantoir (p. 4).

Durant la pousse qui suit le repiquage, si les plants atteignent la grosseur du petit doigt, on leur applique, à la fin de l'été, la greffe en *Ecusson* (p. 65), et, l'année suivante, on peut les introduire dans le jardin fruitier (Ch. VI).

Un ou deux mois avant l'opération du greffage, on prépare les sujets (fig. 92) en les dégarnissant de leurs bourgeons E, depuis le collet, jusqu'à une hauteur d'environ 0^{m},10, afin de dégager la place de l'écusson ; les sujets dont les greffons ont manqué sont regreffés, au printemps suivant, en fente simple (p. 61), ou en couronne (p. 64).

NOYAUX. — Les noyaux sont soumis aussi, comme les pépins, à la stratification. Quand on en a une grande quantité à faire germer, on les stratifie en plein air (fig. 93) ; pour cela, on choisit, de préférence, un endroit élevé et abrité, sur lequel on dépose, alternativement, du sable et des noyaux, de façon à imiter une sorte de cône que l'on garantit du froid en le recouvrant d'une forte couche de terre et d'un paillasson F; puis on coiffe le tout d'un vase renversé I, pour empêcher l'humidité de pénétrer dans le tas ; enfin, on entoure la base de ce monticule d'une rigole J, pour permettre l'écoulement des eaux pluviales.

Au mois de mars ou d'avril, qui est l'époque normale de la germination, on défait le tas avec précaution, et les noyaux qu'il contient sont placés directement dans le carré des repiquages; ensuite, on les traite comme les sujets obtenus de pépins.

BOUTURAGE

Ce procédé est le plus simple et le plus facile ; mais il ne convient qu'à certaines espèces fruitières, telles que le

Cognassier, les *Pommiers doucins* et *Paradis*, le *Figuier*, l'*Olivier*, le *Groseillier*, le *Framboisier* et la *Vigne*.

L'opération du bouturage consiste à détacher d'un sujet, dans le courant de l'hiver, des ramifications bien constituées, comme celles qui avoisinent le prolongement des branches charpentières ; on les divise par tronçons d'environ 0m,35 de longueur (fig. 94), et on les coupe, à chaque bout, sur un bouton. Ces fragments de rameaux sont plantés à 0m,20 environ de profondeur, et on réserve entre eux le même intervalle qu'entre les sujets issus de noyaux. Après un an de plantation, d'habitude la bouture est assez forte pour supporter la greffe, que l'on place sur la tige et non sur les rameaux latéraux, afin d'éviter un double coude. Tel est le système usité pour reproduire les arbres fruitiers.

Pour les arbustes et arbrisseaux fruitiers, la vigne principalement, on s'adresse aux ceps formés et fertiles, et parmi leurs sarments, on donne la préférence à ceux qui ont porté fruit (fig. 95) ; on les prépare de 0m,40 à 0m,50 de longueur ; puis, on les débarrasse de leurs pédoncules (p. 21), vrilles (p. 19), sarment anticipé (p. 18). Ces boutures ou *chapons* sont enfoncés de 0m,25 à 0m,30 de profondeur dans le sol, dans un sillon ouvert à la bêche, ou dans un trou fait à l'aide du plantoir, et les sarments sont séparés d'environ 0m,10 sur la ligne et de 0m,50 à 0m, 60 entre les rangées ; on termine la plantation par le raccourcissement des boutures à trois bourres au-dessus du sol.

Afin de faciliter la sortie des racines, on *décortique*, ou mieux l'on *épidermise* une portion de la bouture, c'est-à-dire qu'on lui enlève sa première peau et sur la moitié inférieure de la partie enterrée ; alors, on fait sortir des radicelles sur tous les points blessés, tandis qu'on n'en voit naître, ordinairement, qu'à l'endroit des nœuds.

La bouture ne doit rester en pépinière que pendant un an

seulement ; il importe donc de la bien soigner, afin de provoquer un développement de pampres et de racines longs et abondants.

Le Groseillier, le Framboisier, le Figuier et l'Olivier reprennent plus sûrement avec leurs rejetons ou drageons, qu'ils fournissent toujours en abondance ; mais leurs rameaux donnent naissance à des sujets plus fructifères.

MARCOTTAGE

Ce système s'emploie surtout pour les arbres à bois dur et qui reprennent difficilement de bouture ; il diffère du bouturage, en ce sens que la partie à multiplier n'est séparée du pied-mère que lorsque le sujet est complet, c'est-à-dire qnand il a développé des racines.

On connaît différentes sortes de marcottages, dont deux principaux : la *Marcotte en Cépée* et la *Marcotte chinoise*.

Marcottage en Cépée (fig. 96). — On plante, à un mètre de distance en tous sens, de gros Cognassiers, de Pommiers doucins ou de Paradis, etc., que l'on laisse libres pendant un an, pour les bien faire enraciner. Au deuxième printemps, avant le bourgeonnement, on rabat le tronc à quelques centimètres au-dessus du collet ; à la suite de ce recépage, il se montre bientôt de nombreux rejetons K, dont on surveille le développement, afin de maintenir entre eux un égal degré de force ; lorsque ces drageons ont atteint une longueur d'environ $0^m,40$ ou $0^m,50$ et que leur base s'est aoûtée, on les butte d'une couche de terre meuble ou de terreau d'environ dix centimètres d'épaisseur ; les bourgeons ainsi chaussés ne tardent pas à fournir des radicelles et, au mois de novembre suivant, ce sont autant de plants enracinés (fig. 97) ; alors, on les détache de la souche et on les plante dans le carré des repiquages, où on les soigne exactement comme les sujets venus par les précédents modes de multiplication.

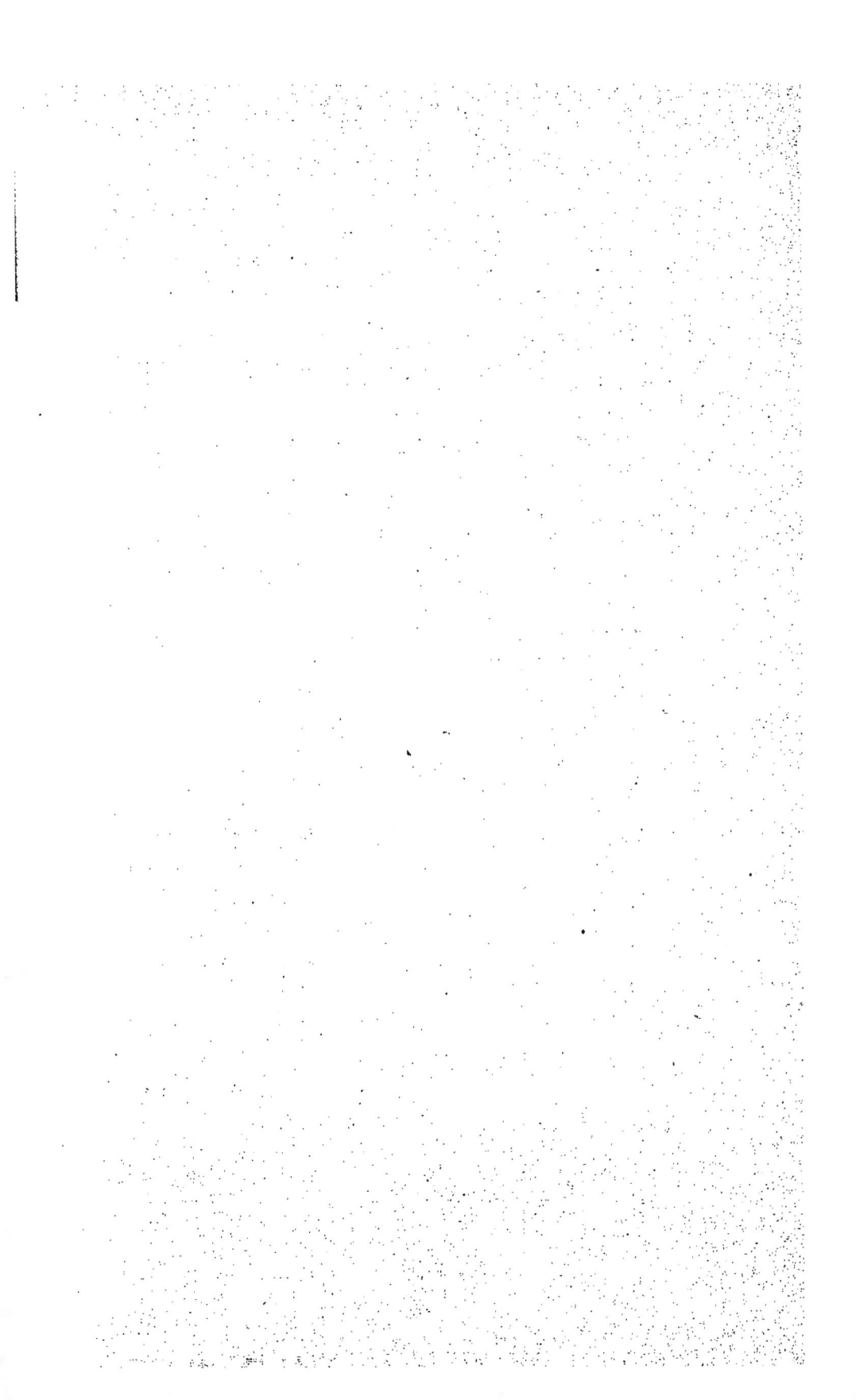

Planche VI. chapitre V

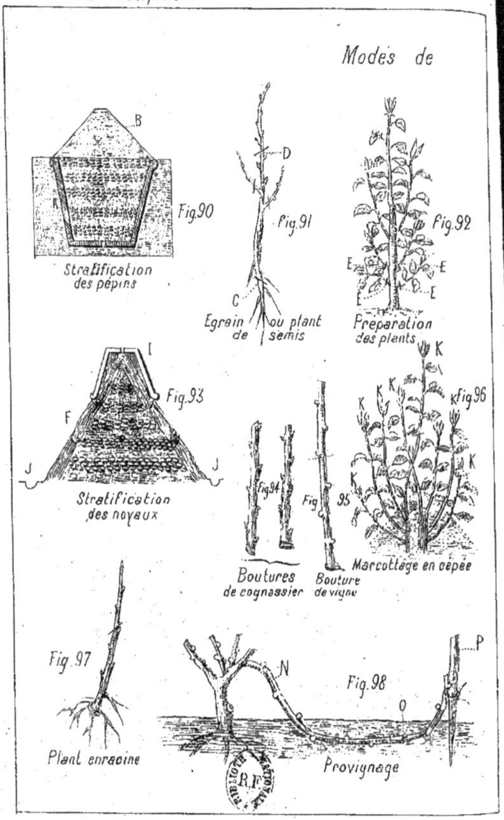
Modes de
Fig.90
Stratification des pépins
Fig.91
Egrain de ou plant semis
Fig.92
Préparation des plants
Fig.93
Stratification des noyaux
Fig.94
Boutures de cognassier
Fig 95
Bouture de vigne
Fig.96
Marcottage en cépée
Fig.97
Plant enraciné
Fig.98
Provignage

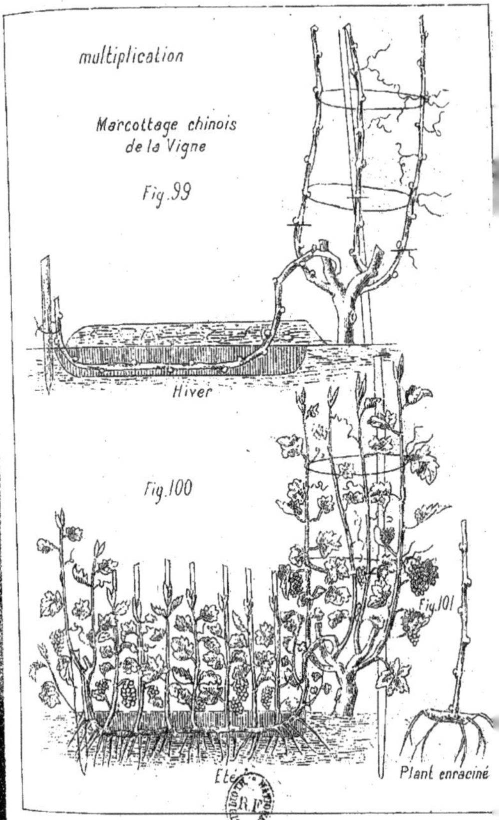
multiplication
Marcottage chinois de la Vigne
Fig.99
Hiver
Fig.100
Eté
Fig.101
Plant enraciné

Lorsque les drageons végètent trop faiblement, on renvoie à l'année suivante l'opération du buttage.

Les pieds-mères établis en terrain riche et tenu constamment frais par des arrosages, peuvent fournir, tous les ans, une nouvelle production de plants enracinés.

A défaut de gros sujets, on peut se servir aussi de drageons ou même de simples boutures ; mais, comme ces derniers plants poussent d'abord plus faiblement que les premiers, il leur faut davantage de temps avant d'être employés à la propagation de l'espèce.

Le *Provignage* de la vigne (fig. 98), est également un marcottage ; il consiste à ouvrir, à côté d'un cep, une tranchée d'une profondeur et d'une largeur d'environ 0^{m},20 ; puis, on choisit, parmi les sarments qu'il porte, le plus vigoureux et le mieux placé N, que l'on couche au fond du fossé et on le fait ressortir à l'endroit où l'on veut garnir le vide du vignoble. Sur la partie du sarment destinée à s'enraciner, on décortique et on y met un anneau en fil de fer O, pour favoriser le développement des radicelles et préparer la séparation de la marcotte du sujet. On comble la tranchée avec de la terre bien amendée ; puis on accole à un échalas, P, l'extrémité redressée du sarment enterré ou *provin*, que l'on raccourcit à deux ou trois bourres au-dessus du sol.

Marcottage Chinois (fig. 99). — Ce système, le plus avantageux entre tous, reçoit ses plus fréquentes applications aussi chez la vigne. A cet effet, sur un sujet, on prend un ou plusieurs sarments bien constitués que l'on dépouille de leurs appendices inutiles, puis, à l'aide de fils de fer, on cerne au-dessus et au-dessous de chaque nœud ; ensuite, on étend ces sarments dans des rigoles d'environ 0^{m},15 de profondeur, et on les maintient, appuyés contre le sol, à l'aide de crochets en bois ou en fer ; après, on comble les sillons, comme pour les autres sortes de marcottages.

Afin de permettre à la sève d'alimenter convenablement la partie enterrée des sarments, on redresse leurs extrémités plus haut que leurs points de naissance, et on ne marcotte que lorsque les pampres se sont bien développés, c'est-à-dire dans le courant du mois de mai.

Pendant la végétation (fig. 100), il est utile d'accoler les pampres à des baguettes pour les consolider et les renforcer tout à la fois, et on les butte pour faciliter leur enracinage ; on en obtient alors des plants complets (fig. 101).

On peut marcotter également à la fin de l'été, et, dans l'espace de quelques mois, les pampres enfouis émettent des racines suffisamment longues et nombreuses pour former de bons enracinés.

GREFFAGE

De tous les genres de reproduction, le greffage est sans contredit le plus intéressant, mais aussi le plus délicat. Sa pratique a pour but de multiplier un arbre en le faisant nourrir par un autre arbre ; la partie passive s'appelle *sujet* et la partie active se nomme *greffon*.

Cette transformation végétale offre plusieurs avantages : elle permet de propager rapidement, en les améliorant même, les variétés de fruits ; elle en augmente le volume et en avance l'époque de maturité ; elle permet à certaines espèces arboricoles de s'adapter à des places où, naturellement, elles dépériraient, etc. ; mais, à côté de ces avantages, il faut reconnaître que la greffe rend, d'habitude, les arbres moins vigoureux et plus sensibles aux accidents atmosphériques.

Quand on réunit le greffon avec le sujet, il est indispensable, pour le succès de l'opération, de faire accorder leurs *libers* et leurs *aubiers* (p. 20), car la soudure ne peut s'obtenir que par un intime contact de ces couches constitutives de l'arbre.

Voici comment on explique la reprise du greffage : lorsque le sujet et le greffon sont assemblés, il se produit, de part et d'autre, au bord des coupes, du *tissu cellulaire* (p. 16) qui, en se développant, se confond, tout en gardant ses facultés propres, et, par ce travail d'organisation vitale, la sève s'introduit dans le greffon, l'alimente et le fait accroître comme s'il avait toujours appartenu au pied-mère.

Avec une coïncidence parfaite des parties séveuses, il est nécessaire aussi d'associer les mêmes espèces fruitières, c'est-à-dire le *Poirier* avec le *Poirier*, l'*Abricotier* avec l'*Abricotier*, etc.; cependant l'expérience démontre que le *Poirier* reprend non seulement sur *Franc*, c'est-à-dire sur lui-même, mais aussi sur *Cognassier*, sur *Sorbier* et sur *Aubépine*.

Le *Pommier* acccepte le *Doucin* et le *Paradis* [1]. Quoique très voisin du *Poirier* par ses caractères botaniques, le Pommier ne sympathise pas avec cette espèce fruitière.

Le *Cognassier* est plutôt employé comme sujet que comme greffon; on s'en sert pour propager le *Poirier*, le *Bibacier* (Ch. XII), etc.

Le *Prunier* s'accorde avec le *Saint-Julien* [2], le *Damas noir* [3] et le *Myrobolan* [4].

(1) Le *Doucin* est une espèce de Pommier de vigueur modérée et muni de racines assez nombreuses et fibreuses.

Le *Paradis* est aussi une sorte de Pommier que l'on reconnaît à son peu de développement, à sa forme en touffe, et à ses racines cassantes, noirâtres et chevelues.

(2) Le *Saint-Julien* est un genre de Prunier sauvage que l'on préfère pour multiplier les belles variétés de Prunes.

(3) Le *Damas noir* est également une espèce de Prunier sauvage dont les sujets sont doués d'une grande vigueur.

(4) Le *Myrobolan* ressemble plutôt à un Cerisier qu'à un Prunier ; son fruit aussi a l'aspect d'une cerise, mais il est dépourvu de qualité.

Le *Cerisier* vient bien avec le *Merisier* [1] et le *Prunier Sainte-Lucie* ou *Mahaleb* [2].

L'*Abricotier* réussit sur *Prunier* et sur *Amandier*; seulement, sur ce dernier sujet, le greffon produit un bourrelet qui l'expose à se décoller ; on prévient cette désunion en appliquant, sur le tronc, des *Incisions longitudinales* (p. 35).

Le *Pêcher* peut se comporter avec l'*Amandier*, le *Prunier*, l'*Abricotier* et le *Prunellier épineux*.

Les autres espèces fruitières, telles que l'*Olivier*, le *Noyer*, le *Figuier*, etc., ne sont employées qu'avec leurs congénères, à l'exception toutefois du *Néflier commun* et de l'*Azérolier*, qui vont avec l'*Aubépine* ; le *Pistachier*, avec le *Térébinthe* [3], et le *Châtaignier*, avec certaines variétés de *Chênes blancs*.

Quant aux *greffages hétérogènes*, c'est-à-dire avec des sujets dissemblables, comme ceux du *Rosier* sur le *Cassis* (Ch. XIII) pour avoir des *roses noires*, ou de la *Vigne* sur le *Noyer*, pour avoir des *grappes* de *fruits huileux*, ou bien encore sur le *Mûrier* pour la protéger contre les ravages du *Phylloxera* (Ch. XVI) ; ces anomalies n'ont jamais existé que dans l'imagination de ceux qui les ont inventées.

Deux époques sont particulièrement propices pour le succès du greffage, ce sont le Printemps et l'Automne ; dans la première saison, la greffe est dite au *poussant*, parce que les boutons du greffon *poussent* peu de temps après l'opération, et, dans la seconde, on l'appelle au *dormant*, parce que les boutons du greffon restent stationnaires, *dorment*

(1) Le *Merisier* est une variété de Cerise sauvage très commune dans l'Est de la France.

(2) Le *Sainte-Lucie* est ainsi nommé parce qu'il est très abondant dans le bois de Sainte-Lucie, près Saint-Mihiel (Meuse).

(3) Le *Térébinthe* est un arbuste reconnaissable à ses bédéguars ; il croît spontanément en Provence.

jusqu'au réveil de la végétation. La greffe au dormant vaut mieux que celle au poussant.

Les espèces fruitières qui cessent d'être en sève de bonne heure, comme l'Abricotier, le Cerisier, le Prunier, etc., doivent être greffées en juin ou en juillet et au plus tard en août; tandis que le Poirier, le Pommier, le Cognassier, l'Amandier, etc., ne doivent être opérés qu'en septembre et durant la première quinzaine d'octobre.

Quelle que soit la saison et le mode de greffage que l'on opère, il faut profiter, autant que possible, d'une température calme et douce, et, en été, d'un ciel couvert : les vents violents, les fortes chaleurs et la pluie sont contraires à la bonne soudure des greffons.

Pour certains sujets, tels que le Figuier, le Pistachier, le Mûrier, etc., on ne doit exécuter la greffe que plusieurs heures après la préparation du sujet, afin de lui donner le temps de laisser écouler son suc laiteux ou visqueux, qui serait un obstacle à la reprise du greffon ; on essuie ce jus avec un linge propre et un peu humide.

Toutes les parties d'un arbre ne sont pas également bonnes pour servir de greffons ; il faut préférer les ramifications ligneuses, c'est-à-dire munies de boutons à bois, et placées au midi de la tête de l'arbre ; ces productions se trouvent généralement à l'extrémité des branches charpentières.

Quand on greffe à la *pousse,* on doit choisir aussi les greffons dans les mêmes conditions que ci-dessus ; mais aussitôt après les avoir détachés de l'arbre, il faut les dégarnir de toutes leurs feuilles et ne laisser subsister que leurs pétioles, qui servent tout à la fois à saisir les écussons (p. 65) plus commodément et ensuite à reconnaître si le greffage a réussi ou s'il a échoué.

Sur les bourgeons destinés à fournir les greffons à *œils,* on doit prendre exclusivement ceux qui sont disposés à faire du bois ; dans les arbres à pépins, ils sont faciles à distinguer ; mais dans ceux à noyaux, ils ne sont pas reconnaissables ; on sait seulement que lorsqu'ils sont plusieurs sur le même nœud, parmi eux il s'en trouve ordinairement un qui est ligneux.

Lorsqu'on greffe au Printemps, on doit employer des greffons moins avancés en végétation que le sujet ; pour cela, on coupe, les premiers, quinze jours et même un mois à l'avance, et, pour les maintenir frais jusqu'au moment de leur emploi, on les place dans un endroit froid et on les enterre avec du sable fin.

Si les greffons sont destinés à voyager, on les pique, du côté du gros bout, dans une pomme de terre ou dans un trognon de choux ; puis on les installe dans une caisse ou dans une boîte et on garnit les interstices avec de la mousse humide ou avec un linge mouillé. Ainsi emballés, ces rameaux peuvent être envoyés fort loin sans subir aucune altération.

Il est essentiel de garantir, pendant quinze ou vingt jours, c'est-à-dire jusqu'à leur union au sujet, les greffons placés pendant les fortes chaleurs, afin de les empêcher de se dessécher, ce que l'on obtient en les entourant d'un cornet de papier blanc ou d'une feuille de vigne. Une autre bonne précaution consiste aussi à palisser les bourgeons issus des greffons afin de les protéger contre les accidents qui pourraient leur arriver.

Les greffages peuvent se varier d'une foule de manières ; les principaux et les plus utiles à connaître sont : les *Greffes en Fentes simple et double*, la *Greffe en Fente Anglaise*, la *Greffe par Entaille triangulaire*, les *Greffes par Approche ordinaire*, *Anglaise*, de *Raccord*, en *Arc-boutant* et en *Gouttière*, les *Greffes en Couronne commune* et *avec épaulement*, la *Greffe en Ecusson*, la *Greffe en Flûte* ou *en Sifflet*, la *Greffe en Placage*, et la *Greffe Fructifère*.

Greffes en Fentes. — Ce greffage s'applique de préférence aux arbres à pépins ; sur ceux à noyaux, il y a à redouter la maladie de la *Gomme* (Ch. XVI), et si on entame leur moëlle, dans le sens de sa longueur, on peut compromettre la santé du sujet.

Pour exécuter cette opération (fig. 102), on commence par rabattre la tige ou la branche du sujet, A, sur un point sain et lisse ; puis, sur la surface plane de la coupe, on pratique une fente de $0^{m},03$ environ de profondeur et bien nette, c'est-à-dire régulière et sans bavure, ce que l'on obtient en se servant d'un couteau à lame longue et solide et en lui imprimant un mouvement de bascule, afin d'inciser les couches corticales avant d'attaquer le corps ligneux. Quand l'ouverture est produite, on la maintient béante à l'aide d'un coin en bois dur, qui permet d'y insérer plus facilement le greffon.

Après avoir disposé le sujet, on prépare le greffon, B ; celui-ci, muni de deux ou trois boutons, est taillé, à sa base, en biseau double, et après on introduit cette languette dans la fente du sujet, de façon à obtenir le plus de points de contact possible à l'endroit où se forment les organes générateurs (Ch. II). Cela fait, on retire délicatement le coin, pour bien fixer l'assemblage des parties, et si la pression exercée contre le greffon n'est pas suffisante, on l'assure avec une ligature ; enfin, on mastique les plaies, pour en activer la cicatrisation.

Lorsque le sujet est jeune et ne peut recevoir qu'un seul greffon (fig. 103), on modifie la direction de la coupe ; au lieu de la faire transversale, on l'opère en sens oblique et avec une petite surface plate ; dans ces conditions, la sève la recouvre plus facilement et plus complètement.

Sur les troncs d'un grand diamètre (fig. 104), il est préférable d'ouvrir deux fentes et de mettre deux greffons, que l'on place aux bords opposés des ouvertures ; on augmente ainsi les chances de succès du greffage, et on dégrade moins les sujets.

Dans le courant de l'été, on surveille le développement de l'arbre, pour favoriser la vigueur des pousses qui naissent sur les greffons ; dans ce but, on ébourgeonne ou l'on pince les bourgeons du sujet suivant que ceux du greffon ont besoin d'être stimulés ou modérés dans leur élongation.

Greffe en fente anglaise ordinaire (fig. 105). — Ce système de greffage est le plus ingénieux et le plus solide. Pour le confectionner, on choisit une jeune tige ou un rameau, C, de la grosseur du petit doigt, tout au plus ; on coupe le sujet en biseau très allongé ; puis on y fait une mortaise dans le haut du biseau. Le greffon, D, choisi de même dimension que le sujet, est, lui aussi, coupé en biseau allongé et entaillé de la même manière que le sujet, mais en sens inverse ; ensuite on les encastre, et si l'opération est bien faite, les plaies doivent se masquer complètement l'une avec l'autre. Il est indispensable de ligaturer, mais on peut se dispenser de mastiquer.

On ne doit pas se servir de greffon plus gros que le sujet, mais on peut en employer de plus petits ; seulement, dans ce dernier cas, on s'arrange de les bien faire accorder d'un côté.

Greffe par Entaille triangulaire (fig. 107). — Après avoir décapité le sujet, E, on y opère, avec le secours du Greffoir Rivière ou à l'aide d'un Greffoir ordinaire (p. 14), une rainure d'un ou deux centimètres de longueur sur 4 à 5 millimètres de largeur au sommet et finissant à zéro à la base ; quant au greffon, F, on le façonne, au gros bout, en lame de couteau à large dos, mais à pointe aiguë, afin que la partie taillée et appliquée dans l'échancrure du sujet, la comble entièrement. Comme d'habitude, on ligature et l'on englue sérieusement.

Principaux Greffages

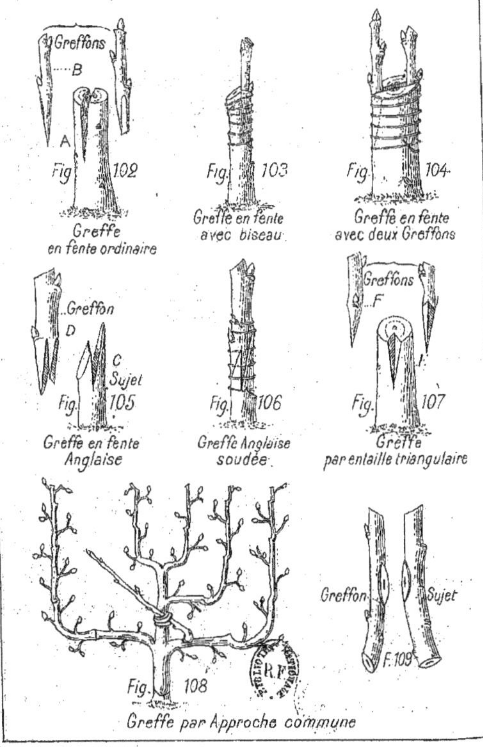

Fig. 102 — Greffe en fente ordinaire

Fig. 103 — Greffe en fente avec biseau

Fig. 104 — Greffe en fente avec deux Greffons

Fig. 105 — Greffe en fente Anglaise

Fig. 106 — Greffe Anglaise soudée

Fig. 107 — Greffe par entaille triangulaire

Fig. 108, 109 — Greffe par Approche commune

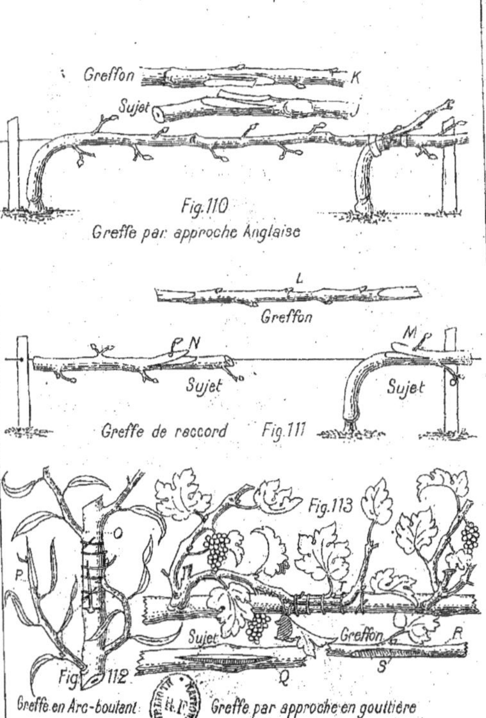

Fig. 110 — Greffe par approche Anglaise

Fig. 111 — Greffe de raccord

Fig. 112 — Greffe en Arc-boutant

Fig. 113 — Greffe par approche en gouttière

GREFFE PAR APPROCHE ORDINAIRE (fig. 108). — Ce genre de greffe se distingue des autres en ce que le greffon n'est séparé du sujet que lorsque la soudure est complète ; on s'en sert pour garnir les vides existant sur les branches charpentières ou sur la tige, I, et pour relier les arbres en cordon transversal (Ch. VII). A ce sujet, on s'assure d'abord que le greffon et le sujet (fig. 109) peuvent se rencontrer sur un endroit favorable ; puis, à leur croisement, on fait sur chacun d'eux une blessure identique et pénétrant jusqu'à l'aubier ; ensuite on les assujetit avec un lien solide.

Afin d'habituer le greffon à se nourrir peu à peu par lui-même, au bout d'un mois de greffage, on l'incise immédiatement au-dessous de son point d'union ; quelques mois plus tard, on l'entaille jusqu'aux deux tiers de l'épaisseur du rameau, et un ou deux ans après, on le sèvre, c'est-à-dire qu'on le coupe définitivement.

GREFFE PAR APPROCHE ANGLAISE (fig. 110). — Pour imiter ce greffage, on produit sur le *dessus* du sujet, et sur le *dessous* du greffon, K, une fente oblique en sens opposé ; puis, on y enlève un lambeau d'écorce avec un peu d'aubier ; il en résulte alors deux languettes que l'on fait pénétrer dans les ouvertures correspondantes, ainsi que pour la Fente anglaise ordinaire (p. 62). Une ligature et du mastic sont indispensables pour réunir les cicatrices et pour les faire annuler en peu de temps.

GREFFE DE RACCORD OU DE RALLONGE (fig. 111). — Ce greffage, le plus original entre tous, a été imaginé par M. Ricaud, de Beaune (Côte-d'Or). Son emploi permet de réunir et de souder deux branches ou deux arbres qui ne peuvent pas se toucher. A cet effet, on se munit d'abord d'un greffon, L, de la longueur du vide, on l'aiguise, en coin, et aux points où il doit porter sur les sujets M. et N., on ouvre, en sens contraire, des fentes pénétrant jusqu'au bois et d'une longueur d'environ $0^m,03$. Les parties taillées du greffon sont ensuite insérées dans ces entailles, et puis solidement fixées à l'aide d'une forte ligature.

GREFFE EN ARC-BOUTANT (fig. 112). — Sur les arbres qu'on veut ainsi greffer, on applique, au sujet O, des incisions en T majuscule renversé et de plus on enlève sous l'incision transversale une parcelle d'écorce pour faciliter le passage de la partie préparée du greffon, P. Ce dernier est raccourci plus ou moins, suivant la place où on veut le fixer, puis on le taille très obliquement à l'opposé d'un œil, auquel on ne garde que son pétiole. Après, on fait pénétrer la languette du greffon dans la partie destinée à la recevoir, et on l'assujetit à l'aide d'un lien.

GREFFE PAR APPROCHE EN GOUTTIÈRE (fig. 113). — Ce greffage est applicable plus spécialement à la Vigne, pour remplacer les coursons qui ont fait défaut. Au mois de juillet, quand les pampres sont devenus un peu flexibles, on creuse, sur le point à regarnir, Q, une sorte de rainure d'environ $0^m,04$ de longueur sur un demi centimètre environ de largeur. Le greffon, R, est aminci, au point S, en lame de couteau, sur une dimension égale à l'échancrure du sujet et de manière qu'il se trouve un œil, T, au milieu de la plaie. Les parties rassemblées sont, comme toujours, maintenues avec des lanières.

GREFFE EN COURONNE (fig. 114). — La qualification donnée à ce greffage vient de ce que les greffons sont disposés sur le sujet, en cercle ou en couronne. Sur un gros arbre décapité, A, on opère, sur l'écorce, des incisions longues de 2 à 3 centimètres ; puis on soulève les couches corticales. Les greffons, B, sont taillés en biseaux allongés que l'on enfonce entre l'écorce et le bois, de manière que la partie aplatie soit contre l'aubier. On ligature avec un fort lien et l'on mastique soigneusement (fig. 115).

Dans certaines espèces fruitières, telles que l'Abricotier, le Prunier, etc., on se dispense quelquefois de fendre l'écorce ; on se borne à la séparer du bois, à l'aide d'un petit coin dur aiguisé en cure-dent, et on y engage le greffon préparé de même. C'est le greffage appelé au *Poinçon*.

Greffe en Couronne avec épaulement (fig. 116). — Quand le sujet, d'un faible diamètre, ne peut accepter qu'un seul greffon, on coupe la tige obliquement et on l'incise du côté le plus élevé de la plaie, comme pour le modèle précédent. Le greffon aussi, D, est préparé de la même façon ; seulement, dans le haut, on y fait un cran à angle aigu, qui sert à le consolider sur le sujet.

Greffe en Écusson (fig. 117). — C'est le procédé de prédilection des pépiniéristes, en ce sens que sa pratique en est facile, expéditive et applicable à toutes sortes d'arbres.

Sur un sujet, E, préparé comme il a été dit à l'article Pépinière (Ch. V, p. 52), on choisit un point où l'écorce est souple et on l'incise en T majuscule debout ou renversé, ou bien encore en + ; après, avec la spatule du Greffoir, on soulève les bords des incisions ; puis, dans l'entre-bâillement, on glisse le greffon, une lamelle d'écorce triangulaire, F, munie d'un œil (fig. 119), dont la forme rappelle l'*Ecu* d'un ancien chevalier ; ensuite, on ligature pour bien assurer le contact de cette plaque contre l'aubier du sujet (fig. 118), en évitant toutefois de cacher l'œil, avec le lien, afin de ne pas le gêner dans son développement.

Les écussons peuvent se détacher de deux manières (fig. 119) : la première, G, qui est la plus ordinaire, consiste à inciser, en triangle, autour de l'œil et à détacher la portion découpée, soit avec une spatule, soit à l'aide d'une pression des doigts, avec la précaution de ne pas endommager le *cœur* de l'œil, sans lequel la reprise du greffage serait impossible. Le second moyen, H, consiste à soulever l'écusson d'un seul coup de greffoir et à le séparer en l'entaillant à un demi-centimètre au-dessus ou au-dessous de l'œil, suivant qu'on a enlevé la plaque de bas en haut ou de haut en bas. Cette exécution est plus rapide que l'autre, mais, pour la faire avec succès, il faut une main exercée.

La soudure du greffon au sujet se produit, ordinairement, au bout de 20 à 25 jours. Pour s'en convaincre, on touche le *pétiole* conservé après l'œil, I (fig. 118) ; s'il se laisse tomber facilement, l'écusson a réussi ; au contraire, s'il est ridé et s'il résiste, le résultat est nul. On peut recommencer encore le greffage, et cela tant que le sujet est en sève.

Quand l'écusson est sur le point de pousser, il faut desserrer la ligature qui le maintient, afin de prévenir le développement de bourrelets ou étranglements, qui seraient un obstacle à la bonne marche du fluide séveux.

On ne doit couper la tête du sujet que lorsque la greffe est prête à bourgeonner (fig. 120); on réduit la tige d'abord à $0^m,15$ ou $0^m,20$ au-dessus de l'écusson ; puis, quand ses propres bourgeons ont rempli leur mission, celle *d'appel-sève*, on les soumet au *Pincement* (p. 40), toujours dans le but de renforcer la pousse de l'Ecusson, J ; ensuite, lorsque celle-ci a atteint une longueur de $0^m,25$ à $0^m,30$, on la laisse seule en possession du sujet ; mais on garde toujours l'onglet K, que l'on fait servir de tuteur à la greffe, et on l'y maintient accolé avec un ou plusieurs liens. Enfin, au mois d'août, quand le greffon est en partie lignifié, on annule le chicot, afin que la plaie produite ait le temps encore de se recouvrir avant l'hiver. Par cette combinaison, on obtient des arbres vigoureux, beaux et capables de constituer n'importe quelle forme, suivant les espèces fruitières (Ch. VII).

Greffe en Flute ou en Sifflet (fig. 121). — La pratique de ce greffage a lieu quand la sève est dans toute son activité. On raccourcit le sujet dans un mérithalle (p. 18); puis on l'incise de façon à pouvoir séparer son écorce en lanières longitudinales, L. Pour prendre les greffons, on se sert d'un bourgeon, M, de même grosseur que celle du

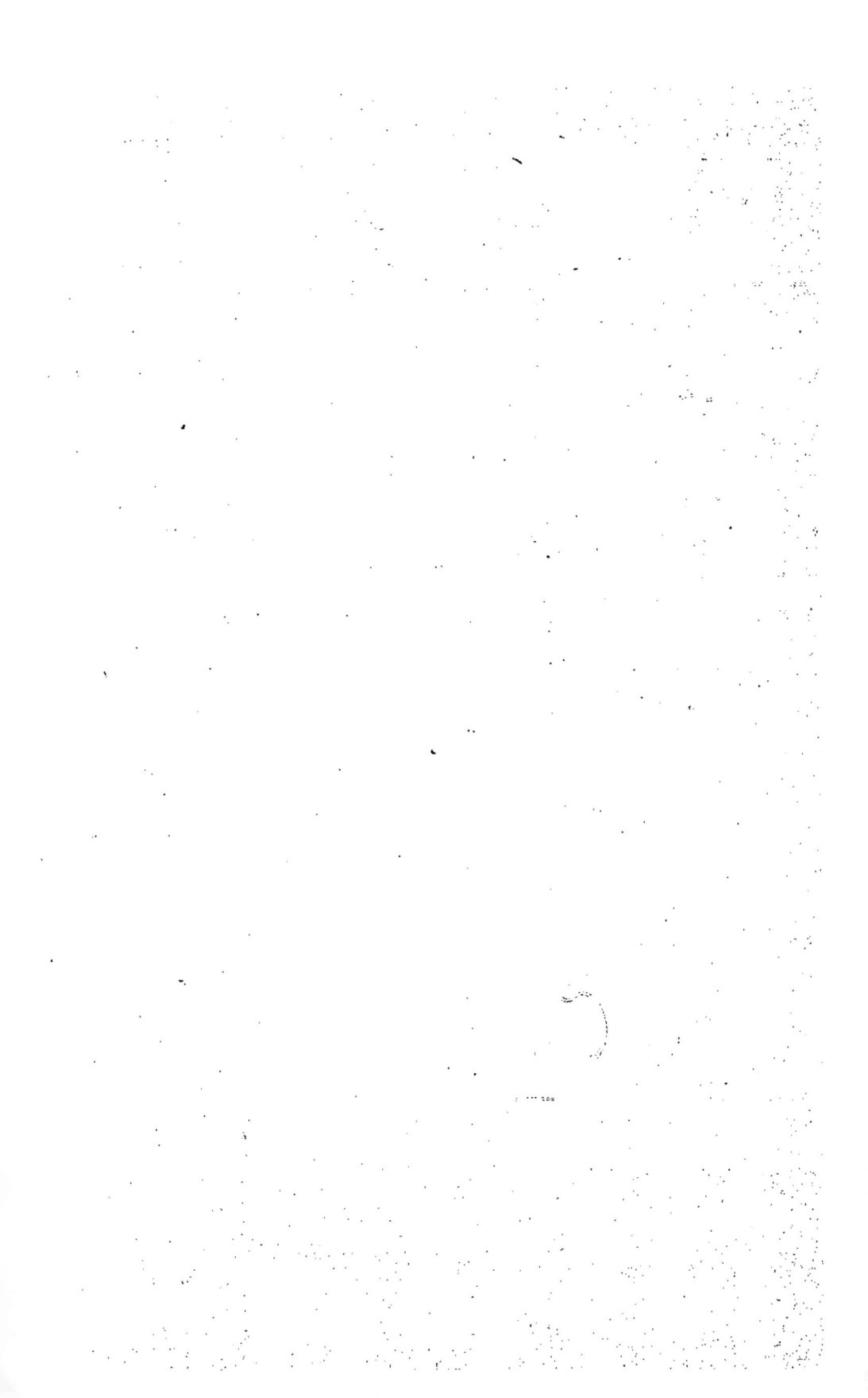

Planche VIII. Chapitre V

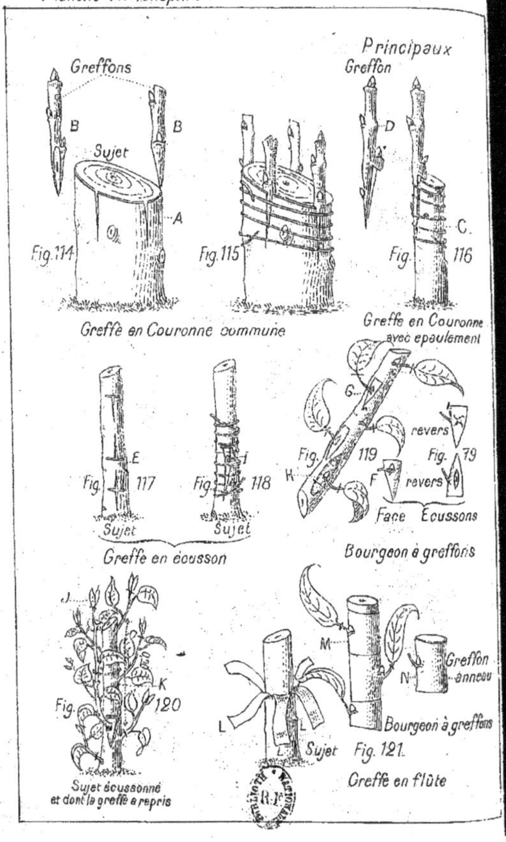
Principaux
Greffons
B
B
Sujet
A
Fig. 114
Fig. 115
Greffon
D
C.
Fig. 116
Greffe en Couronne commune
Greffe en Couronne avec epaulement
G
K
revers
Fig. 119
Fig. 79
H
F
revers
Face
Ecussons
E
Fig. 117
I
Fig. 118
Sujet
Sujet
Greffe en écusson
Bourgeon à greffons
J
K
Fig. 120
Sujet écussonné et dont la greffe a repris
M
Greffon
N
anneau
L
L
Sujet
Fig. 121.
Bourgeon à greffons
Greffe en flûte

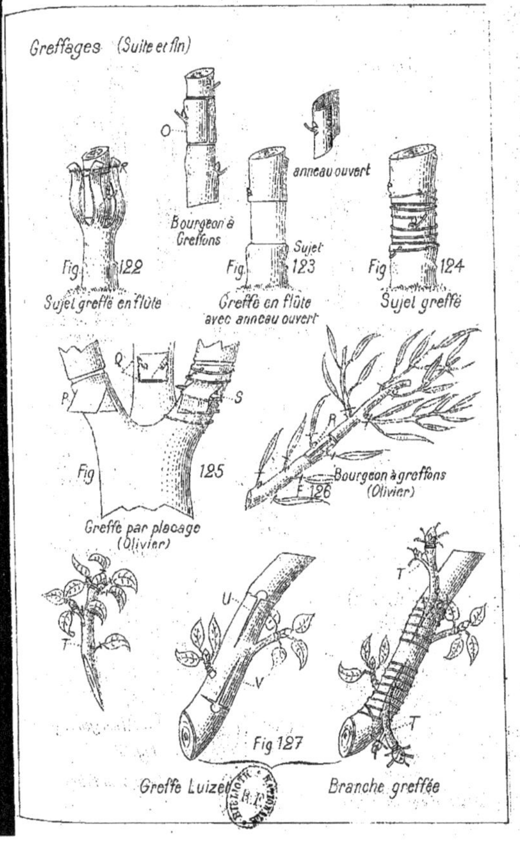
Greffages (Suite et fin)
O
anneau ouvert
Bourgeon à Greffons
Sujet
Fig. 122
Fig. 123
Fig 124
Sujet greffé en flûte
Greffe en flûte avec anneau ouvert
Sujet greffé
Q
P
S
Fig 125
R
Bourgeon à greffons (Olivier)
126
Greffe par placage (Olivier)
T
U
V
T
T
Fig 127
Greffe Luizet
Branche greffée

sujet ; puis on y sort un anneau d'écorce, N, porteur d'un œil, de $0^m,01$ à $0^m,02$ de longueur, au moyen de deux incisions transversales et parallèles et avec une pression latérale imprimée avec les doigts. Quand la bague est sortie du bourgeon, on l'emboîte de suite au sujet, et on l'enfonce jusqu'à ce que sa partie intérieure touche parfaitement l'aubier du sujet (fig. 122) ; ensuite, on râcle la portion de la tige laissée à nu, et les bavures qui en résultent sont appliquées sur le bord supérieur de l'anneau, dans le but d'empêcher l'air et l'humidité de s'introduire entre l'écorce et le bois. On termine le greffage en relevant les bandelettes d'écorce, que l'on maintient contre la bague, à l'aide d'une ligature.

Une précaution indispensable pour la régularité de la future forme de l'arbre, est celle qui consiste à placer les œils des anneaux du côté où l'on veut obtenir le bourgeon destiné à constituer la tige, ou à établir les branches charpentières.

Certaines espèces fruitières d'une réussite difficile, comme le Noyer, le Châtaignier, etc., doivent recevoir, sur le même bourgeon, deux bagues superposées ; alors la supérieure arrête la dessication des parties écorcées et favorise la reprise de l'anneau inférieur.

Quand le sujet est plus gros (fig. 123), que le diamètre du greffon, O, on fend l'anneau à l'opposé de son œil, et l'on applique cette plaque à l'endroit décortiqué, de même dimension, pratiqué sur le sujet (fig. 125). Ici, il est nécessaire de ligaturer.

Au contraire, quand la bague est plus large que le sujet, on y découpe une bande d'écorce proportionnée au degré de petitesse de la tige.

En Provence, l'Olivier se greffe ordinairement d'après ce dernier système (fig. 125). Sur le tronc ou sur les branches charpentières d'une certaine grosseur ($0^m,02$ au moins de diamètre), on incise l'écorce sur trois côtés, de façon à pouvoir en soulever un carré, P, qui doit rester retenu au sujet par sa partie supérieure, afin de servir d'écran au greffon. Quant à ce dernier, R, on le découpe comme pour le greffage en Flûte des gros arbres, et on l'applique de même sur la portion d'aubier qui lui est réservée ; ensuite, on abaisse la lame corticale du sujet sur la plaque du greffon, en interposant entre elles une feuille d'arbre, S, pour s'opposer à la soudure de l'écran que l'on ne pourrait, après, relever pour permettre le bourgeonnement des œils du greffon ; enfin, on consolide le tout avec une bonne ligature.

Dans le but de concentrer la sève sur le greffon, ce qui favorise aussi la fructification de l'arbre à transformer, on opère une *annellation* (p. 41) à quelques centimètres au-dessus du point greffé ; et l'on ne rabat les vieilles branches qu'au printemps de l'année suivante.

Greffe par Placage. — Lorsque l'arbre n'est plus assez en sève pour pouvoir séparer son écorce de son bois, on peut réussir aussi le greffage en enlevant au sujet un copeau d'un ou deux centimètres de longueur sur un centimètre de largeur et pénétrant un peu l'aubier ; puis, on le remplace par un greffon muni d'un œil et qui s'ajuste le mieux possible à la place préparée sur le sujet. Il est nécessaire de bien ligaturer pour aider à la reprise.

Greffe Luizet [1] (fig. 127). — Ce précieux greffage a pour effet d'obliger, à fructifier, les arbres stériles.

Dans ce but, on prend pour greffon, T, une ramification munie de boutons à fleurs et on la prépare exactement comme celle pour la *Greffe en Couronne* (p. 64). Sur la branche où on veut la poser, et à un endroit uni et courbé en

(1) On la nomme ainsi, en souvenir de M. Luizet, un vénérable arboriculteur d'Ecully, près Lyon.

dedans, on imite, en U et en V, les incisions que l'on fait pour exécuter la *Greffe en Arc-boutant* (p. 64).

Les arbres à pépins supportent mieux cette transformation que les arbres à noyaux (Ch. XI). Le moment le plus favorable pour la réussite du greffon est la fin de l'été, quand les boutons sont définitivement constitués; on retranche d'abord toutes leurs feuilles, les pétioles exceptés ; puis on adapte ces productions fruitières au sujet, où elles se soudent encore avant le commencement de l'hiver ; au printemps suivant, elles fleurissent et à l'automne elles offrent des fruits mûrs et même de meilleure qualité que si les rameaux avaient été nourris par l'arbre qui leur a donné naissance.

M. Forest, excellent professeur d'arboriculture et habile praticien, conseillait de placer le greffon, de haut en bas, sur le sujet ; dans cette position, la soudure est non seulement plus solide, mais les produits se perfectionnent davantage que lorsque la ramification est fixée dans un sens naturel.

Tels sont les greffages les plus convenables et les plus avantageux ; les autres n'étant que des modifications plus ou moins heureuses de ceux qui viennent d'être exposés, il sera facile d'en découvrir le mécanisme et même d'inventer d'autres modèles.

Greffages spéciaux a la Vigne.

Avec la situation nouvelle créée à la viticulture, par la maladie Phylloxérique (Ch. XVII), il est reconnu, aujourd'hui, que le plus sûr moyen de conserver la vigne du genre *Vinifera* (Ch. XV), c'est de remplacer son appareil radiculaire par celui de certains cépages originaires des États-Unis de l'Amérique du Nord (Ch. XV).

D'habitude, on élève ces plants exotiques en pépinière, comme on le fait pour les boutures ordinaires (p. 53) ;

ensuite, au printemps suivant, on les greffe, et, l'année d'après, on les plante à demeure (Ch. XV).

Il serait préférable d'opérer en place définitive; les plants ainsi obtenus seraient plus vigoureux, mais les reprises, souvent incomplètes, obligent à des regreffages et quelquefois à des remplacements toujours contraires à la régularité et à la fertilité du vignoble.

On peut également propager la vigne par la greffe au *Coin du feu* ou sur les *genoux* ou à l'*atelier*, comme on l'appelle encore; sur bouture ou sur enraciné; ce moyen est le moins avantageux de tous, parce que l'année de sa transformation, le sujet ne peut, en même temps, et bien reprendre, et alimenter convenablement son greffon ; à moins cependant que le sol de la pépinière ne soit de qualité supérieure.

Le moment le plus favorable pour modifier un cep, est vers le milieu du printemps ; on peut réussir également en opérant au commencement de l'automne, surtout si on peut garantir les greffons contre les accidents auxquels ils sont exposés dans le courant de l'hiver : décollage, gelée, etc.

Un bon choix de greffons s'impose aussi bien pour la vigne que pour les arbres fruitiers ; suivant leur constitution, les sarments rendent les ceps vigoureux ou faibles, fertiles ou stériles ; les greffons-types sont ceux qui ont les caractères des véritables boutures (p. 53).

Les meilleurs greffages viticoles sont : les greffes en *Fente ordinaire*, en *Fente anglaise*, avec *Queue*, en *Fente latérale* et *oblique*, en *Fente renversée*, et d'*Affranchissement*.

Greffe en Fente pleine (fig. 129). — L'opération première consiste à rabattre le sujet près de terre et a quelques centimètres au-dessus d'un nœud, au point A ; puis on fend le tronçon de tige jusqu'à ce nœud. Pour greffon, B, on choisit une portion de sarment dont la base soit un peu plus grosse que le sujet et on la coupe en coin régulier; puis on l'introduit dans l'ouverture du cep (fig. 130), en faisant accorder, comme toujours, les couches séveuses; on achève le travail en ligaturant avec du raphia (p. 15).

Quand le tronc présente un diamètre de plus de 0m,02, c'est-à-dire un peu large pour un seul greffon, mais pas assez gros pour deux, on le taille obliquement et l'on met le greffon du côté le plus élevé du biseau; de cette façon on fait mieux porter la sève sur la greffe et la plaie se recouvre plus vite. On modifie aussi un peu la coupe du greffon, que l'on dispose en lame de couteau.

Si le pied est gros ou très gros (fig. 131), il est préférable d'y faire deux fentes, pour ne pas endommager la moëlle, et l'on emploie deux greffons, un à chaque bord opposé des ouvertures. Lorsque les deux sarments reprennent, on choisit le plus avantageux et l'on réduit l'autre sur son empâtement, afin de le faire concourir à l'annulation de la plaie du sujet.

Greffe en Fente anglaise (fig. 132). — Sa pratique est en tout conforme à celle conseillée pour les espèces fruitières (p. 62).

Greffe anglaise caudifère ou avec une queue, (fig. 133). — On copie ce greffage sur celui qui précède, seulement on se sert d'un greffon plus long et on l'entaille vers le milieu de sa longueur, au lieu de le façonner à la base, afin d'y conserver un prolongement que l'on enfonce dans le sol. Avec cette modification, la reprise de la greffe est à peu près assurée, le greffon alors étant alimenté par deux sources différentes, et par le sujet, et par lui-même, la portion enterrée du sarment émettant de suite des racines, surtout si on la soumet à la décortication (p. 53).

Greffe en fente latérale et oblique, dite aussi à la Cadillac (fig. 134). — C'est un greffage en Fente ordinaire, avec cette différence seulement qu'on l'exécute sans trancher la tête de la vigne. Sur un point convenable de la tige, on fait une entaille profonde de 0m,02 à 0m,03 ; puis on y insère le greffon, que l'on prépare en coin ou en lame de couteau, suivant les dimensions de l'ouverture du sujet.

Ce procédé présente plusieurs avantages : il permet à la sève de l'arbuste de se transmettre plus naturellement dans le greffon ; et, dans les cépages producteurs directs, on fait des vignes *bicéphales* donnant double récolte ou plutôt de deux sortes de raisins, pourvu que l'on maintienne, entre les deux têtes, l'équilibre de la sève.

Sur les cépages porte-greffes ou à bois, on supprime la tête du sujet lorsque la soudure du greffon est parfaite, c'est-à-dire à la fin de l'été.

Greffe en fente latérale renversée. — Depuis quelque temps, on vante beaucoup ce modèle, sous les noms de *Greffe Geneste, Greffe Lyonnaise*, etc., pour régénérer les vignobles épuisés ou Phylloxérés ; il offre un réel mérite, ainsi que nous l'avons constaté nous-même, il y a déjà quatre ans, dans nos plantations, en Vaucluse.

Il s'agit de planter, à côté du cep à renouveler, une bouture, ou mieux encore un enraciné de variété américaine bien adaptée aux conditions locales ; puis, l'année suivante, on l'assemble au pied de vigne voisin, sur lequel on opère une fente profonde de plusieurs centimètres et exécutée de bas en haut ; ensuite, on prépare le cep régénérateur de manière que son extrémité supérieure, aiguisée en biseau double, puisse être introduite et rester dans l'entaille préparée pour la recevoir. La reprise est assurée, à la condition que, pendant la belle saison, on s'oppose au développement des pampres du cep nourricier, afin qu'il consacre toute sa sève à alimenter la vigne à restaurer.

Greffe d'affranchissement. — Elle est basée sur le

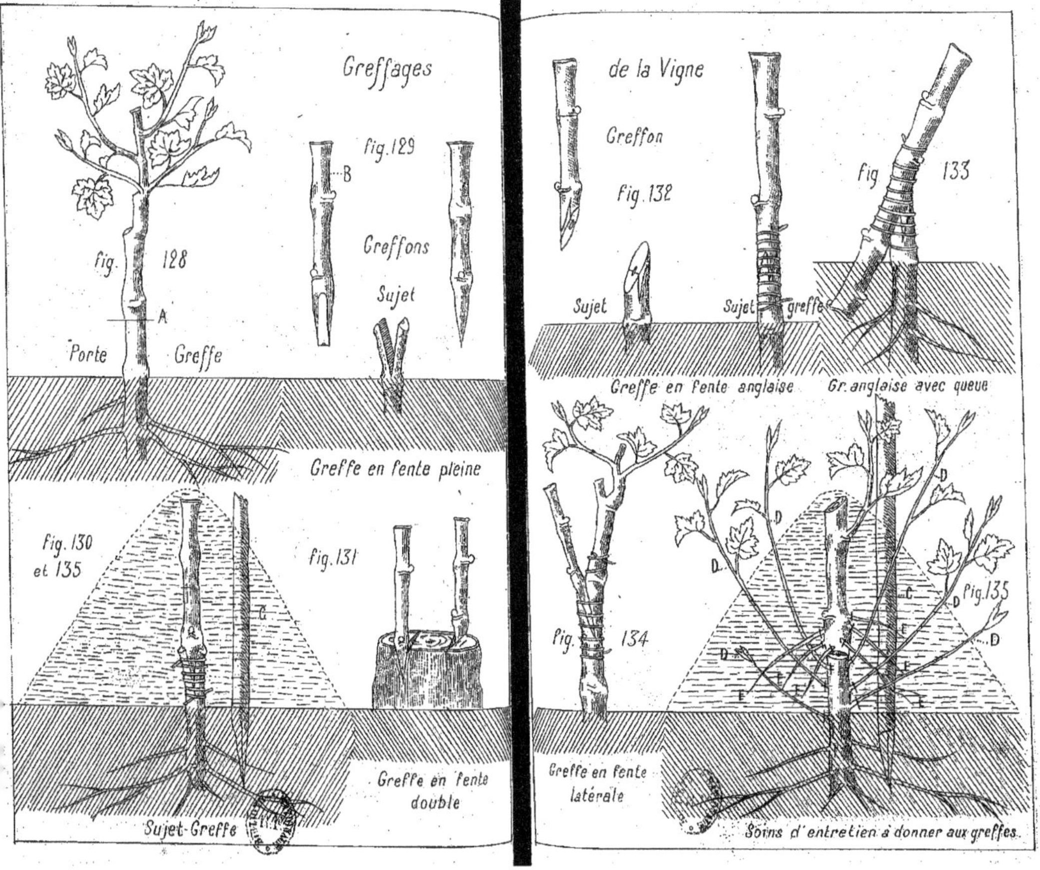
Greffages
de la Vigne
fig. 128
A
Porte
Greffe
fig. 129
B
Greffons
Sujet
Greffe en fente pleine
fig. 130
et 135
C
fig. 131
Greffe en fente double
Sujet-Greffe
Greffon
fig. 132
Sujet
Sujet greffe
Fig 133
Greffe en fente anglaise
Gr. anglaise avec queue
Fig. 134
Greffe en fente latérale
Fig. 135
D
C
E
Soins d'entretien à donner aux greffes.

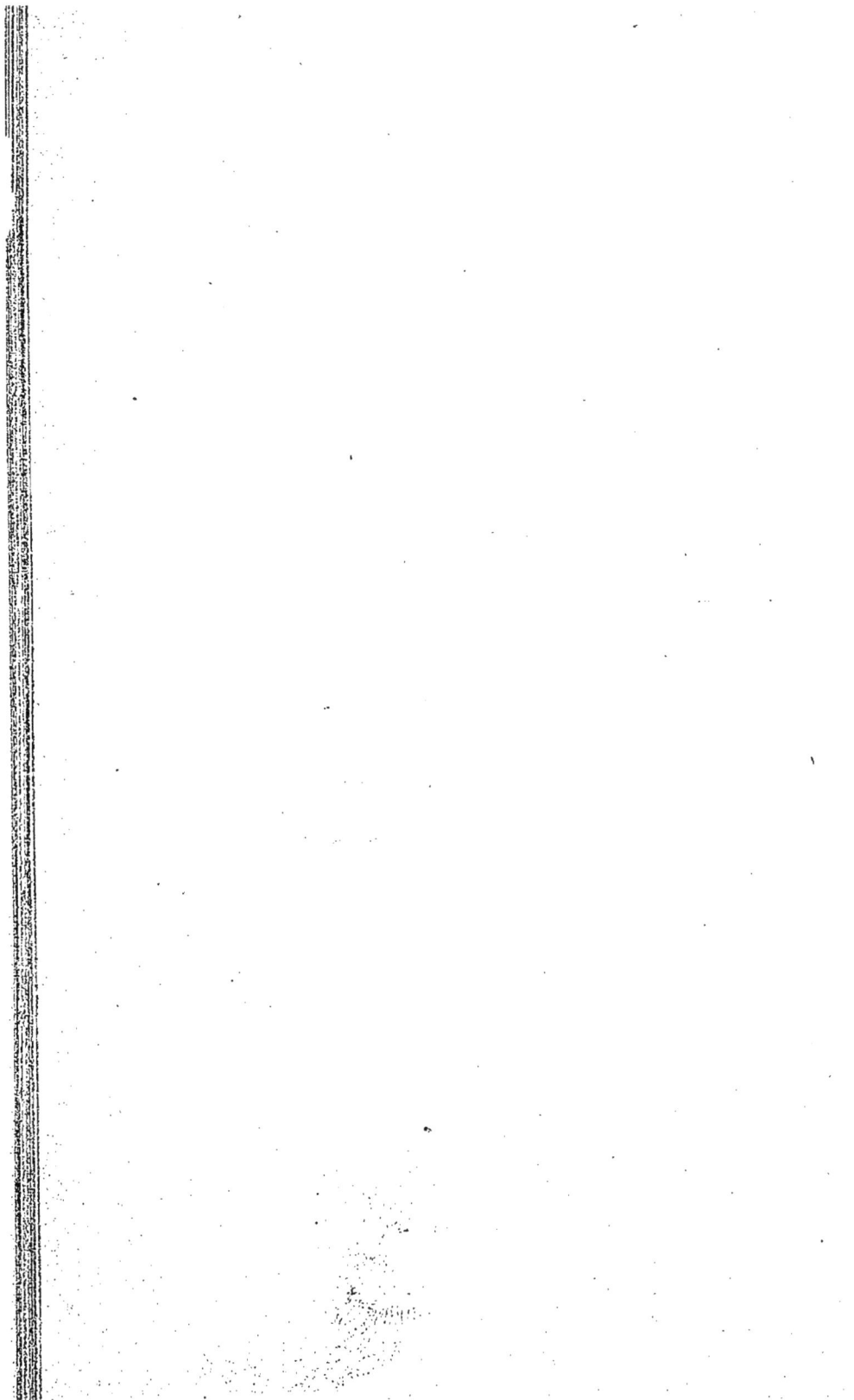

principe des greffes en fente ; mais tandis que celles-cis ont opérées en vue de leur faire tirer toute leur nourriture du sujet, l'autre, au contraire, est exécutée afin de la faire alimenter par les racines du greffon.

Ce greffage rend des services lorsqu'on possède des variétés de vignes qui ne s'accordent pas avec les conditions climatologiques ou terrestres ; dans ce cas, on recèpe le sujet aussi profondément que possible, c'est-à-dire à quelques centimètres du premier étage de racines. Comme greffon, on prend ou une bouture, ou un enraciné, ou même un enraciné greffé, et on le prépare en lui conservant, si faire se peut, une série de radicelles ; alors, on reconstitue rapidement le cep et souvent sans interruption de récolte.

SOINS COMPLÉMENTAIRES

Quel que soit le système de greffage employé, il est indispensable, aussitôt la greffe terminée, de la *butter* fortement avec de la terre meuble et fraîche, et préférablement encore avec du sable, afin de conserver au greffon la fraîcheur qui lui est utile, en attendant d'être alimenté par le sujet (fig. 135).

Lorsque la nature du sol trop compacte ou trop caillouteuse, s'oppose à un bon buttage, on remplace cette terre par du sable, et, pour rendre ce moyen pratique, on a recours à un tuyau en poterie ou en métal dans lequel on introduit la greffe ; après l'avoir ensablée, on amoncelle contre le tube la terre environnante ; ensuite, on sort le tuyau, et le greffon se trouve bien placé pour reprendre.

Dans la même sorte de terrain, on pourrait aussi, à défaut de terre souple, se servir utilement de la greffe avec *Queue* (p. 71) ; mais, de tous ces moyens, le plus sûr est encore la plantation de bons *enracinés-greffés* et *bien soudés*.

Les greffeurs prudents conservent au greffon deux bourres

et trois nœuds, ce qui, après le buttage, permet de voir le bout du sarment, dont la présence rend plus efficace la protection de la greffe.

Avant d'amonceler la terre, il est urgent de fixer un échalas, C, au pied de chaque sujet, afin de parer aux inconvénients qui peuvent arriver au greffon, et pour favoriser l'éducation de la vigne.

Dans le courant du printemps et de l'été, le sujet émet, d'habitude, des rejetons, D (fig. 136) ; il est essentiel de les supprimer au fur et à mesure de leur apparition, pour les empêcher de nuire au greffon ; à cet effet, on déchausse le cep et on enlève les drageons sur leur empâtement ; on renouvelle ce travail autant de fois que cela est nécessaire.

Après chaque ébourgeonnement (p. 39), on rétablit la butte de terre, car le greffon en souffrirait si on le laissait exposé à l'air libre ; on ne le déchausse complètement qu'à la fin de l'été ; puis, à l'automne suivant, on le rechausse encore, pour le préserver de l'action du froid à laquelle il est très sensible pendant le premier hiver.

On profite des débuttages pour retrancher aussi les radicelles, E, qui prennent naissance sur le greffon et qui tendent à se substituer à celles du sujet, au détriment de la bonne soudure de la greffe et de la durée du cep transformé.

Dans les vignes de jardins (Ch. XV), on applique un palissage suivi (p. 34), afin d'obtenir des sarments droits et vigoureux ; tandis que dans le vignoble, c'est-à-dire pour les formes libres (Ch. XV), au lieu de se servir d'échalas, on met simplement des piquets de $0^m,70$ de longueur et l'on se borne à attacher, une seule fois, les pampres du greffon. Si ces derniers poussent avec trop de force, on les *taille en vert* pour utiliser l'excès de sève en faveur d'une plus prompte création de la charpente de l'arbuste.

Enfin, on s'assure que les liens ne compriment pas la

soudure des greffes et on les desserre pour éviter les étranglements qui contrarieraient la libre circulation de la sève.

Telle est, maintenant, la modification obligée que réclame la vigne Asiatico-Européenne pour se conserver vigoureuse, fertile et durable, tout en gardant, à ses variétés, leurs qualités particulières.

CHAPITRE VI

Jardin Fruitier

Il y a deux manières bien distinctes de guider les arbres fruitiers : l'une s'applique à former des sujets aux dispositions géométriques, d'un rendement modéré, mais de qualité supérieure ; quant à l'autre, son but consiste à laisser prendre aux arbres un grand développement et surtout à les laisser beaucoup fructifier. Le premier système plaît à l'*Amateur*, qui cultive au point de vue de l'*Agréable*, et le second convient au *Spéculateur*, qui recherche avant tout le *Produit*. Les plantations cultivées pour l'*Agrément* prennent le nom de *Jardin fruitier*, et celles conduites pour le *Rapport* s'appellent un *Verger* (Ch. XII).

Pour prospérer, les arbres fruitiers doivent occuper seuls le sol ; si, en même temps, on utilise le terrain avec des plantes fourragères, potagères, etc., ces cultures se nuisent mutuellement ; on doit *spécialiser* les récoltes, c'est-à-dire créer séparément le *Fruitier*, la *Prairie*, le *Potager*, etc.; les soins alors sont plus faciles et les résultats plus complets.

Emplacement. Les espèces fruitières sont, en général, peu difficiles sur le lieu à leur accorder, presque toutes les positions et les expositions leur conviennent ; cependant, lorsqu'on est libre de choisir, il faut préférer un champ d'une surface plane et régulière, bien aéré et insolé, et légèrement incliné vers le midi. Le sol sera de nature *franche* [1] et fraîche ; à défaut de fraîcheur, on devra y pourvoir par des irrigations provenant ou d'un cours d'eau, ou d'un

(1) On désigne sous le nom de terre franche celle qui contient par quantités sensiblement égales, du sable, de l'argile et du calcaire, plus un vingtième environ de son poids en terreau ou humus.

réservoir, ou d'une noria [1] ; enfin, si on plante pour la spéculation, on s'installera le plus près possible d'une grande ville, ou à proximité d'une gare de chemin de fer.

PRÉPARATION DU SOL. Le local sera travaillé exactement comme celui pour la PÉPINIÈRE (Ch. V) ; toutefois, en ce qui regarde la *Fumure*, on emploiera plutôt le gros fumier, les rognures de cuirs, les chiffons de laine, etc., substances nutritives et qui fournissent, pendant longtemps aux arbres les principes alimentaires dont ils ont besoin. Si on a recours aux *engrais chimiques*, on préfèrera le suivant :

Superphosphate de chaux..........	400 k
Sulfate de chaux...	400
et Nitrate de soude................	400
Total..........	1200 k

à l'hectare.

DISTRIBUTION DU TERRAIN. L'emplacement doit être entouré d'un mur (p. 7), ou d'une haie (p. 5), et, à défaut, d'une barrière en bois ou en fil de fer, pour protéger les arbres contre les intempéries et empêcher les ravages des maraudeurs et des animaux nuisibles ; puis, on partage la superficie du terrain en quatre grands compartiments, au moyen de deux allées larges de deux mètres qui se coupent perpendiculairement ; au centre du local, on y établit un bassin, autant pour l'agrément que pour fournir l'eau nécessaire aux bassinages (p. 42), à la confection des liquides insecticides ou anti-cryptogamiques (Ch. XVI). Tout autour et en dedans de la clôture, à un mètre environ, on crée une autre allée de même dimension que les précédentes ; ensuite, on divise les compartiments en planches ou plates-bandes de trois mètres de largeur, et on les intercalle avec des sentiers de $0^m,50$ de diamètre. Après, il ne reste plus qu'à

(1) Puits avec mécanisme à chapelet et que l'on fait fonctionner à l'aide d'un manège à cheval

garnir le champ avec des sujets convenables (p. 79) et à les aligner du nord au midi, c'est-à-dire dans l'orientation des plates-bandes.

Légende explicative d'un jardin fruitier modèle (fig. 134)

A. Maison champêtre.

B. Mur de clôture avec espaliers de Vignes, exposés au midi ; de Pêchers, au levant, et de Poiriers, au couchant.

C. Haie vive en Aubépines ou en Pruniers, variété Mirabelle (Ch. XI), Grenadier (Ch. XIII), etc.

D. Réservoir d'eau.

E. Contre-espaliers avec Palmettes en Poiriers, Pruniers, Aricotiers ou Cerisiers.

F. Gobelets avec les mêmes espèces d'arbres, et en Pommiers ou en Cognassiers.

G. Cônes en Poiriers.

H. Cordons transversaux en Poiriers ou en Pommiers.

I. Bordures en Groseilliers ou en Framboisiers.

JARDIN FRUITIER D'AMATEUR

Depuis que la mode en est aux jardins *Paysagers*, on a eu l'idée de les imiter aussi avec des plantations fruitières, et celles-ci font non-seulement plaisir à voir, mais en outre elles donnent en plus un produit utile.

Pour la création des *Massifs*, on emploie des arbres à grandes formes, et on les borde avec des sujets à petites formes ; on imite les *Pelouses* avec des plants de fraisiers, et on garnit les *Corbeilles* avec des vignes en vase à tête basse, ou avec des touffes de Groseilliers et de Framboisiers ; enfin, de distance en distance, ou *groupe* des arbres à haute tige (Ch. VII).

Plan d'un jardin fruitier ordinaire

fig. 134

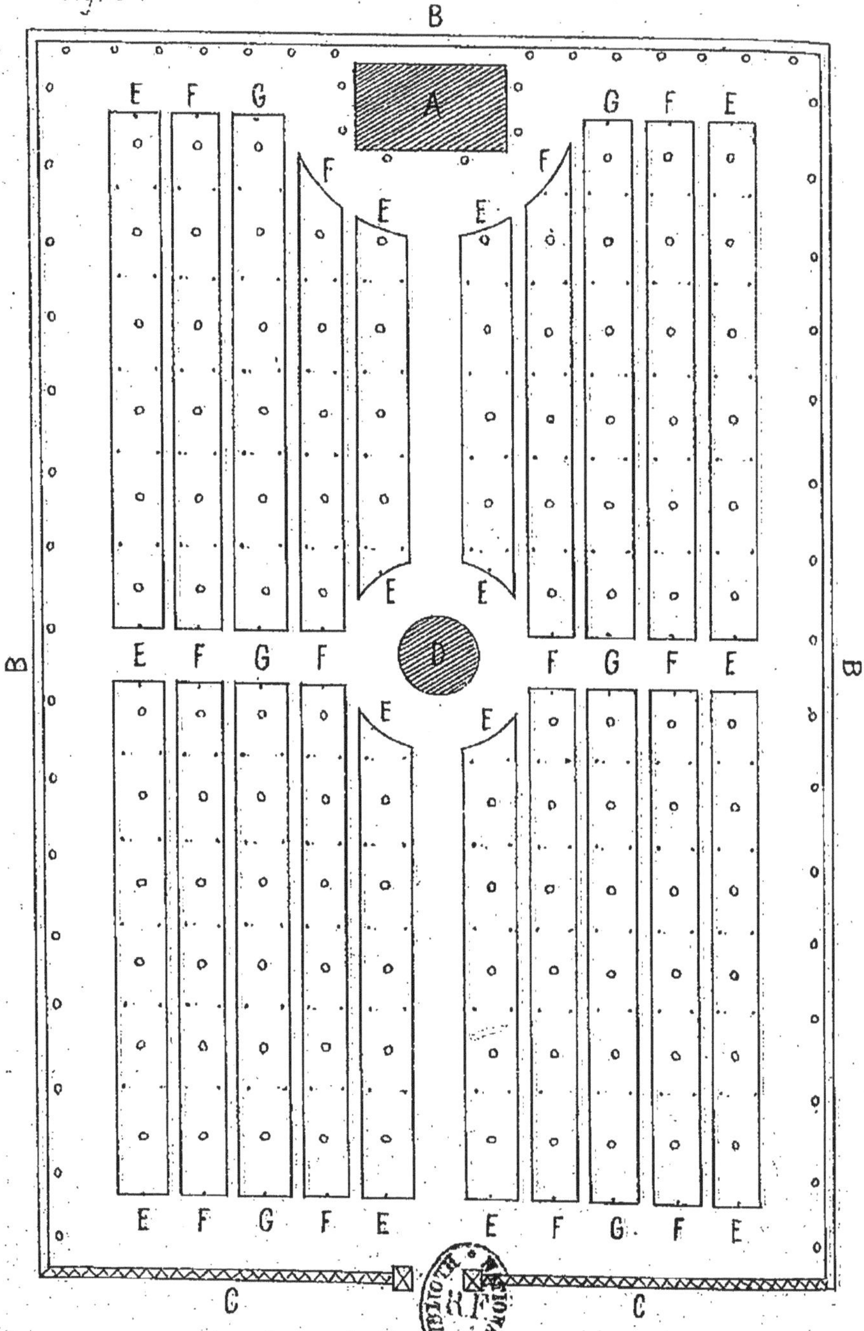

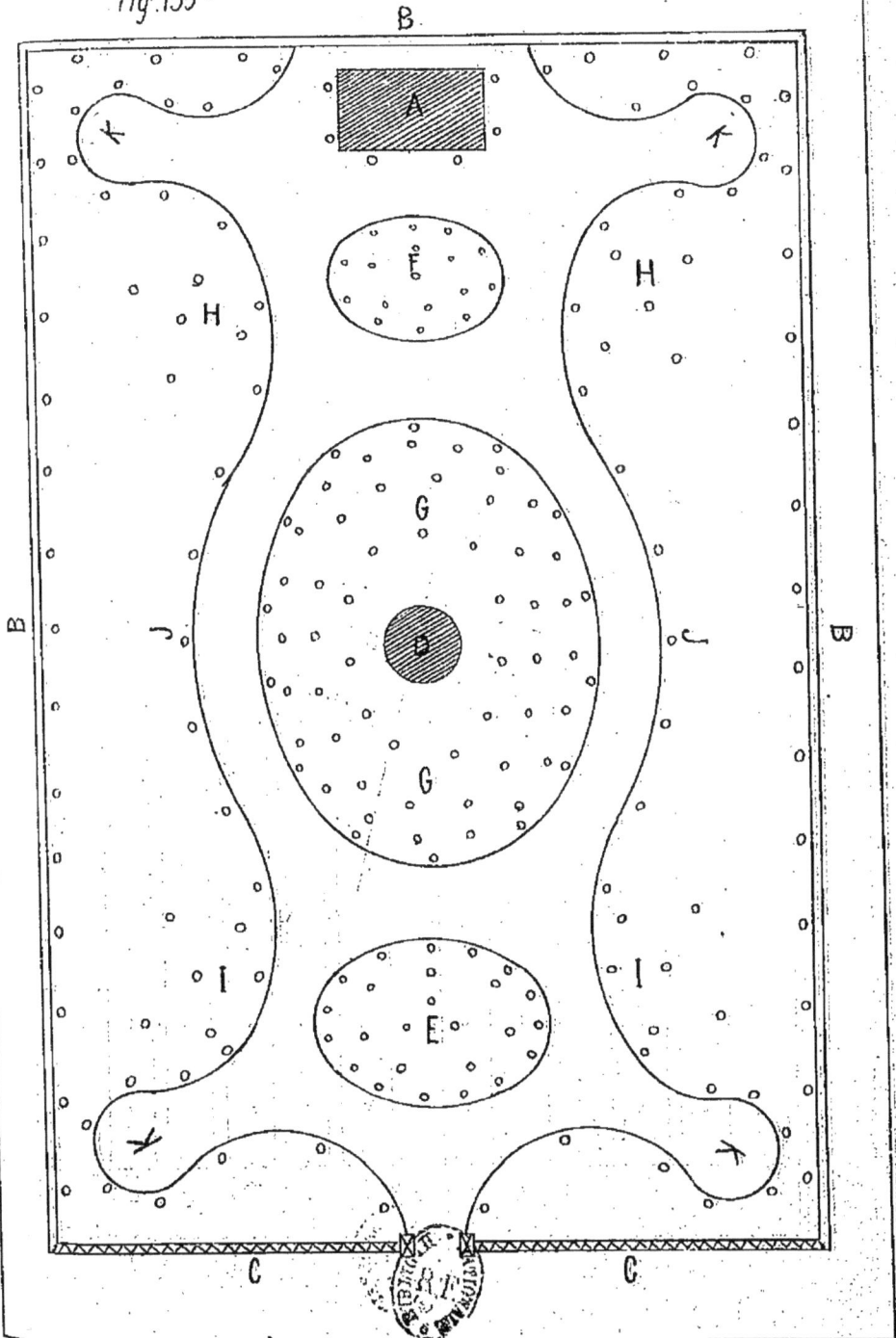

Plan d'un jardin fruitier d'amateur

fig. 135

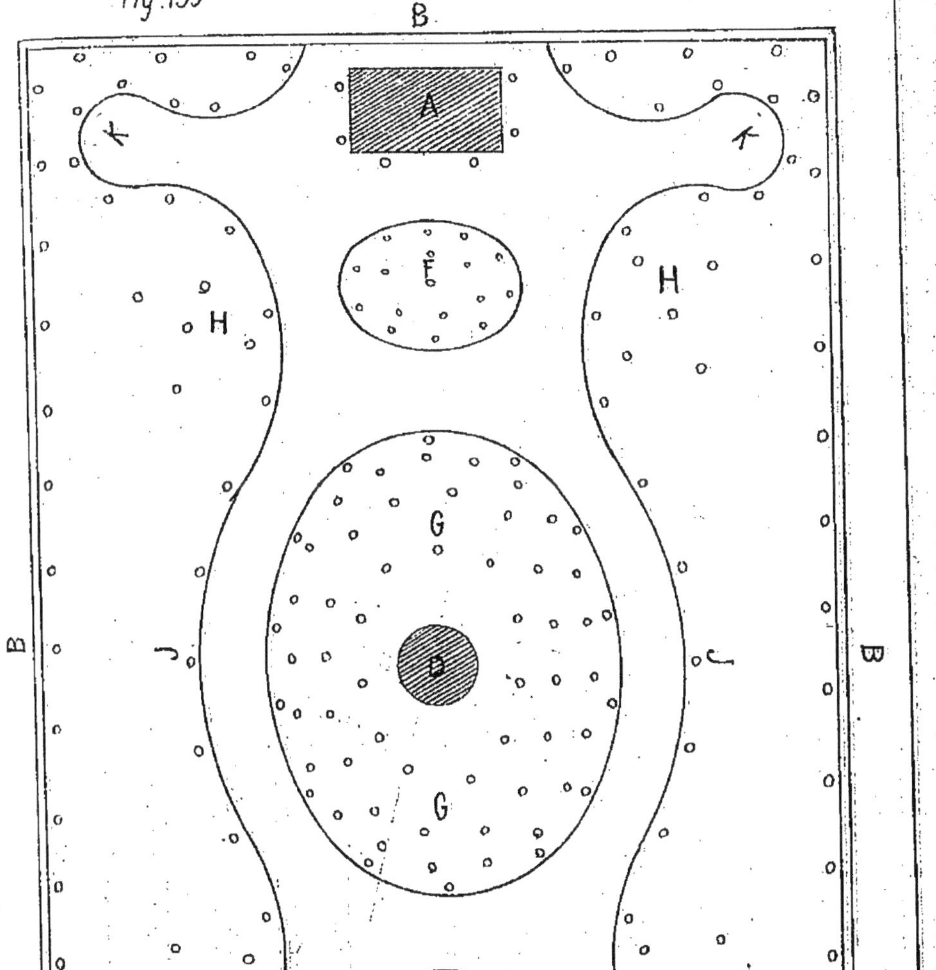

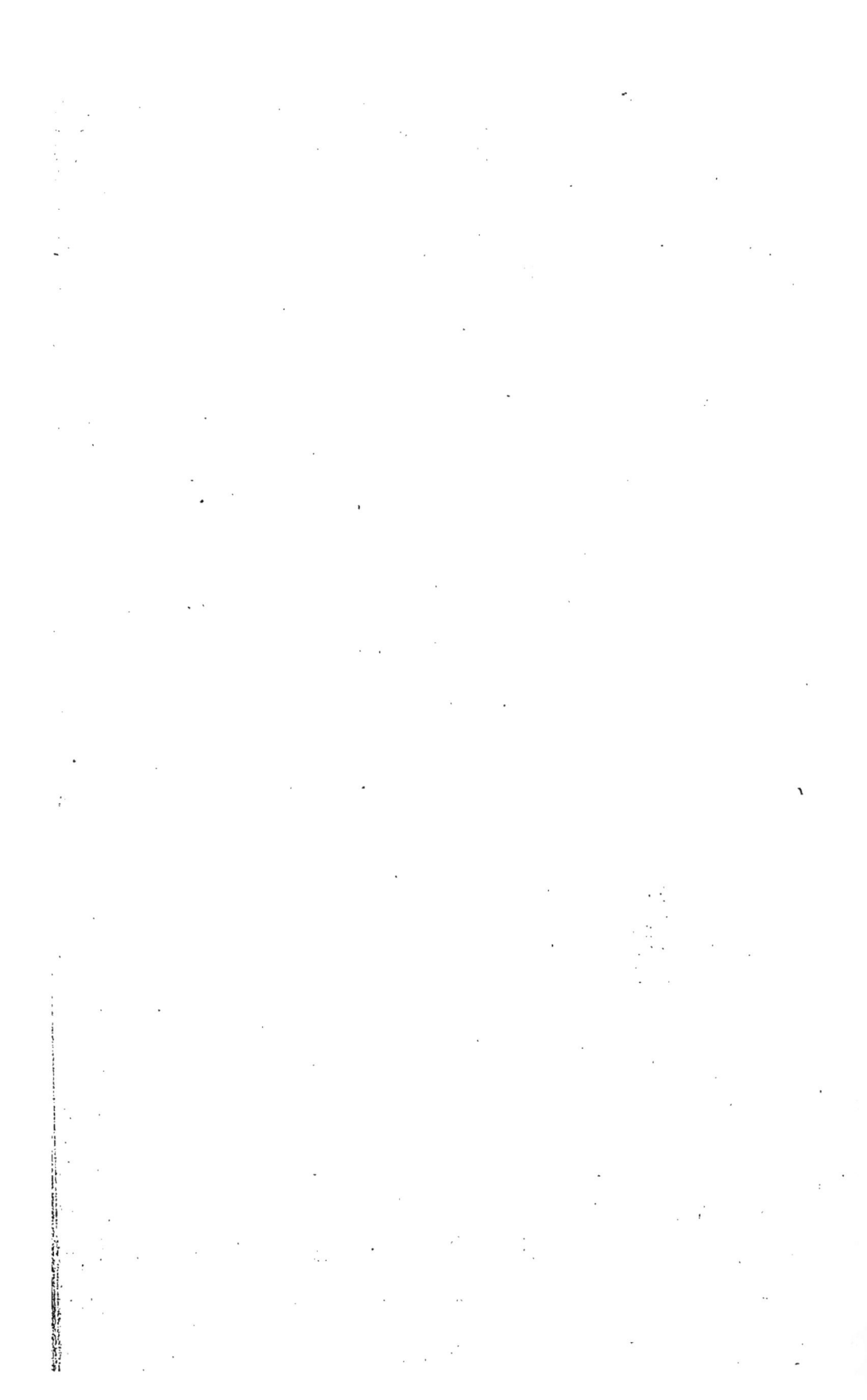

LÉGENDE EXPLICATIVE (fig. 135).

A. Villa.
B. Mur de clôture avec espaliers.
C. Haie vive.
D. Réservoir d'eau.
E. Corbeille de Groseilliers.
F. — de Framboisiers.
G. — de Fraisiers, avec bordure en cordon transversal.
H. Massifs d'arbres en cônes.
I. — d'espèces fruitières variées, en Gobelets.
J. Vignes en cordons transversaux.
K. Palmettes formant berceaux.

CHOIX DES ARBRES. Pour avoir des sujets-types, il faut se transporter dans la Pépinière (Ch. V), de bonne heure, c'est-à-dire un mois avant la chute complète des feuilles, afin de pouvoir bien se rendre compte de l'état de santé des arbres ; les mieux constitués sont ceux dont les feuilles du bas des rameaux se laissent tomber avant celles du haut et qui ne montrent aucune trace d'insecte nuisible ou de maladie parasitaire (Ch. XVI). On examine également la tige, qui doit être droite, saine et lisse.

Si l'arbre est greffé au pied, il n'aura qu'un an de greffe (fig. 136), surtout chez les espèces fruitières à noyaux, et deux ans au plus chez les essences à fruits à pépins. Dans le Cerisier et plus spécialement dans le Pêcher, les tiges seront plutôt moyennes que trop grosses, et surtout dépourvues de ramifications anticipées, lesquelles n'ayant pas de bouton à leur base, laissent, après leur suppression, un vide à leur place (fig. 137).

On laissera donc de côté, comme arbres sans espérance, ceux qui sont malingres ou rachitiques, qui présentent des points chancreux ou gommeux, et autres affections arboricoles (Ch. VI); les invendus de l'année précédente et que l'on a recépés pour en obtenir une tige nouvelle (p. 138), dans le but de tromper l'acheteur sur l'âge véritable du sujet, ce que l'on reconnaît à un double coude; enfin, ceux dont la greffe a été simulée avec des incisions entourant le talon de la tige, ou bien encore ceux aussi dont la greffe n'a pas réussi et dont la tige a été rabattue pour la recevoir de nouveau; ces derniers s'appellent des *rebottés*, en terme de jardinage (fig. 139).

Il est dans l'habitude encore de bien des personnes de préférer les arbres qui ont déjà fructifié ou qui offrent des boutons à fleurs (fig. 140); de tels sujets ont une organisation vicieuse et une durée très limitée.

On profite de cette visite à la Pépinière pour marquer les arbres choisis; puis, en temps opportun, on revient en faire opérer la déplantation.

L'époque la plus propice pour déplanter les arbres, est la fin de l'automne, aussitôt la défeuillaison terminée, c'est-à-dire dans la seconde quinzaine de novembre. Ce travail doit s'exécuter par un jour beau et sec, et avec les plus grandes précautions; les racines seront extraites du sol, sans effort et de façon à les conserver aussi nombreuses et aussi longues que possible.

Plantation. La replantation suivra le plus tôt possible la déplantation, si on veut assurer la complète réussite de l'arbre.

Quand les sujets à planter ont à supporter un long voyage, il est prudent de prendre quelques précautions pour qu'ils arrivent à bien à destination; on les réunit par paquets, on garnit les racines de mousse ou d'herbe fraîche et on entoure les tiges de paille longue retenue à l'aide de liens

Choix et plantation d'un Arbre

Fig. 136

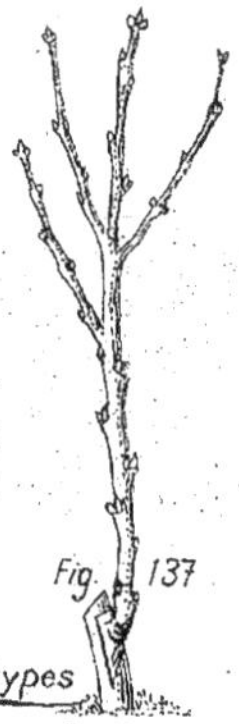

Fig. 137

Sujets-types

Poirier — Pècher

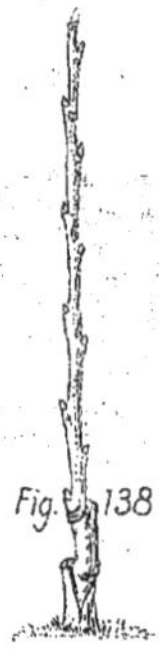

Fig. 138

Sujet rebotté

Fig. 139

Sujet défectueux

Fig. 140

Sujet à fruit

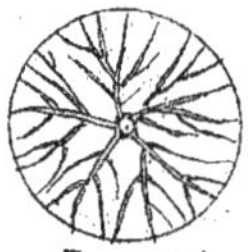

Fig. 141

Trou rond: Racines équilibrées

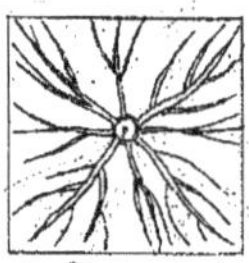

Fig. 142

Trou carré: Racines inéquilibrées

Fig. 143 — Fig. 144

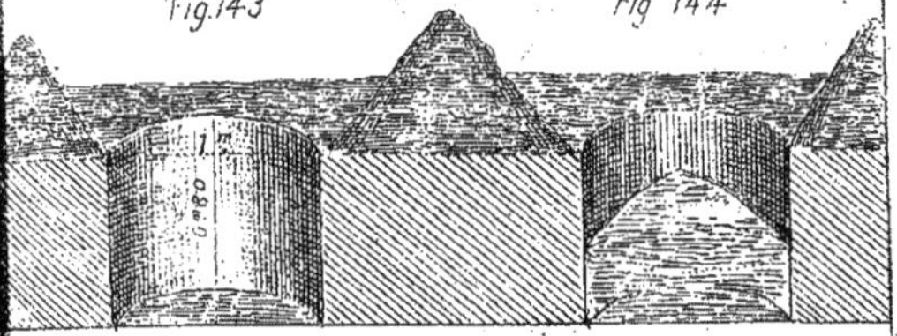

Trous coupe longitudinale

Fig. 145

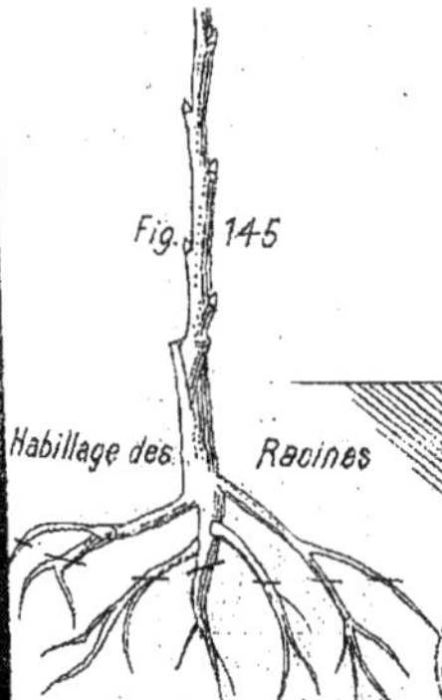

Habillage des Racines

Fig. 146

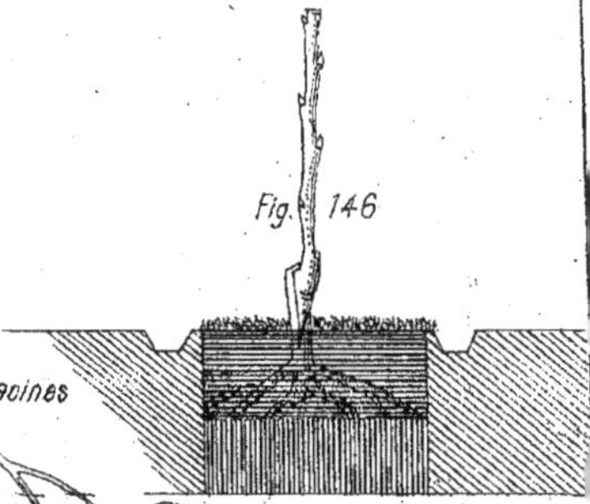

Arbre planté

d'osier ou de fil de fer, afin de neutraliser l'action du froid, et d'éviter les frottements et les chocs auxquels les arbres sont exposés pendant leur parcours.

Si malgré ces soins, ou par suite d'un défaut d'emballage, les sujets arrivent flétris ou simplement ridés, il faut alors de suite les déballer, ouvrir une tranchée et les y enfouir complètement ; au bout de huit jours, la fraîcheur est revenue et les arbres sont aptes à être replantés.

On fait subir également le même procédé aux sujets qui gèlent en route, ou, ce qui revient au même, on les met en cave, dont la tiède température amène un dégel graduel qui leur fait recouvrer la santé.

Les arbres qu'on ne peut pas planter de suite doivent être mis provisoirement en *jauge*, c'est-à-dire dans un fossé assez large et assez profond pour pouvoir recouvrir les racines et pour que les tiges puissent tenir d'elles-mêmes debout ; dans ces conditions, la mise en place définitive peut être différée de quinze jours et, à la rigueur, d'un mois.

Pour les espèces fruitières à feuilles caduques, on peut planter durant tout l'hiver et jusqu'au réveil de la végétation, pourvu que la terre ne soit pas gelée ; cependant on fait une exception pour les sols naturellement secs ou exposés à la sécheresse.

Pour les arbres toujours verts, comme l'Olivier, l'Oranger, etc., on choisit une autre époque ; comme ils ont une végétation permanente, si on les déplaçait en plein hiver, au moment où le fluide séveux est le moins actif, on provoquerait une suspension de nourriture qui compromettrait la vie des sujets.

Disposition des trous. Lorsque les soins relatifs à la préparation du sol ont été scrupuleusement observés, il suffit d'ouvrir, à l'endroit qui doit être occupé par chaque arbre de la plantation, une excavation ou une tranchée qui reçoive à l'aise les racines; mais si on veut se borner à creuser seulement des trous sans exécuter un défoncement général du terrain, il est indispensable de les faire plusieurs mois à l'avance et avec de grandes dimensions ; les trous auront une forme arrondie (fig. 141) et mesureront 1 mètre au moins de diamètre et $0^m,80$ de profondeur (fig. 143) ; au fond (fig. 144), on y déposera une couche de terreau ou de terre friable prise à la surface du sol et épaisse d'environ $0^m,40$, suivant la nature du sol, des mottes de gazon, curures de fossés bien mûries, plâtras de démolitions concassés, etc., produisent aussi un excellent effet.

Toilette de l'arbre (fig. 145). Avant de planter le sujet d'une manière définitive, on l'habille, c'est-à-dire qu'on ne lui garde que les racines saines et bien placées ; celles qui sont blessées ou déchirées sont raccourcies immédiatement au-dessus du point où la plaie existe ; la coupe doit être opérée en biais et en dessous pour qu'elle appuie directement sur le sol, dont le contact favorise la cicatrisation. Quant au chevelu, on le laisse intact, s'il est frais ; on le rogne plus ou moins, s'il est ridé, et on le supprime, s'il est sec.

Lorsque les arbres portent plusieurs étages de ramifications radiculaires, ainsi que cela se voit fréquemment sur ceux obtenus de boutures, si ces dernières ont été faites trop longues ; dans ce cas, on ne laisse subsister que l'étage de racines le mieux organisé, et l'on enlève les autres ; enfin, on cherche à établir un juste équilibre des organes souterrains.

La préparation de la tête de l'arbre consiste dans la réduction de la tige au point où l'on veut former la charpente (Ch. X).

Plusieurs auteurs et praticiens ne sont pas d'avis de tailler le sujet en le plantant, dans le but d'obtenir des arbres mieux constitués, et conseillent d'ajourner la première coupe de formation à l'année suivante ; la pratique qui nous est personnelle nous a toujours fait remarquer que les arbres taillés la première année donnaient de bien meilleurs résultats que ceux qui ne l'étaient pas, particulièrement chez les Poiriers greffés sur Cognassier et surtout chez les espèces fruitières à noyaux, entre autres le Cerisier et le Pêcher.

Mise en terre (fig. 146). Immédiatement après son habillage, le sujet est mis en terre ; on dresse, au milieu du trou, un petit monticule sur lequel on installe les racines, dont les ramifications doivent pousser dans un sens cintré descendant. Quand l'arbre est convenablement asssis, on le maintient debout avec la main gauche, pendant que de l'autre main on garnit avec soin, les racines, de terre fraîche et fine, qu'une autre personne, armée d'une pelle (p. 3), jette par petite quantité à la fois dans le trou ; quand les racines sont recouvertes et qu'on a épuisé la bonne terre, on peut achever de combler l'excavation avec la terre qui en a été extraite ; après, on appuie légèrement, avec la pointe du pied, tout autour de la tige pour la consolider.

Quelques planteurs ont la mauvaise habitude de soulever l'arbre, alternativement de haut en bas, dans le but de garnir les interstices qui peuvent exister entre les racines ; cette pratique est des plus vicieuses, en ce sens qu'elle brise le chevelu et dérange les radicelles, qui alors n'ont plus la possibilité de s'étendre à leur aise. Il vaut mieux secouer légèrement la tige avec le dos de la main ; dans les sols légers, pour unir intimement la terre aux racines, on déverse, sur le péri, mètre du trou, un ou deux arrosoirs d'eau.

Dans les terrains partiellement défoncés, on exhausse un peu la terre du trou ou de la tranchée, afin qu'après l'affaissement du sol, qui est d'environ $0^m,10$ par mètre, le sujet soit convenablement planté, et que le champ présente une surface régulière.

La profondeur à laquelle il faut mettre les racines est très importante à considérer. D'habitude, on les charge trop de terre ; alors, privées du concours indispensable de l'air, elles fonctionnent mal et l'arbre languit et meurt prématurément ; on évite cet inconvénient en plaçant l'appareil radiculaire de 15 à 20 centimètres en contre-bas du niveau du sol, et le collet (p. 17), de $0^m,10$ à $0^m,15$, ou le bourrelet de la greffe, si le sujet est greffé en pied, au niveau du sol. Toutefois, dans les terrains secs ou inclinés, on descendra les racines un peu plus bas, tandis que, dans les sols acqueux, on les placera plus superficiellement, et même on plantera sur butte.

Lorsque toutes ces opérations sont exécutées, on creuse autour de l'arbre et à $0^m,25$ environ du pied, une rigole circulaire pour y recevoir les eaux pluviales ou des arrosements, afin d'en faire profiter les racines. Le système d'ouvrir un auget contre le tronc même n'est pas rationnel, en ce sens qu'il fait arriver l'eau sur le corps des radicelles au lieu de l'amener sur les fibrilles, seuls organes absorbant des racines.

La surface du trou sera recouverte d'une couche de gros fumier ou d'herbes sèches provenant de sarclage ; cette couverture entretient le sol dans un état de fraîcheur constante, et chaque pluie lui fait céder des matières nutritives dont profitent les racines de l'arbre.

On termine le travail de la plantation par le chaulage de la tige, opération qui consiste à badigeonner le sujet avec un lait de chaux éteinte, dans lequel on ajoute une pincée de soufre en poudre ou de suie par litre de liquide. Ce brouet conserve à l'écorce, non seulement son luisant, mais la préserve aussi contre les ravages de certains ennemis du jardin fruitier (Ch. XVI).

Soins complémentaires. Dans le courant de l'année qui suit la plantation, les arbres ne doivent pas être livrés à eux-mêmes ; en outre de leur propre traitement, le champ sera ameubli par des labours, des binages et des arrosages.

Les labours seront exécutés en hiver et à deux reprises différentes (p. 2). D'après M. Verrier, l'habile jardinier-chef de l'Ecole Nationale d'agriculture de la Saulsaie, aujourd'hui remplacée par celle de Montpellier, quand on laboure, au pied d'un arbre, on doit se borner à gratter la terre, depuis le tronc jusqu'à l'endroit occupé par les fibrilles (p. 17) qui correspond, d'habitude, avec la surface extérieure de la tête du sujet ; en dehors de ce point, on creuse de $0^m,05$ à $0^m,10$, et plus loin, on bêche de $0^m,15$ à 0,20 ; en un mot, dans les labours, il faut respecter les racines.

Les travaux terrestres seront faits par un beau temps ; on n'entrera pas dans le champ après la pluie, pour ne pas fouler la terre, ce qui la rend dure et imperméable à l'air, et pour ne pas fatiguer les arbres.

En ce qui concerne les arrosements, on doit en être très sobre, car il est rare que la couche arable ne renferme pas dans son sein l'humidité nécessaire à la végétation d'un arbre. A défaut, on met un paillis. Cependant si, en dépit de ces soins, la sécheresse se faisait sentir, il faudrait se hâter d'arroser, se rappelant que les sels puisés par les racines dans le sol, ne peuvent circuler dans le végétal que sous forme d'eau, de gaz ou de vapeur.

Les arbres ainsi traités reprennent facilement et constituent par la suite, des plantations qui ne laissent rien à désirer, tant au point de vue de la santé que de la fertilité des sujets.

CHAPITRE VII

Formes Arboricoles

La connaissance des meilleures formes, propres aux arbres, arbustes et arbrisseaux fruitiers, est indispensable au cultivateur, s'il veut obtenir des sujets à la fois gracieux, fertiles et durables.

Les formes qui réunissent le mieux ces conditions sont : le *Cône*, le *Gobelet*, la *Palmette Verrier*, le *Cordon transversal* et la *Touffe*, pour les arbres à pépins et ceux à noyaux, et les arbrisseaux de jardin (Ch. VI); la *Gerbe* et la *Haute-tige*, pour les arbres de verger (Ch. XII). Pour la vigne à raisins de table, le *Cordon vertical*, le *Cordon oblique* et le *Cordon transversal*, et, pour la vigne à vin, la *Coupe* avec *coursons* ou avec *crochets* et l'*Eventail*.

Cône (fig. 147). — Cette forme, qualifiée à tort de *Pyramide*, est confondue aussi, par quelques arboriculteurs, avec la *Quenouille*, le *Fuseau* et même avec la *Colonne* ; cependant la distinction est facile ; la charpente du cône se compose d'une tige verticale portant des branches latérales dont la longueur décroît à mesure qu'elles naissent plus près de l'extrémité supérieure du tronc. Dans la Quenouille et le Fuseau, les branches les plus longues occupent la partie moyenne de la tige et les autres diminuent de longueur, suivant qu'elles sont ou plus hautes ou plus basses sur l'arbre ; enfin, dans la Colonne, les branches latérales offrent une même dimension sur toute l'étendue de la tige. Du mode irrationnel de construction de ces trois dernières formes, il en résulte que la sève ne tarde pas à délaisser les parties inférieures de la charpente et, au bout de peu de temps, à les abandonner complètement.

Dans la forme conique, au contraire, les branches de la base étant les plus longues, absorbent une plus grande quantité de sève que celles placées au-dessus, et alors l'équilibre s'établit mieux dans l'ensemble du sujet.

Le cône convient uniquement au poirier ; les autres sortes d'arbres fruitiers refusent de s'y soumettre, excepté toutefois quelques variétés de cerisiers.

Les sujets conduits sous cette forme demandent à être espacés d'environ trois mètres les uns des autres.

Gobelet ou Vase (fig. 148).— Cette disposition se compose d'un tronc ou pied, long d'environ $0^m,40$, qui porte trois branches bifurquées, une première fois, à $0^m,30$ de hauteur et une seconde fois aussi à $0^m,30$ au-dessus, ce qui donne un total de douze branches charpentières, dont la direction circulaire doit offrir un diamètre de 1 mètre.

Le vase plaît à tous les arbres fruitiers ; en outre, il est parfaitement approprié au climat provençal ; par son peu d'élévation au-dessus du sol, il est protégé contre la violence des vents ; ensuite, sa création est prompte, facile et économique.

Comme pour le cône, on réserve entre les sujets un intervalle d'environ 3 mètres.

Palmette Verrier (fig. 149).— Cette charpente, inventée par le renommé arboriculteur de la Saulsaie, montre une tige principale ou mère sur laquelle s'étagent des sous-mères inclinées d'abord transversalement et ensuite verticalement ; ces dernières sont d'autant plus réduites qu'elles sont attachées plus haut sur le tronc.

La Palmette s'établit en espalier ou en contre-espalier, c'est-à-dire contre un mur ou contre un treillage.

L'espacement à laisser entre les palmettes dépend du nombre de leurs branches charpentières ; les sujets les plus avantageux sont ceux à trois étages ou à six branches, et que l'on plante à une distance de $1^m,50$ les uns des autres.

CORDON TRANSVERSAL (fig. 150). — Cette direction donnée aux arbres est employée pour occuper utilement et embellir le bord des plates-bandes. On plante les sujets à deux mètres environ les uns des autres, et on les maintient dans un sens parallèle au sol.

On conseille cette forme pour le Pommier surtout ; mais, dans nos contrées méridionales, on peut y soumettre, avec succès, le Poirier, le Prunier et le Cerisier.

TOUFFE (fig. 151)— On désigne, sous ce nom, un ensemble des tiges ou des branches qui simulent une sorte de boule, et obtenue avec plusieurs sujets plantés à une faible distance les uns des autres ; cette forme convient aux Groseillier, Framboisier, etc.; cependant, pour la bonté et la beauté des produits, il est préférable d'adopter des dispositions plus régulières, Palmette, Cordon, etc.

GERBE (fig. 152). — Qu'on se représente un sujet composé de plusieurs Gobelets enchâssés les uns dans les autres, et l'on aura une idée exacte de cette forme, la plus parfaite pour la culture spéculative. Un espacement de 5 à 6 mètres est nécessaire entre les arbres.

HAUTE-TIGE (fig. 153). Cette forme ne diffère du Gobelet ordinaire que par la longueur de son pied, qui atteint une élévation de $1^m,50$, et par ses branches charpentières et ses branches fruitières à grandes dimensions.

Un intervalle de 6 à 8 mètres est de rigueur entre les sujets.

TREILLE EN CORDON VERTICAL (fig. 154). — Cette disposition, imaginée par M. Rose Charmeux, habile viticulteur,

Formes Arboricoles et Viticoles

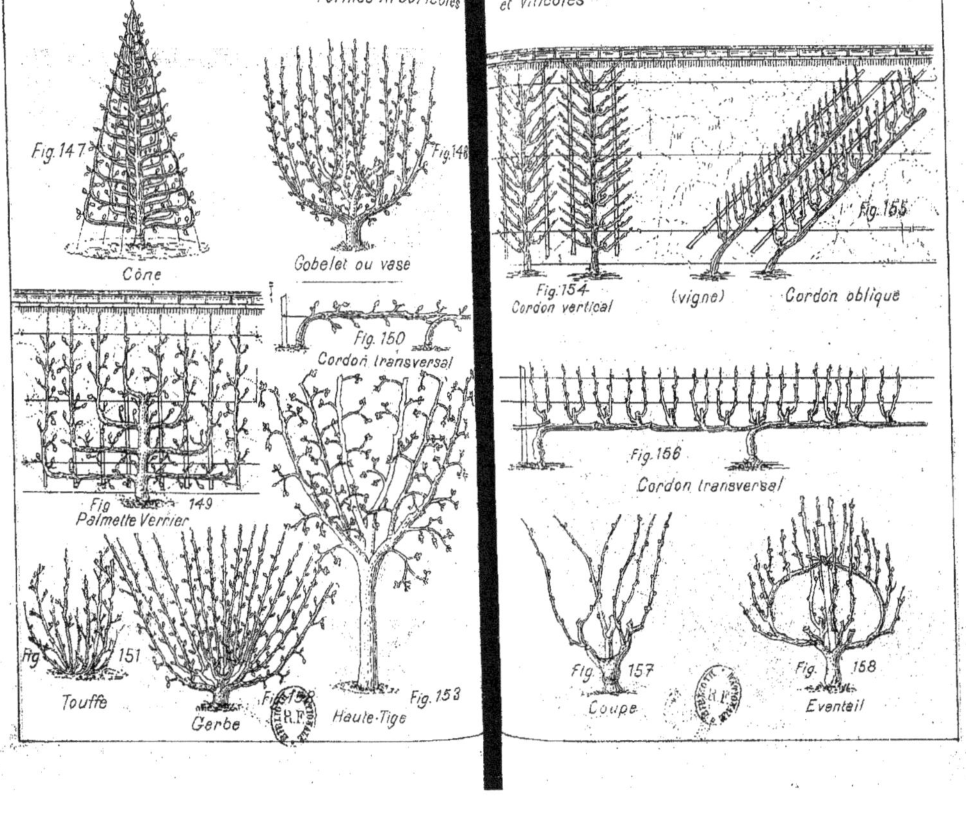

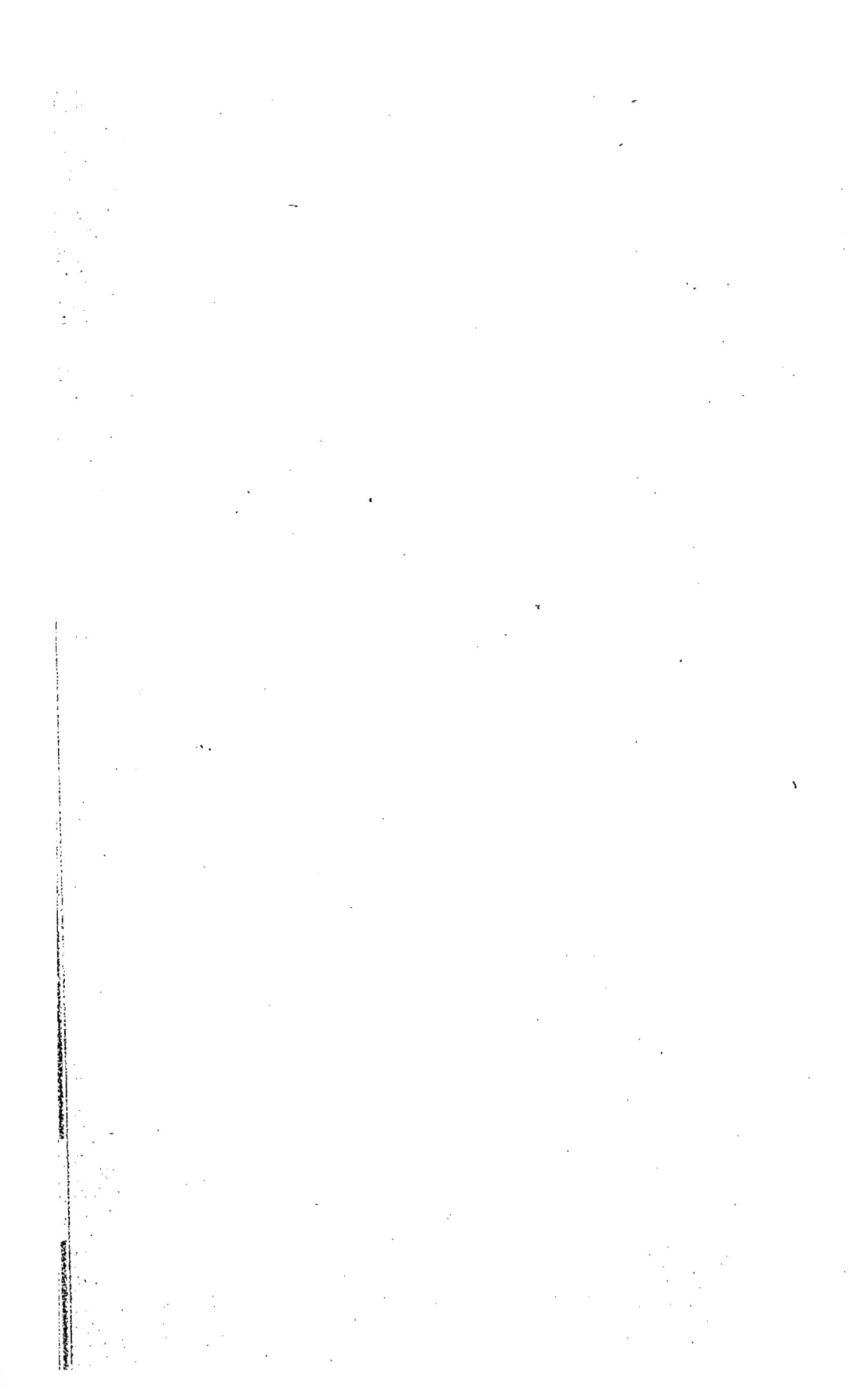

à Thomery (Seine-et-Marne), est la plus propice à la vigne contre un mur ou un treillage élevé ; elle remplace avantageusement l'ancienne forme en **T** majuscule, avec cordons superposés, dite à la Thomery.

Un cep en Cordon vertical se compose d'une tige qui s'élève perpendiculairement au sol et portant des coursons latéraux sur toute son étendue.

On doit conserver entre chacun des pieds une distance d'environ 1^m,75.

Cordon oblique (fig. 155). — Il ne diffère du Cordon vertical, que par sa position inclinée, plus ou moins suivant la place qu'il occupe, et par ses coursons, qui ne sont conservés que sur le dessus du bras.

Les tiges sont espacées comme pour les précédents cordons.

Cordon transversal (fig. 156). — Ce système est excellent pour garnir des murs ou des treillages de peu de hauteur. On réserve entre les ceps une distance d'environ 2 mètres.

Coupe (fig. 157). — Cette forme se compose d'un support de 0^m,20 à 0^m,25 d'élévation et divisé en trois ou quatre tronçons munis chacun d'une paire de sarments.

Les vignes soumises à cette méthode sont disposées en lignes parallèles, et les ceps séparés entre eux de 1^m,50 à 2 mètres.

La Coupe avec Crochets n'est qu'une simple modification apportée à la taille des coursons ; ceux-ci, au lieu d'être raccourcis sur leurs deux bourres les plus inférieures, sont coupés, l'un long, et l'autre court.

Enfin, l'Eventail (fig. 158), est une vigne composée de

quatre sarments principaux, dont deux sont pliés en cercle, pour la fructification, et les deux autres sont réservés pour le bois.

Voilà les seules formes à introduire dans les cultures d'amateur, de spéculateur, et dans le vignoble.

Nous avons éliminé toutes les charpentes d'arbres capricieuses ou compliquées, et ces plantations de sujets à $0^{m},30$ seulement les uns des autres, dont l'éducation demande beaucoup de soins et de dépenses et donne peu de profit, tout en abrégeant sensiblement la vie des arbres.

CHAPITRE VIII

Traitement des branches charpentières et des branches fruitières des Arbres à pépins.

(Méthode Forest-Verrier)

La conduite des branches charpentières et des branches fruitières, constitue la base de la direction des arbres, en ce sens qu'elle exerce une influence capitale sur la vigueur et la fécondité des plantations.

Les branches charpentières sont celles qui représentent, comme leur nom l'indique, la charpente, le squelette de l'arbre ; elles sont plus ou moins longues et plus ou moins fortes, suivant l'âge, la vigueur et le dessin qu'elles imitent. D'habitude, on réserve entre elles un écartement de $0^m,25$ à $0^m,30$.

Les branches ou coursonnes fruitières sont celles qui garnissent les branches charpentières ; leurs dimensions sont déterminées ; on ne leur laisse prendre qu'un développement de $0^m,10$ à $0^m,15$ au plus, et la grosseur d'un porte-plume ordinaire.

Pour établir les branches charpentières, une seule sorte de taille suffit à tout, celle du prolongement, variable cependant suivant la forme, la santé et la fertilité du sujet.

Quant aux productions fruitières, elles exigent plusieurs opérations, dont l'ensemble fait l'objet de diverses méthodes, parmi lesquelles le SYSTÈME FOREST-VERRIER est sans contredit le plus recommandable.

Les productions fruitières sont au nombre de cinq : le *Dard*, la *Lambourde*, la *Brindille*, la *Bourse*, et le *Rameau transformé*.

Le *Dard* (fig. 159), est une pousse faible, de quelques centimètres seulement de longueur, et ainsi appelée à cause du bouton aigu qui la termine. On le laisse intact, sa mise à fruit s'opérant d'elle-même.

Parfois cependant il arrive que cette production, située sur un point favorisé par la sève, fait emporter à bois son bouton terminal (fig. 160); dans ce cas le bourgeon qui en résulte est pincé à deux ou trois feuilles, et ensuite, en hiver (fig. 161), on le réduit sur ses rides, afin de provoquer la sortie des boutons stipulaires en boutons à fleurs.

La *Lambourde* (fig. 162), est un dard couronné, c'est-à-dire terminé par un bouton à fruit; son support est ridé au lieu d'être lisse; on ne traite cette production que quand elle s'est changée en Bourse (p. 92).

Les *Brindilles* sont des ramifications effilées atteignant $0^m,15$ ou $0^m,20$ et plus; on en distingue de couronnées et de ligneuses; les premières (fig. 164), sont conservées telles quelles; quant aux autres (fig. 164 *bis*), on les soumet au cassement (p. 40), et si l'arbre est vigoureux, on leur impose l'Arcure (p. 40).

Lorsque les brindilles ont porté fruit, on les débarrasse de la portion qui a fructifié et on les raccourcit sur les boutons à fleurs placés immédiatement au-dessous, et de proche en proche on ramène ainsi la production fruitière à une longueur convenable.

La *Bourse* (fig. 165) est une sorte de boursouflure spongieuse qui se déclare à la place d'un bouton à fleurs, alors qu'il a fructifié ou simplement fleuri; c'est pour mieux préciser l'endroit où sont fixés les pédoncules des fleurs ou des fruits. Dans ce bourrelet se trouvent beaucoup de sous-boutons qui s'ouvrent naturellement ou que l'on fait développer artificiellement, quand cela est nécessaire, ce qui permet d'obtenir du fruit constamment au même point.

La taille des bourses consiste à enlever, avec un instru-

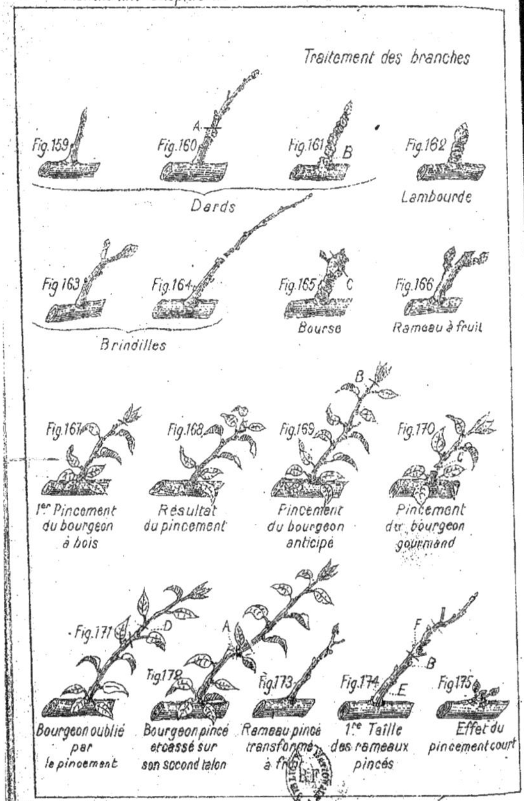
Traitement des branches
Fig. 159
Fig. 160
A
Fig. 161
B
Fig. 162
Dards
Lambourde
Fig. 163
Fig. 164
Fig. 165
C
Fig. 166
Brindilles
Bourse
Rameau à fruit
Fig. 167
Fig. 168
Fig. 169
B
Fig. 170
C
1er Pincement du bourgeon à bois
Résultat du pincement
Pincement du bourgeon anticipé
Pincement du bourgeon gourmand
Fig. 171
D
Fig. 172
A
Fig. 173
Fig. 174
F
B
E
Fig. 175
Bourgeon oublié par le pincement
Bourgeon pincé et cassé sur son second talon
Rameau pincé transformé à fruit
1re Taille des rameaux pincés
Effet du pincement court

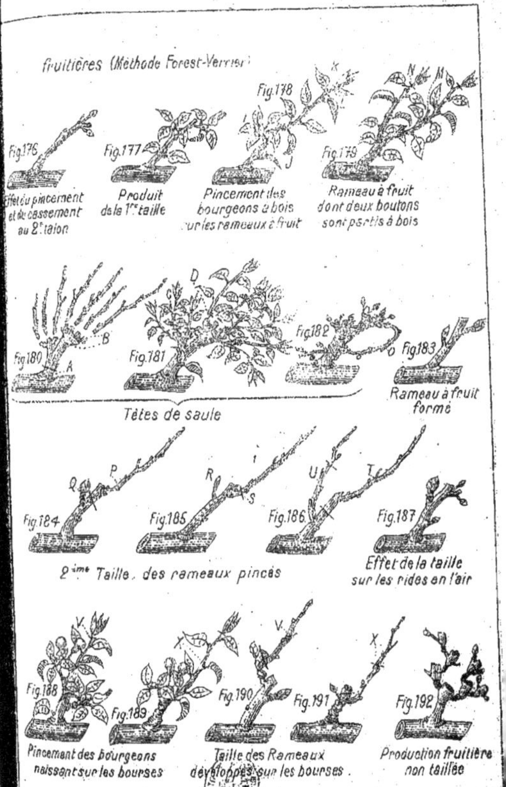
fruitières (Méthode Forest-Verrier)
Fig. 176
Fig. 177
Fig. 178
Fig. 179
N
M
J
Effet du pincement et du cassement au 2e talon
Produit de la 1re taille
Pincement des bourgeons à bois sur les rameaux à fruit
Rameau à fruit dont deux boutons sont partis à bois
D
C
B
A
Fig. 180
Fig. 181
Fig. 182
O
Fig. 183
Têtes de saule
Rameau à fruit formé
Q
P
R
S
U
T
Fig. 184
Fig. 185
Fig. 186
Fig. 187
2ème Taille des rameaux pincés
Effet de la taille sur les rides en l'air
V
X
Fig. 188
Fig. 189
Fig. 190
Fig. 191
Fig. 192
Pincement des bourgeons naissant sur les bourses
Taille des Rameaux développés sur les bourses
Production fruitière non taillée

ment tranchant, la partie C, en décomposition, qui tomberait peut-être d'elle-même, mais qui, en s'altérant, pourrait quelquefois nuire aux œils latents, espérance de la récolte future ; cela s'appelle encore *rafraîchir* la bourse.

Après sa fructification, la bourse donne souvent naissance à des productions qui s'allongent et se divisent à l'excès (fig. 192). On prévient ces développements inutiles en élaguant, annuellement, les ramifications mal venues et en ne conservant que les deux ou trois les mieux constituées et les mieux placées. Quant à l'arbre qui porte ces coursonnes étiolées, il réclame des tailles sérieuses (p, 38).

Le *Rameau transformé* (fig. 166), est un bourgeon à bois converti à fruit par l'effet de soins spéciaux ; c'est la plus parfaite des coursonnes fruitières, par la raison que son empâtement et sa partie de bois lisse assurent à la sève un passage facile pour une longue existence et une bonne fructification ; tandis qu'une production courte et ridée, comme la lambourde par exemple, ne laisse passer qu'une quantité insuffisante de nourriture, et alors la production, mal alimentée, meurt affamée et au bout de quelques années seulement.

Première année. Été. — Pour façonner à fruit un bourgeon à bois, on emploie d'abord le pincement (p. 40), que l'on opère quand le bourgeon a émis quatre feuilles munies d'œils à leurs aisselles, au point A (fig. 167) ; d'habitude, les feuilles qui ont des œils offrent des mérithalles (p. 18), celles qui n'en ont pas forment collerette autour du talon du bourgeon [1].

(1) L'application du pincement à 0m,10, recommandée par quelques auteurs, n'est pas une expression exacte. Certaines variétés de Poiriers, en effet, dont les bourgeons sont dépourvus d'œil aux premières feuilles inférieures, telles le Beurré d'Ardenpont, la Royale d'Hiver, etc., ne demandent à être pincées qu'à 0m,15 ou 0m,20 ; dans d'autres variétés, au contraire, où les bourgeons portent des œils sur leurs plus basses feuilles, comme la Duchesse d'Angoulême, le Beurre Clairgeau, etc., on doit épointer les bourgeons à 0m,06 ou 0m,08.

Un seul pincement ne suffit pas ordinairement pour transformer à fruit un bourgeon ; si celui-ci est trop vigoureux, l'œil placé immédiatement au-dessous de la partie rognée se développe en bourgeon anticipé, B (fig. 169, p. 18). Cette pousse de deuxième génération est écimée un peu plus court que le bourgeon normal à deux ou trois feuilles.

Les bourgeons qui, par leurs positions privilégiées, menacent de prendre un développement excessif, de s'emporter en gourmand, sont arrêtés dès qu'ils ont quelques centimètres, sur leurs rosettes de feuilles de l'empâtement, au point C ; c'est ce qu'on appelle la taille en vert à l'épaisseur d'un écu. Par ce traitement sévère, on remplace la pousse inutile par des productions mieux disposées à fructifier et l'on évite les larges cicatrices qu'aurait nécessitées plus tard l'enlèvement de ces forts rameaux.

Si on avait oublié de pincer certains bourgeons, au lieu de se borner à les épointer, on les soumettrait au cassement en D. (fig. 171, p. 50).

Quand le premier pincement a été pratiqué et que le temps a manqué pour opérer le second, en juillet, le bourgeon anticipé, issu du premier pincement, est taillé ou cassé au-dessus de ses œils stipulaires, en A (fig. 172).

Hiver. — Le bourgeon, convenablement pincé, ne demande aucune taille, le bouton terminal étant dans la voie fructifère (fig. 168 et 173).

Quant au rameau de la figure 174, qui a reçu plusieurs pincements, on le raccourcit au-dessus de trois boutons apparents placés au-dessous du premier pincement, au point B. On l'aurait taillé à l'*épaisseur d'un écu* [1], au point F, s'il était resté trop vigoureux.

(1) Procédé très ancien, qui était pratiqué par de Laquintinye, jardinier-chef des jardins royaux, à Versailles, sous le règne de Louis XIV.

Lorsque, par ignorance ou par inattention le rameau, à bois a été pincé trop court, on doit bien se garder de le tailler *au-dessous* du premier pincement, on monte alors la coupe juste au-dessus des rides du second talon, au point F. Dans ce cas, si on réduisait le rameau sur des boutons inférieurs, on serait presque certain de les faire partir à bois, ce qui retarderait la fructification de deux ans au moins et même rendrait disgracieuses les productions ainsi établies, en leur créant des coudes et des nodosités.

Quand on trouve de ces coursonnes défectueuses, on les raccourcit au-dessus des talons les plus élevés, et, les années suivantes, lorsque la fructification est obtenue, par des rapprochements successifs, on réduit ces productions aux endroits convenables.

La figure 175 représente le résultat de la taille à l'épaisseur d'un écu ; les deux dards accolés à la base de ce rameau confirment l'utilité de cette opération.

Le bourgeon pincé en mai et cassé en juillet dans son second talon, est figuré en hiver par le rameau de la figure 176. Ce rameau fait voir, dans sa partie supérieure, le même produit que le rameau de la figure précédente, dans sa partie inférieure. Ces deux sortes de productions ne demandent aucun traitement. A la rigueur cette manière d'opérer pourrait être imposée et suffire au changement à fruit du bourgeon à bois.

Deuxième année. Été. — Voici ce que devient le rameau à bois de la figure 174, taillé à trois boutons ; celui de la coupe (fig. 178) ou le plus élevé, K, se développe à bois ; le second, I, s'ouvre à fruit, et le plus inférieur, J, reste stationnaire. Dès que le bourgeon de l'extrémité a poussé trois feuilles distinctes, on le pince au point L, afin d'obtenir des deux boutons inférieurs des lambourdes, comme le représente la figure 166.

Tous les rameaux ainsi conduits ne se comportent pas de

la même façon ; parfois les boutons s'ouvrent d'eux-mêmes à fruit (fig. 177) ; mais certains rameaux, aussi à constitution robuste, repoussent à bois (fig. 179). Dans le premier cas, le rameau doit être laissé tel quel, en été comme en hiver. Dans le dernier cas, on contraint les bourgeons avec des pincements réitérés que l'on exécute à deux ou trois feuilles, aux points M, sur les pousses du sommet, et à quatre bonnes feuilles, au point N, sur l'autre bourgeon. Ce sont ces forts rameaux qui, négligés ou mal taillés, forment par la suite ces productions difformes et infertiles connues vulgairement sous le nom de *Têtes de saules* (fig. 180 et 181).

Quand on a à traiter de pareilles transformations, on peut les rendre fertiles par le procédé suivant : à la fin de la végétation, on les enlève sur leur couronne, au point A (fig. 180) ; on peut se borner aussi à supprimer leurs ramilles, B, au-dessus de leurs talons. Ensuite, au printemps suivant, on surveille le développement des nombreux bourgeons qui sortent des divers empâtements, et dès qu'ils atteignent de $0^m,03$ à $0^m,06$ de longueur, on les réduit sur leurs feuilles stipulaires (fig. 181). Ces suppressions sont renouvelées jusqu'à ce que l'on voie surgir de ces points ridés, des dards ou de petites brindilles (fig. 182). On peut encore obtenir la mise à fruit de la tête de saule par la courbure d'un bourgeon de vigueur moyenne né du fouillis, ainsi que le représente le rameau O de la figure 182, ou bien on a recours à la greffe de côté, à fruit (p. 68).

Si ces têtes de saule s'étaient produites à la suite de tailles trop courtes ou d'une direction vicieuse donnée à la branche charpentière, on appliquerait à celle-ci des tailles plus longues et on lui ferait occuper une place plus conforme aux principes arboricoles (Ch. III).

Hiver. — La deuxième taille des rameaux pincés (fig. 184), consiste à supprimer le rameau à bois terminal P, juste au-dessus de la lambourde, Q ; mais si la production ne porte encore qu'un dard, R, comme le montre la figure 185, on taille de façon à conserver le second talon, S, afin de diviser l'action de la sève et de ne fournir à ce dard que la dose de nourriture nécessaire pour sa transformation en lambourde. Il est rare qu'un rameau ainsi traité ne devienne pas à fruit. La figure 187 montre le résultat habituel de cette taille, qui a aussi pour appellation : *taille à l'épaisseur d'un écu*, en l'air.

La figure 186 est un rameau vigoureux portant deux ramifications à bois ; cette production est la même que celle de la figure 179, avec les pincements successifs dont ses bourgeons ont été l'objet. La taille de cette coursonne consiste à enlever le rameau T immédiatement au-dessus du rameau U, lequel est ensuite raccourci à deux ou trois boutons.

Troisième année. Été. — La lambourde sur laquelle a été coupée la coursonne de la figure 184, laisse apparaître, au printemps, un bouquet de fleurs et, en même temps, des bourgeons généralement faibles et qu'on laisse intacts. Lorsque ces bourgeons poussent à bois, on les pince court ou long, suivant la constitution des coursonnes qui les supportent. Si la production fruitière est forte (fig. 188), le bourgeon V est rogné à deux ou trois feuilles seulement ; si, au contraire, la production est chétive, on pince le bourgeon X à quatre ou cinq feuilles (fig. 189).

L'hiver qui suit la floraison de la coursonne fruitière (fig. 190), on supprime le rameau V à sa naissance sur la bourse, et l'on raccourcit le rameau X (fig. 191) à deux ou trois boutons, pour donner à cette dernière production une partie lisse.

Chaque branche à fruit, une fois établie, doit garder constamment deux ou trois boutons à fleurs ; si elles en a davantage, on doit les enlever, sous peine de voir la production dépérir rapidement.

Telle est la série des coursonnes fruitières spéciales aux arbres à pépins, et les soins particuliers qu'elles réclament, de la part du jardinier, pour être obtenues et conservées en bon état de santé et de fertilité.

Pour résumer et mieux faire comprendre encore les explications qui précèdent, nous choisirons, sur la forme en cône, par exemple (fig. 147), un rameau destiné à devenir branche charpentière, et nous le conduirons jusqu'à son complet développement.

Première année. Hiver. — On taille ce rameau d'après les principes connus (p. 33). Généralement on le raccourcit à une longueur de 0^m,30 à 0^m,40 et sur un bouton bien placé, au point A, (fig. 193).

Été. — Au printemps suivant, tous les boutons que ce rameau porte se réveillent et émettent des bourgeons (fig. 194) ; on le divise, idéalement, en trois portions : l'inférieure, la moyenne et la supérieure. La portion inférieure, ou la plus voisine du talon, dont les boutons sont peu favorisés par la sève, et conséquemment peu nourris, s'ouvrent à peine, en s'entourant d'un groupe de feuilles, A A ; de là le nom de *Rosettes de feuilles* donné à ces sortes de productions, que l'on doit précieusement conserver ; la portion moyenne du rameau, dont les boutons sont mieux favorisés par la sève, et conséquemment bien nourris, se développent en véritables rameaux à fruits, en dards, B B (p. 92), et en brindilles, C C (p. 92) ; enfin, la portion supérieure du rameau, dont les boutons sont très favorisés par la sève, et conséquemment trop nourris, D D, s'emportent à bois ; ce sont ces derniers bourgeons qu'il faut soumettre au pincement (p. 40), à l'exception du terminal E, qui a pour mission de continuer la branche.

Dans certaines variétés de poiriers, quand l'arbre est vigoureux, on voit quelquefois se montrer, sur le bourgeon de prolongement du rameau de charpente, des bourgeons anti-

Planche XIV Chapitre VIII

Traitement des branches Charpentières

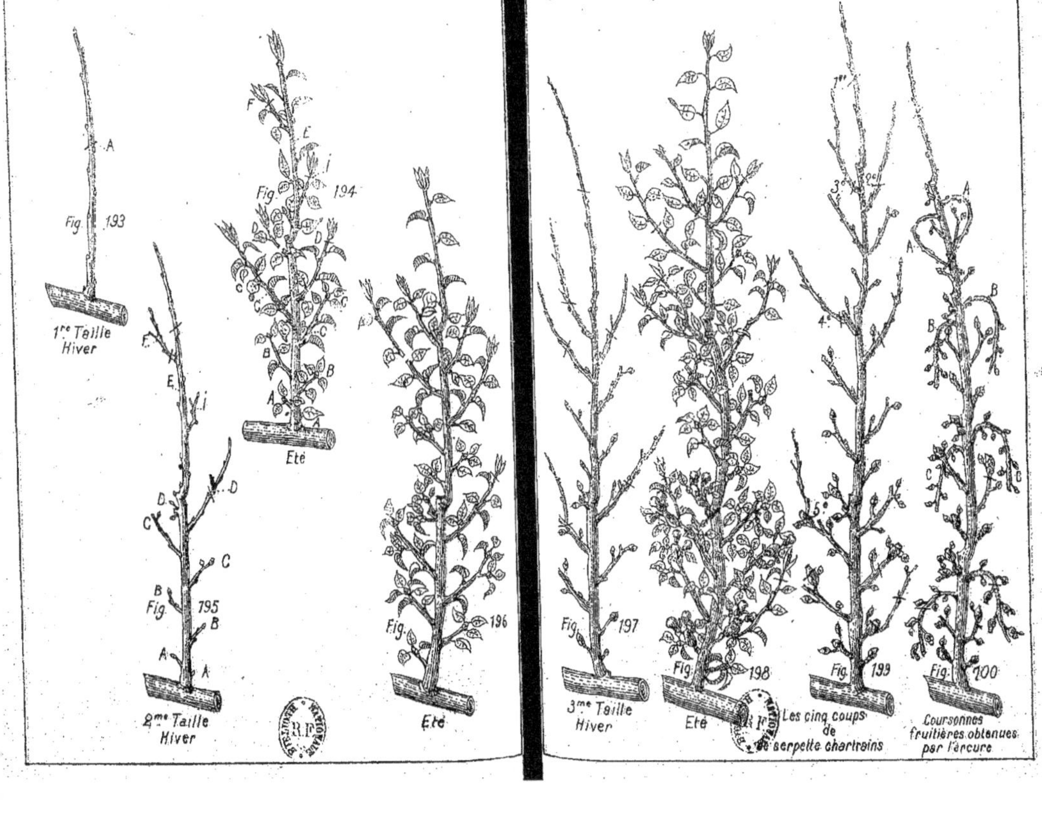

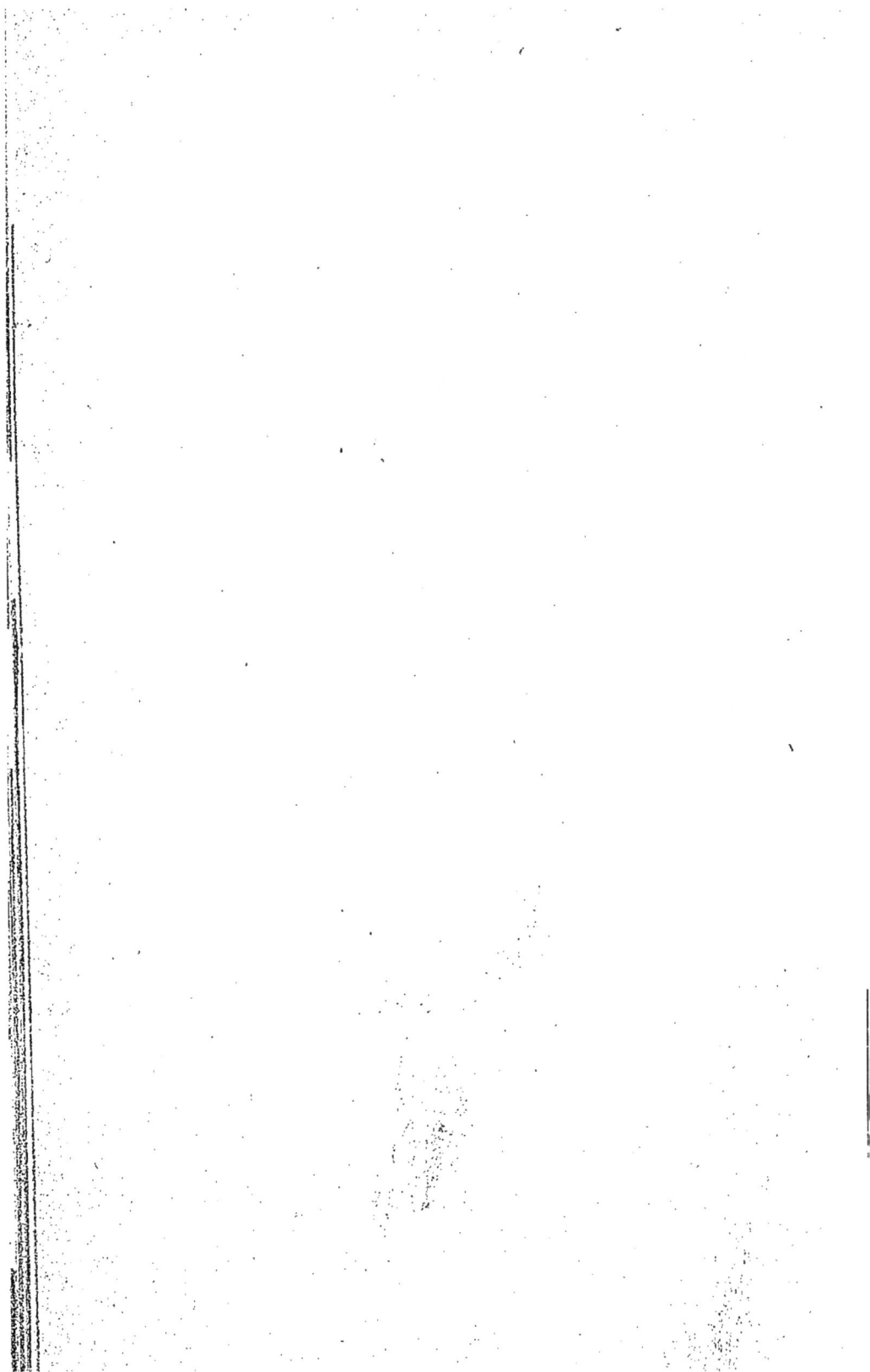

cipés, F I. Ces bourgeons sont traités comme ceux qui sortent des bourgeons latéraux.

DEUXIÈME ANNÉE. HIVER (fig. 195). — On raccourcit le rameau de prolongement, E, à la même longueur qu'à la taille de l'année précédente ; les rameaux anticipés qui peuvent exister au-dessous de la coupe sont tous supprimés au-dessus de leurs boutons stipulaires, à moins toutefois qu'ils soient faibles et placés à une certaine distance du bouton de coupe. Ainsi, le rameau anticipé, F, est enlevé, tandis que l'autre, I, est conservé intact.

Restent les rameaux émis par les boutons latéraux : les rameaux pincés, D D, reçoivent leur première taille (p. 94); la brindille C, cassée en juillet, est laissée telle quelle, ainsi que la brindille à fruit C ; les dards, B B, et les rosettes de feuilles, A A, ne réclament non plus aucun traitement.

ÉTÉ (fig. 196). — Dans le courant de la deuxième végétation, on applique au prolongement de la branche charpentière le même traitement que l'année d'avant, pour avoir, sur cette deuxième section, les mêmes résultats que sur la première. On aura donc à renouveler, aux époques convenables, le pincement aux bourgeons vigoureux, et le cassement aux brindilles.

Les productions de la première section de la branche-mère demandent les soins décrits aux pages 95 et 96.

TROISIÈME ANNÉE. HIVER (fig. 197). — La seconde section de la branche charpentière reçoit la même conduite que la première après la deuxième taille.

Quant aux rameaux latéraux pincés, de la première et de la deuxième section, ils subissent, ceux-là, leur deuxième taille, et ceux-ci leur première taille.

ÉTÉ (fig. 198). On renouvelle, sur les dernières sections obtenues, la même série des soins antérieurs. Les coursonnes fruitières de la première section sont définitivement transformées et se conduisent d'après les figures 188 et 189.

Quatrième année. Hiver (fig. 199). — Le terminal de la branche charpentière se taille plus court que précédemment, dans l'intérêt des productions fruitières inférieures.

Les coursonnes de la troisième section exigent leur première taille (p. 94); celles de la deuxième section, leur deuxième taille (p. 96), et celles de la première section, leur troisième taille (p. 97).

Ensuite, les opérations d'été et d'hiver sont pratiquées de la même manière jusqu'à ce que la branche charpentière soit arrivée à son maximum d'accroissement.

M. Jules Courtois, vice-président de la Société d'horticulture d'Eure-et-Loir, savant professeur d'arboriculture, résumait le traitement des branches de charpente et des branches à fruits *en cinq coups de sécateur*, qui mettent beaucoup d'ordre et de clarté dans la taille des arbres à pépins (fig. 199).

En voici la description et l'application :

Le *premier coup de sécateur* se donne sur le rameau de prolongement et sur un bouton principal, en vue du bois.

Le *deuxième* est appliqué aussi sur un bouton principal, mais appartenant à un rameau dont on veut opérer la mise à fruit.

Le *troisième* est pratiqué à la base et au-dessus des boutons stipulaires des rameaux trop vigoureux, dont on veut également assurer la mise à fruit. C'est la taille à l'épaisseur d'un écu.

Le *quatrième* est pratiqué au-dessus des rides du second talon ; c'est la taille fruitière par excellence.

Enfin, le *cinquième et dernier* est pratiqué dans les bourses, immédiatement au-dessus des dards ou des lambourdes qui s'y développent.

Après des expériences réitérées, nous conseillons également une direction de la branche à fruit qui nous a toujours réussi : l'*Arcure du rameau à transformer*, au lieu du pincement et de la taille (fig. 200).

Ce système ne change en rien le traitement de la branche de charpente ; les modifications portent seulement sur les rameaux à fruit.

Un rameau de charpente ayant été taillé convenablement, on laisse, au printemps, tous les boutons qu'il porte se développer librement ; toutefois, si parmi ces bourgeons quelques-uns avaient des dispositions à s'emporter, on les pincerait à dix bonnes feuilles. Au mois de juin ou de juillet, quand les bourgeons ont pris de la consistance, on arque les plus vigoureux, A A.

Au printemps de la deuxième année, les boutons des rameaux courbés, B B, s'allongent faiblement, accompagnés de plusieurs feuilles, indice de leur préparation en lambourdes.

La troisième année, les productions des rameaux arqués, C C, sont ordinairement façonnées en lambourdes. Si l'arbre est vigoureux, on conserve tous les boutons à fruit existants ; dans le cas contraire, on en réduit le nombre, pour proportionner la fructification avec le tempérament du sujet.

Pendant la période de la végétation qui suit la formation des lambourdes, on obtient, sur les rameaux ainsi recourbés, des bouquets de fleurs et de fruits.

Lorsque la récolte est établie, la pratique de cette méthode est des plus simples, elle se borne, en hiver, à retrancher les parties fructifères épuisées, et, en été, à modérer, par le pincement, les pousses trop vigoureuses, pour n'avoir à recourber que des bourgeons convenables.

Tel est le procédé facile et expéditif que nous voudrions voir appliquer surtout par l'arboriculteur qui plante au point de vue du rendement.

CHAPITRE IX

Arbres à Fruits à Pépins

Parmi ces espèces fruitières, on distingue principalement le *Poirier* (fig. 201), le *Pommier* (fig. 202), le *Cognassier* (fig. 203), et le *Sorbier* (fig. 204).

En général, ces arbres offrent une constitution robuste, ce qui leur permet de vivre longtemps et de fructifier abondamment, si on conforme leur culture avec les principes suivants :

1° On placera les sujets dans les position, exposition et sol qui se rapprochent le plus possible de leurs conditions naturelles.

2° La charpente de la tête du sujet s'accordera avec ses caractères botaniques.

3° Les boutons à bois ou à fruits peuvent être transformés à volonté, selon les besoins de la forme et de la fructification.

4° Les œils apparaissent sur les bourgeons et ne se développent, ordinairement, que l'année suivante ; parfois, cependant, ils poussent en bourgeons anticipés.

5° Les boutons à bois se trouvent sur les rameaux, et ceux à fruit sur les branches, c'est-à-dire sur les parties anciennes ; par exception, certaines variétés, telles que la Duchesse-d'Angoulême, le Beurré-Clairgeau, etc., les font voir sur le bois de l'année courante.

6° La véritable fructification n'arrive qu'à partir de la cinquième ou sixième année de plantation de l'arbre.

7° La plupart des coursonnes fruitières se mettent d'elles-mêmes à fruit ; les autres exigent un traitement spécial.

8° Les branches à fruit, une fois créées, sont durables et peuvent rapporter indéfiniment au même endroit.

ESPÈCES FRUITIÈRES

Sujets à fruits à pepins.

Fig. 201

Poirier

Fig. 202

Pommier

Fig. 203

Cognassier

Fig. 204

Sorbier

Sujets à fruits à noyaux.

Prunier

Cerisier

Abricotier

Pêcher

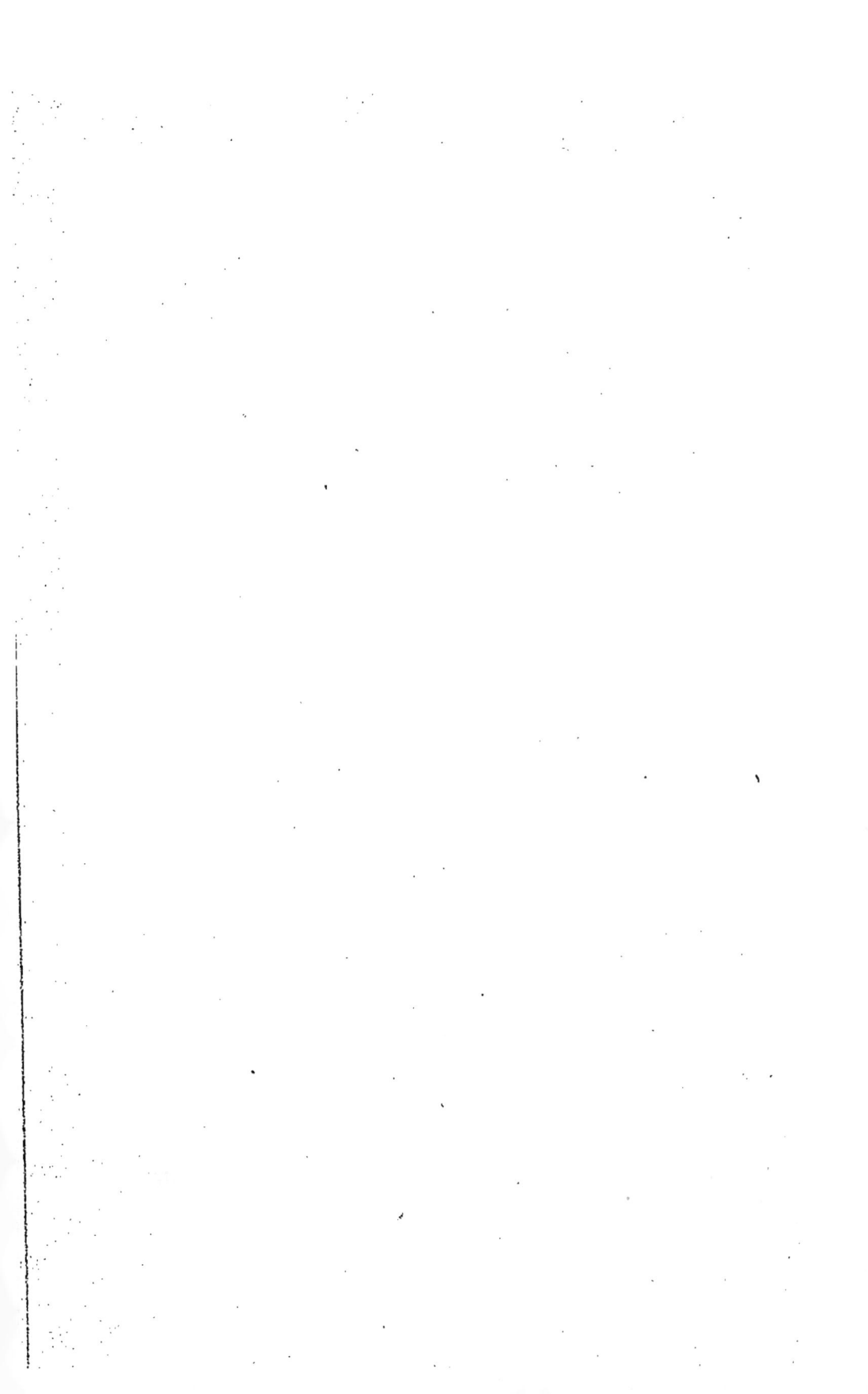

9° Enfin, grâce à la contexture de l'écorce, les boutons latents ou adventices percent facilement sur les vieilles branches, ce qui donne le moyen de les reconstituer avec chance de succès.

Poirier

Cette espèce fruitière aime un climat tempéré et plutôt froid que chaud ; son terrain de prédilection est celui de consistance moyenne, profond et de bonne qualité ; il préfère les bas-fonds aérés, ou, à défaut, les côteaux exposés au levant ou au couchant et même au nord, mais, ces derniers, seulement pour les variétés hâtives ou de moyenne saison ; l'exposition du midi n'est avantageuse que pour les variétés anciennes et délicates.

Le poirier *Franc* est préféré pour les grandes formes, et pour les sols sablo-argileux et à sous-sol perméable, afin de ne pas entraver la libre disposition des racines.

Le poirier sur *Cognassier*, moins vigoureux, convient pour les formes moyennes, et pour les terrains légers, frais et riches.

Le poirier sur *Sorbier* s'accommode, dit-on, des sols ingrats.

Quant au sujet sur *Aubépine*, on ne s'en sert qu'à titre de curiosité.

L'hybridation et le semis des pépins ont donné naissance à un nombre considérable de variétés de poires (plusieurs milliers) ; mais toutes ne sont pas également recommandables ; il est donc important d'indiquer, au planteur, les variétés les plus méritantes.

On partage les sortes de poires, en trois groupes : les fruits à *couteau* ou de *table*, c'est-à-dire ceux destinés à être consommés à l'état frais ; les fruits à *cuire*, et les fruits de *luxe*.

Parmi les fruits de table, on cite, par ordre de maturité :

NOMS DES VARIÉTÉS	VOLUME DU FRUIT	QUALITÉ	FERTILITÉ	ÉPOQUE DE MATURITÉ
Aurate (Poire de Roi)........	Petit.	Ordinaire.	Assez fertile	Mi-juin.
Citron des Carmes (St-Jean)...	Moyen.	Assez bonne.	Fertile.	Fin juin.
Doyenné de Juillet...........	Petit.	Bonne.	Fertile.	Com. de juillet.
André Desportes............	Moyen.	id.	Assez fertile	id.
Beurré Giffard..............	id.	Excellente.	id.	Fin juillet.
Duchesse de Berry d'été......	Petit.	Bonne.	Fertile.	id.
Beurré Goubault............	id.	id.	id.	Com. d'août.
Bergamotte d'été............	id.	id.	Très-fertile.	Mi-Août.
Bon Chrétien William's......	Gros.	id.	Assez fertile	Fin août.
Beurré d'Amanlis...........	Assez gros.	Très-bonne.	Fertile.	Com. de sept.
Louise bonne d'Avranches.....	id.	Bonne.	Très fertile.	id.
Assomption	Gros.	id.	Assez fertile	Mi-septembre.
Beurré superfin............	Moyen.	Très-bonne.	Fertile.	Fin septembre.
Beurré Bachelier...........	Gros.	id.	id.	id.
Duchesse d'Angoulême.......	Très-gros.	Bonne.	Très-fertile.	Sept. et octobre
Beurré Clairgeau...........	Très-gros.	Supérieure.	Très fertile.	Octobre et nov.
Beurré Gris................	Moyen.	Très-bonne.	Fertile.	id.
Beurré Diel................	Gros.	Bonne.	id.	id.
Beurré d'Ardenpont..........	id.	Très-bonne.	id.	Nov. et décem.
Royale d'hiver..............	Moyen.	Bonne.	Assez fertile	Déc. et janvier.
Passe-Colmar...............	id.	Délicieuse.	id.	Déc. à février.
Doyenné d'hiver............	id.	Bonne.	id.	id.
Passe-Crassanne	id.	Très-bonne.	Fertile.	Déc. à mars.
Bergamotte Espéren.........	id.	Bonne.	id.	Janv. à mars.
Directeur Alphand..........	Gros.	Très-bonne.	id.	Février à avril.
FRUITS A CUIRE				
Messire-Jean..............	Moyen.	Bonne.	Fertile.	Octobre, nov.
Martin sec................	Petit.	id.	Très fertile.	id.
Catillac..................	Très-gros.	id.	Fertile.	Déc. à mars.
FRUIT DE LUXE				
Belle-Angevine............	Énorme.	Très-ordinaire.	Très fertile.	Déc. à février.

CHAPITRE X

Etablissement des Formes

Cône a Ailes

Cette disposition est un changement heureux apporté à la forme cônique ordinaire. Au lieu d'être libres et placées circulairement autour du tronc, les branches sont superposées les unes aux autres et se présentent sur quatre ou cinq plans ou ailes différents.

On construit d'abord une charpente factice (fig. 205) ; à cet effet, on pose au milieu du trou destiné à recevoir l'arbre une tringle en fer de 3^{m},50 environ de longueur et enfoncée dans une dalle, pour la consolider ; puis, autour de cet axe, on trace une circonférence d'environ 2 mètres de diamètre que l'on partage en cinq divisions égales, et, à chacun de ces points, on y enterre d'autres dalles, plus petites, et sur lesquelles on scelle un crochet. Après, on fixe, au haut de la tringle centrale, cinq fils de fer, et, à l'autre bout, on les accroche aux dalles extérieures ; enfin, on raidit les fils et on les relie à l'axe avec des liteaux inclinés suivant l'angle de 45°, et que l'on place au fur et à mesure que le besoin s'en fait sentir.

Quoique le cône soit la forme la plus favorable au Poirier, néanmoins, il est certaines variétés de poires dont le mode de végéter permettrait difficilement ce dessin. Nous croyons donc utile de donner une liste des meilleures variétés :

Doyenné de Juillet, *Bon Chrétien William's*, *Louise bonne d'Avranches*, *Beurré Bachelier*, *Beurré superfin*,

Baronne de Mello, Beurré d'Ardenpont, Doyenné du Comice, Passe-Colmar, Bergamotte Espéren.

Année de la Plantation. Hiver (fig. 206). — Le jeune sujet que l'on a choisi et planté au pied de la tringle, est raccourci à environ $0^m,60$ de hauteur, au point A, sur un bouton à bois bien constitué et placé à l'opposé du coude de la greffe, afin que le bourgeon qui en sortira continue la tige suivant une ligne aussi verticale que possible. Cette coupe est opérée en vue de provoquer la création de la première série de branches charpentières.

Si l'arbre que l'on plante est âgé de plus d'un an de greffe et porte des rameaux ou des branches bien disposées et en suffisante quantité, on conserve le sujet tel quel et on le traite comme s'il était resté sur place ; seulement, on le taille un peu plus court.

Mais, si le plant ne présente qu'une charpente incomplète (fig. 207), on ajourne sa première taille à l'année suivante, on se contente alors d'écimer une portion de sa tige et de ses ramifications latérales les plus vigoureuses, suivant les lignes pointillées ; puis, l'hiver d'après, on le traite comme s'il n'avait qu'un an de greffe, et les rameaux placés au-dessous de la coupe B, C, D et E, sont enlevés sur leur couronne.

Été (fig. 208).— Au printemps, dès que les pousses de la tige ont de $0^m,05$ à $0^m,10$ de longueur, on reconnaît les six bourgeons indispensables pour commencer la charpente de l'arbre, et l'on ébourgeonne les autres. Parmi les bourgeons conservés, si l'un d'eux s'emporte, comme le jet F, on l'arrête par le pincement ; dans ce dernier cas, avant d'opérer, il est utile d'attendre que le bourgeon ait dépassé le point où la taille future doit le raccourcir, afin d'éviter un coude et de pouvoir couper sur du bois bien aoûté.

Lorsque les bourgeons réservés pour confectionner les ailes mesurent de $0^m,25$ à $0^m,30$ de longueur, on les palisse, en les dirigeant sur les lattes obliques, et le prolongement ou flèche, est disposé verticalement.

DEUXIÈME ANNÉE. HIVER (fig. 209). — Avant de s'occuper de la taille, on dépalisse ; puis, on débarrasse la tige de ses productions inutiles ; après, les rameaux de charpente sont traités comme il suit : la flèche L est taillée à $0^m,35$ environ de longueur, pour provoquer l'émission d'une nouvelle série de branches charpentières ; on raccourcit encore sur un bouton situé à l'encontre du dernier coude ; ces coupes alternatives, en ramenant le prolongement sur son point de départ, font monter la tige d'aplomb sur le pied du sujet. Quant aux rameaux composant la série, on les réduit suivant leurs positions et sur un bouton de côté, à droite ou à gauche : les trois plus bas, à environ $0^m,25$, et les deux plus hauts, à environ $0^m,20$.

Au premier mouvement apparent de la sève, on pratique, sur la flèche, des entailles au-dessus des boutons inférieurs appelés à faire partie de la forme ; sans cette opération, ces boutons s'ouvriraient trop faiblement et ne constitueraient que d'incomplets membres de charpente.

On peut recourir également à l'*Eborgnage* des bourgeons supérieurs de la flèche (p. 35). Pendant que les boutons étêtés se reconstituent pour une nouvelle élongation, la végétation porte son action sur les boutons inférieurs et les fait se développer convenablement.

ÉTÉ. Les opérations en vert applicables après cette taille consistent, sur la flèche, à surveiller le bourgeonnement nécessaire pour la formation de la deuxième série de branches charpentières, et on affaiblit, par le pincement, les pousses qui ont des dispositions à s'emporter ; ensuite, on pratique le palissage aux bourgeons destinés à le recevoir.

Quant aux bourgeons à fruits ou appelés à le devenir, on les traite suivant les indications données au Chapitre VIII.

Planche XVI Chapitre X.

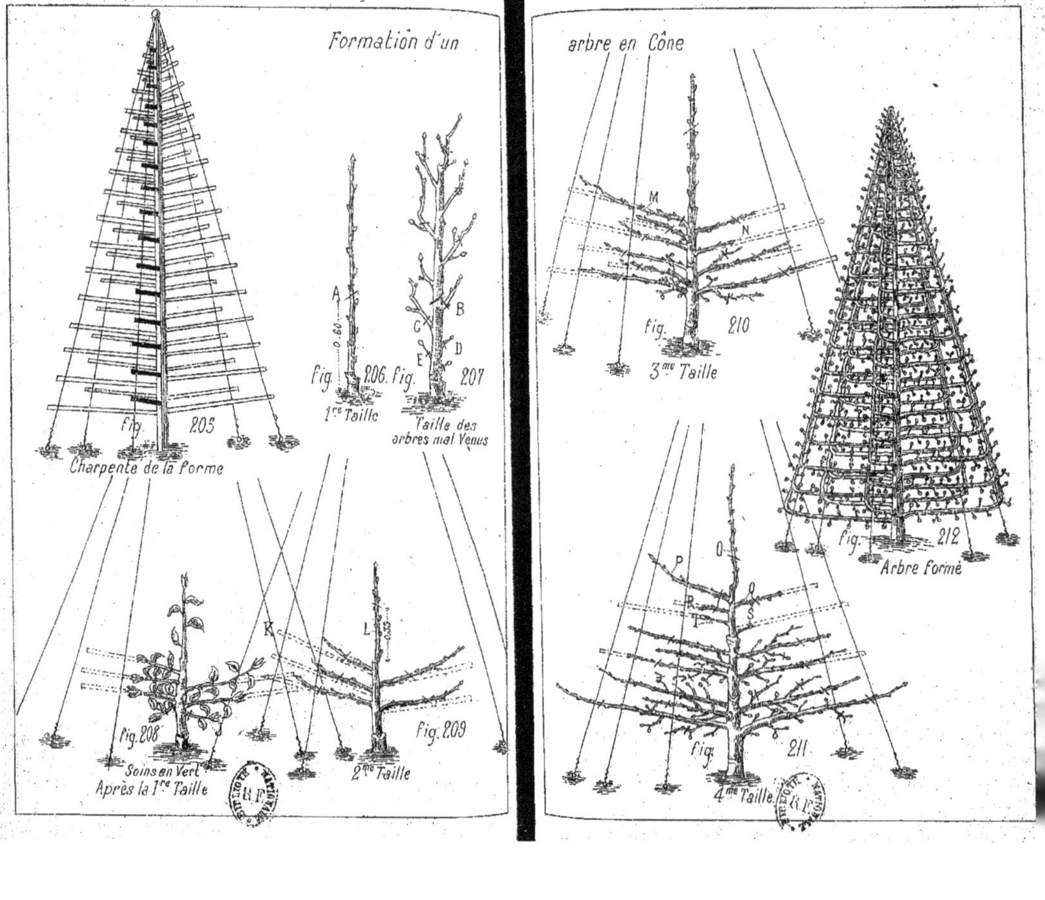
Formation d'un arbre en Cône
Fig. 205
Charpente de la Forme
A
0.60
Fig. 206
1re Taille
B
C
D
E
Fig. 207
Taille des arbres mal Venus
Fig. 208
Soins en Vert
Après la 1re Taille
K
L
0.55
Fig. 209
2me Taille
M
N
Fig. 210
3me Taille
O
P
Q
R
S
T
Fig. 211
4me Taille
Fig. 212
Arbre formé

Si, parmi les bourgeons utiles à la structure de la charpente, certains d'entre eux font défaut, par suite de la piqûre d'un insecte ou autre accident, on fait choix, tout d'abord, d'un autre terminal qu'on laisse intact et sur lequel on s'empresse de rabattre pour le faire profiter de la sève destinée à alimenter le prolongement défectueux.

Troisième année. Hiver (fig. 210). — On taille la flèche à peu près à la même longueur qu'à la deuxième année, pour y installer une troisième série de branches principales, si toutefois la vigueur de l'arbre le permet ; dans le cas contraire, on ajourne, à l'année suivante, l'obtention de ladite série ; alors, on taille la flèche très-court, à deux ou trois boutons à bois seulement ; toutes les autres parties de l'arbre aussi sont coupées court, et, de cette façon, on fait surgir des pousses vigoureuses.

Parfois, il arrive également qu'une série de branches se développe dans de mauvaises conditions (fig. 211), en donnant naissance à une flèche faible et à des rameaux latéraux mal lignifiés ou terminés par des boutons à fleurs ; dans cette situation, on applique à l'arbre, comme précédemment, une taille très-courte, au point O ; puis on supprime, sur la série vicieuse, les rameaux à gros empâtement, P ; on raccourcit une faible portion ou même on laisse intacts les rameaux faibles, Q et R, suivant leur plus ou moins grande débilité, et l'on étête d'un coup d'ongle les boutons à fruits des productions couronnées, S et T ; enfin, on entaille, au-dessous, les productions fortes et, au-dessus, les productions faibles.

Les rameaux formant la deuxième série, développés pendant la végétation précédente, sont taillés à la longueur d'environ $0^m,25$, en raccourcissant toujours un peu plus court les plus rapprochés de la flèche, afin de toujours conserver à l'arbre la forme qu'il doit représenter. Cependant, si les rameaux voisins du terminal sont trop forts, comme

M, on les rabat sur leur base, afin de les remplacer par d'autres plus convenables ; si, au contraire, ceux du bas de la série sont trop faibles, comme N, on les laisse intacts, pour leur amener la vigueur qui leur manque.

Les prolongements des branches charpentières de la première série se coupent, dans leur ensemble, à 0m,30, et les rameaux à fruit subissent leur première taille.

Été. — Sur la flèche et sur les rameaux de la deuxième série, on renouvelle encore les mêmes soins qu'après la deuxième taille, c'est-à-dire le pincement, le cassement et le palissage.

Dans la première section des branches de la première série, lorsque les rameaux à fruit poussent trop vigoureusement, on les pince court.

Il est essentiel, à chaque végétation, pour renforcer les bourgeons des branches faibles, de pincer les parties fortes à la longueur de 0m,20.

Quatrième année. Hiver (fig. 212). — La quatrième taille doit être exécutée plus court que la troisième, la flèche exceptée, qui réclame la même longueur jusqu'à la formation définitive de la charpente. Aux rameaux terminaux des différentes séries, on exécute des coupes de 0m,15 à 0,20 au plus de longueur, afin de réduire les dimensions des parties conservées et de ne pas laisser se dénuder la base de la charpente de l'arbre.

Néanmoins, si le sujet était très vigoureux et en même temps infertile, il serait indispensable, pour le forcer à la fructification, de le tailler long, et en outre de le soumettre à l'arcure (p. 40).

La cinquième année et les suivantes, on continue la pratique des mêmes opérations, et cela jusqu'à ce que l'arbre soit arrivé à son apogée.

Quand les prolongements des branches latérales, après leur taille, dépassent d'environ 0^{m},15 la limite qui leur est assignée obliquement, on relève leurs extrémités, et, dans le courant de l'été suivant, on les greffe par approche sur la courbure des bras placés immédiatement au-dessus. On obtient alors une forme productive et d'une solidité à toute épreuve.

Les tailles courtes et réitérées finissent par créer des entraves à la sève ; on fait disparaître ces difformités et les inconvénients dont elles sont la conséquence, en descendant les coupes sur des points lisses et au-dessus de rameaux sains que l'on rabat sur de bons boutons ou, à défaut, sur leur empâtement ; on peut aussi, et c'est préférable, changer ces bouts de branches défectueux, par des greffes en couronne (p. 64).

Dans la forme cônique (fig. 210), il est indispensable de garder un parfait accord entre la tige et les branches charpentières ; si celle-là est trop élancée, elle appauvrit celles-ci, et, au contraire, si ces dernières sont trop longues, elles anéantissent la flèche. On empêche ces deux parties de la charpente de s'affamer réciproquement, en donnant au cône une largeur égale aux deux cinquièmes de la hauteur du sujet, c'est-à-dire que si l'arbre a cinq mètres d'élévation, il doit avoir deux mètres de diamètre à sa base.

Gobelet ou Vase

Pour expliquer la création d'un arbre en vase, nous prendrons également le Poirier pour type, et nous indiquerons aussi les variétés de poires auxquelles il convient de donner la préférence ; ce sont : *Aurate, Citron des Carmes, Gros Blanquet, Beurré Giffard, Duchesse de Berry d'été, Beurré Goubault, Bergamotte d'été, Doyenné blanc, Duchesse d'Angoulême, Beurré Diel, Beuré Clairgeau, Passe-Colmar, Belle Angevine*, etc.

Première année. Hiver (fig. 213). — On prend encore un jeune plant et on le taille à 0m,50 ou 0m,55 de hauteur, en réservant au-dessous trois boutons pour l'établissement des branches-mères.

Été. — Dès que la sève a fait pousser des bourgeons de 0m,10, on choisit les meilleurs pour la charpente du sujet et l'on annule les autres ou on se contente de les pincer, suivant l'état de la végétation.

Quand on tient à la gracieuseté de la charpente de l'arbre, on imprime, aux bourgeons utiles, une disposition cintrée ascendante, ce que l'on obtient à l'aide de baguettes d'osier ou autre bois flexible, et ainsi l'on évide mieux l'intérieur du gobelet.

Deuxième année. Hiver (fig. 214). — On raccourcit les trois rameaux nécessaires pour le commencement de la forme à 0m,30 ou 0m,35 de longueur, au point A, sur deux boutons latéraux, à bois, et afin d'obtenir les premières bifurcations.

Si l'arbre a poussé faiblement, on le renforce en renvoyant la taille et la formation des branches secondaires à l'année suivante ; mais, si la végétation est languissante, on coupe très court, au contraire.

Été. — A l'époque des soins en vert, après avoir reconnu les bourgeons utiles à la charpente, on traite les autres par les procédés connus (Ch. VIII).

Troisième année. Hiver (fig. 215). — Les six rameaux désignés pour construire la forme sont réduits à la longueur d'environ 0m,35, comme à la précédente taille, aussi sur des boutons bien disposés, pour en avoir les branches tertiaires.

Aux futurs rameaux à fruit, on applique leur première taille (p. 94).

Été. — Après avoir distingué les douze bourgeons indis-

Formation d'un arbre en Gobelet

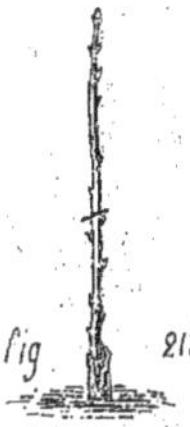

fig 213

1me Taille

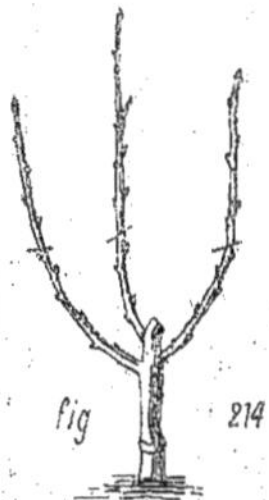

fig 214

2me Taille

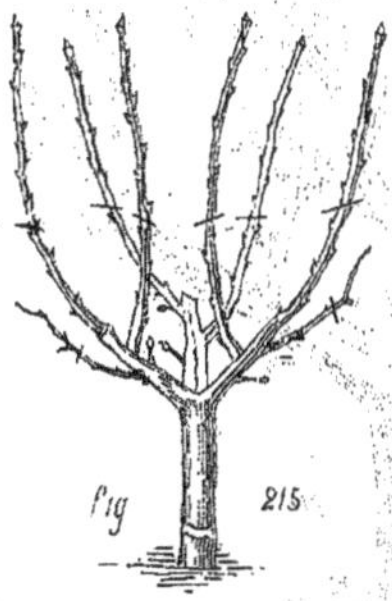

fig 215

3me Taille

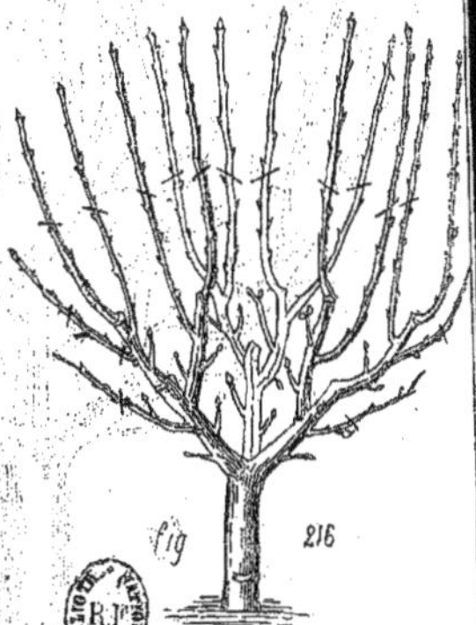

fig 216

4me Taille

fig. 217

Arbre formé

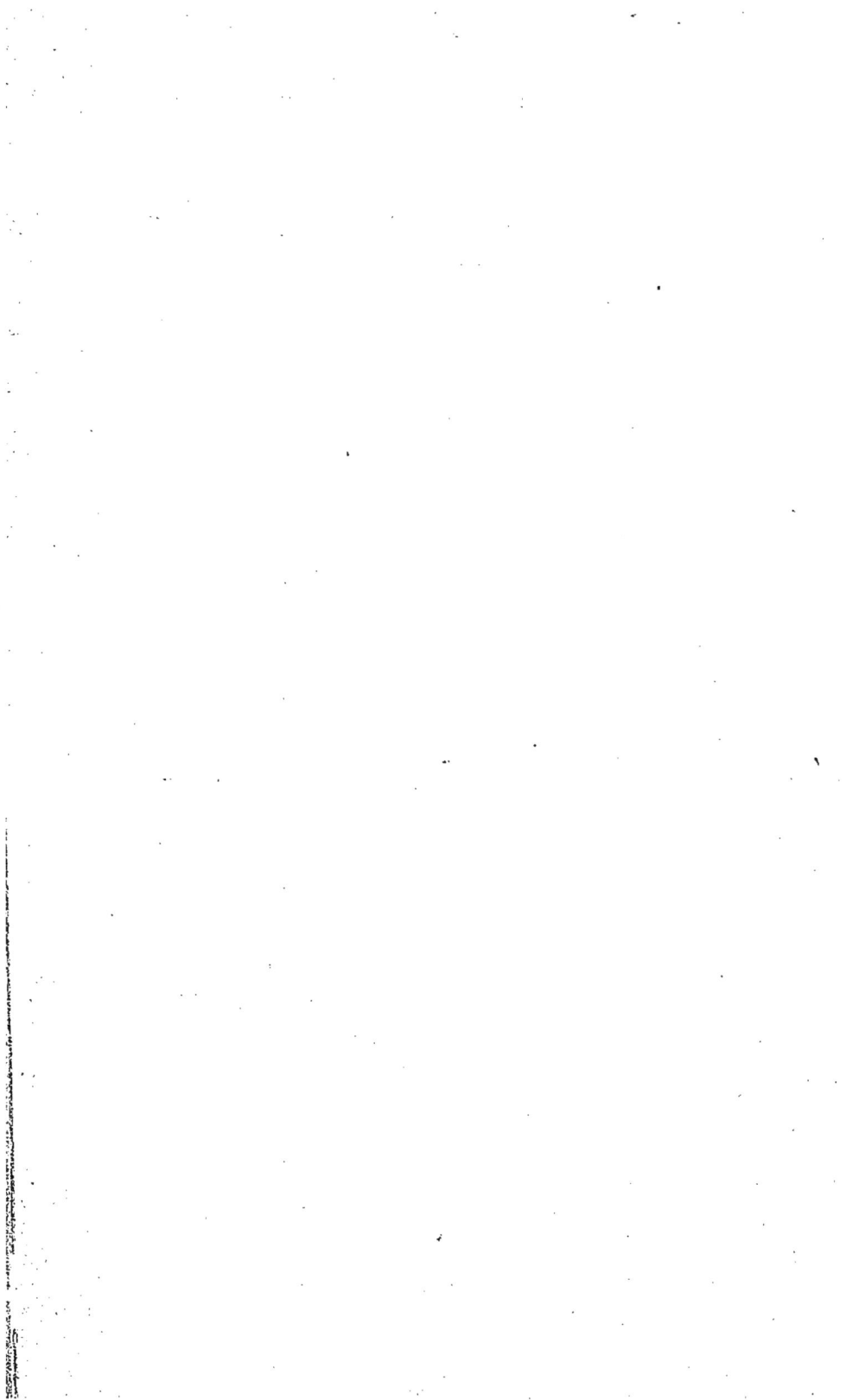

pensables au dessin du sujet, on soumet, ceux qui poussent à bois, au pincement ou au cassement (p. 40).

QUATRIÈME ANNÉE. HIVER. — On conforme toujours la taille avec l'état de santé du sujet. En terrain de qualité ordinaire, la charpente du vase est terminée l'année suivante (fig. 217) ; alors, on coupe les terminaux des branches charpentières un peu plus courts, si l'arbre a une tendance à s'affaiblir, et un peu plus longs, au contraire, si la force est plus grande.

En sol riche, on pourrait développer encore le gobelet et porter le nombre de ses membres à vingt-quatre branches ; dans ce cas, on exécute, au sujet, une série de coupes identiques à celle de la troisième année de plantation.

Ensuite, les tailles d'entretien sont conformes à celles de toutes les autres formes spéciales aux espèces fruitières.

Lorsque les arbres sont exposés aux vents impétueux, il est prudent de consolider leurs charpentes en reliant les prolongements les uns avec les autres et en les greffant à chaque point de rencontre, de façon à établir entre eux comme un cerceau vivant et que l'on peut surmonter même d'un second cerceau en courbant, les nouveaux prolongements, à 0^m,25 ou 0^m,30 au-dessus de la première réunion de branches transversales. De cette manière, non seulement on rend les arbres inébranlables, mais encore on augmente leur fructification et on obtient une meilleure distribution de la sève.

PALMETTE VERRIER

Cette forme s'adapte à toutes les variétés du Poirier, sans en excepter celles à bois divergent, telles que *Beurré Giffard*, *Beurré d'Amanlis*, *Beurré Diel*, *Royale d'hiver*, etc.

Pour les espaliers à chaude exposition, on réserve les

Doyenné blanc, Beurré d'Ardenpont, Royale d'hiver, Doyenné d'hiver, etc,

PREMIÈRE ANNÉE DE PLANTATION. HIVER (fig. 218). — On taille le jeune arbre de 0m,40 à 0m,50 environ de hauteur, au-dessus de trois boutons à bois bien constitués et placés de façon que le plus élevé soit devant et les deux autres de côté, pour le bon établissement du premier étage du sujet.

ÉTÉ. — Pendant la période végétative, on s'occupe d'abord des bourgeons utiles à la forme, et, en temps opportun, on leur donne la position qu'ils doivent occuper ; les autres sont traités comme pour les précédentes charpentes d'arbres (p. 112).

Les bourgeons nécessaires à la Palmette, sont palissés, celui du milieu verticalement, et les deux latéraux, obliquement, suivant une direction courbe ascendante ; si, tout d'abord, on faisait suivre à ceux-ci ou une ligne transversale ou une ligne oblique, dans le premier cas, on les affaiblirait brusquement, et, dans le second cas, plus tard on ne pourrait plus les incliner sans s'exposer à les casser ; tandis qu'en les cintrant on leur conserve une vigueur suffisante et, quand le moment est venu, on les abaisse sans peine à leur véritable place.

Ensuite, il suffit de maintenir entre les sous-mères un égal degré de force, ce que l'on obtient par l'emploi du procédé si simple et si fécond du *balancement* des branches (p. 39).

Il importe également de surveiller le bourgeon de la tige-mère et on l'empêche, s'il est trop vigoureux, de s'emporter, en l'épointant à la longueur d'environ 0m,45.

DEUXIÈME ANNÉE. HIVER (fig. 219). — Le prolongement du tronc est taillé à 0m,30 ou 0m,35, encore sur trois boutons à bois, pour créer le second étage de sous-mères et le

Formation d'un arbre en Palmette

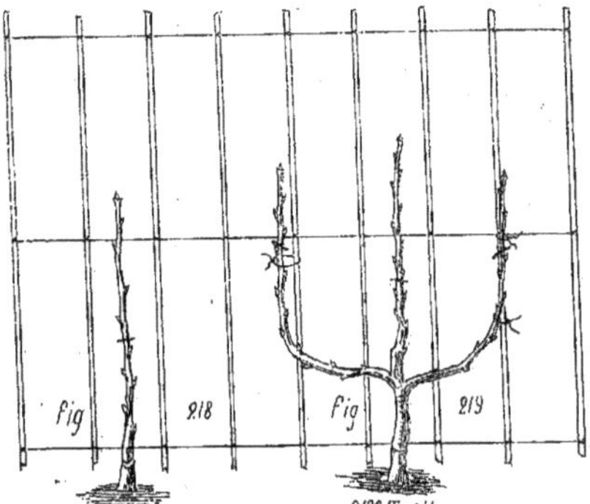

fig 218 — 1re Taille

fig 219 — 2me Taille

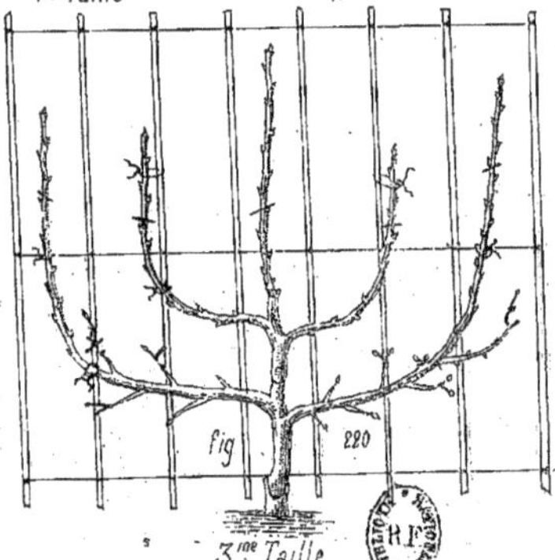

fig 220

3me Taille

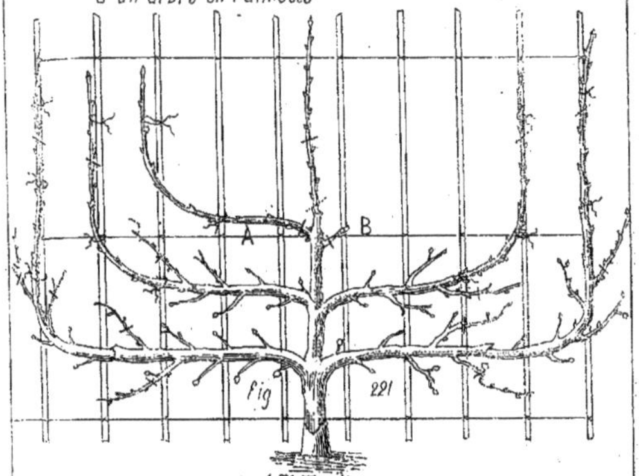

fig 221

4me Taille

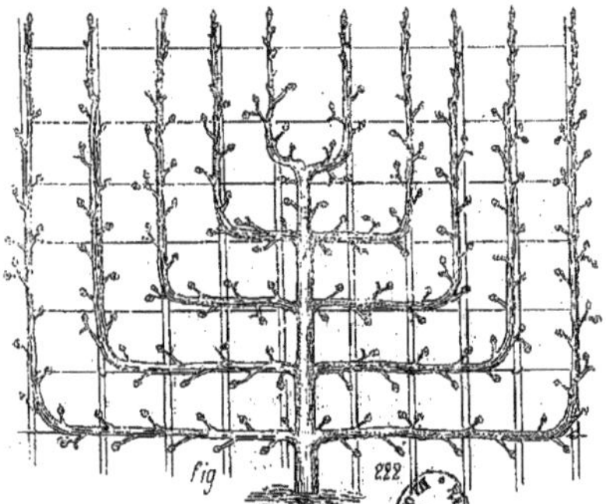

fig 222

arbre formé

nouveau terminal de la tige. Quant aux rameaux conservés pour former les bras, on les coupe très longs, aux deux tiers environ de leur longueur, en ayant l'attention, pour l'espalier, de faire la plaie du côté du mur, c'est-à-dire de tailler sur un bouton placé devant ; à défaut, on choisit un bouton situé au-dessous ou derrière, mais jamais sur le dessus parce que, celui-ci, en se développant, décrit un coude trop prononcé et défavorable pour la bonne circulation du fluide séveux.

Été. — Après cette taille, les soins en vert consistent : à faciliter, sur la tige, l'élongation des pousses indispensables pour le nouvel étage, en pinçant les bourgeons inutiles ; ces derniers doivent être façonnés à fruit ; à palisser les bourgeons utiles, dans les directions indiquées précédemment ; à surveiller les premières sous-mères en disposant leurs prolongements dans la même direction, et à traiter leurs productions latérales comme celles des formes en cône et en gobelet (Ch. VIII).

Troisième année. Hiver (fig. 220). — Sur le terminal de la tige, on applique une taille semblable à la précédente. Cependant, si le dernier étage laissait à désirer, on le renforcerait en renvoyant la formation du nouveau, à l'année suivante, et on taillerait le tronc, le plus près possible du deuxième étage.

Aux premières sous-mères, âgées de deux ans, on continue la pratique des tailles longues, et on traite leurs rameaux à fruit pincés, comme d'usage (p. 94).

Si on tient à avoir des étages de sous-mères avec bras vis-à-vis, voici le procédé à suivre : quand le bourgeon de la flèche a dépassé de quelques centimètres le point fixé pour la formation d'un étage, on le pince sur une feuille placée juste à cette hauteur et autant que possible placée devant ; ce rognage fait concentrer la sève sur l'œil qu'abrite le pétiole de la feuille en question, lequel s'ouvre bientôt en pousse anticipée, laquelle est munie, à sa base, de deux œils opposés. A la taille d'hiver, on coupe ce rameau anticipé sur un bouton situé au-dessus des deux dont il s'agit, et l'effet désiré est obtenu.

Été. On recommence encore, aux époques convenables, les opérations estivales nécessaires à la charpente et à la fructification.

Quatrième année. Hiver (fig. 221). — On soumet les diverses parties de l'arbre aux mêmes soins que pendant la troisième année de plantation du sujet.

Désormais, suivant la force de l'arbre, on ajoute, annuellement, à la tige, un ou deux étages de sous-mères. A cet âge, si les premières branches charpentières latérales, une fois raccourcies par la taille, dépassent de $0^m,15$ à 0,20 la longueur transversale qu'elles doivent occuper, on les palisse à leurs places définitives. On en agit de même pour les sous-mères des étages supérieurs et de façon à les combiner pour ne laisser aux dernières que l'espace nécessaire entre les membres d'un arbre (p. 91).

La tige-mère ne doit jamais se prolonger au-delà du plus haut étage, sous peine de voir son extrémité attirer trop de sève, aux dépens de la santé de la Palmette.

Quand la branche-mère porte des étages mal venus, ainsi, par exemple, avec un rameau fort, A, et un rameau faible, B, dard ou lambourde (fig. 221), on applique à la flèche une taille courte, et on supprime, sur leur empâtement, les ramifications défectueuses ; alors, on fait sortir, de leurs bases, des bourgeons stipulaires plus aptes à s'équilibrer entre eux.

Au contraire, si la végétation est fougueuse, on doit chercher à obtenir, dans le courant de la même année, deux étages au lieu d'un seul, afin d'arriver plus vite à compléter la forme. Pour cela, lorsque le bourgeon prolongeant la

Petites Palmettes

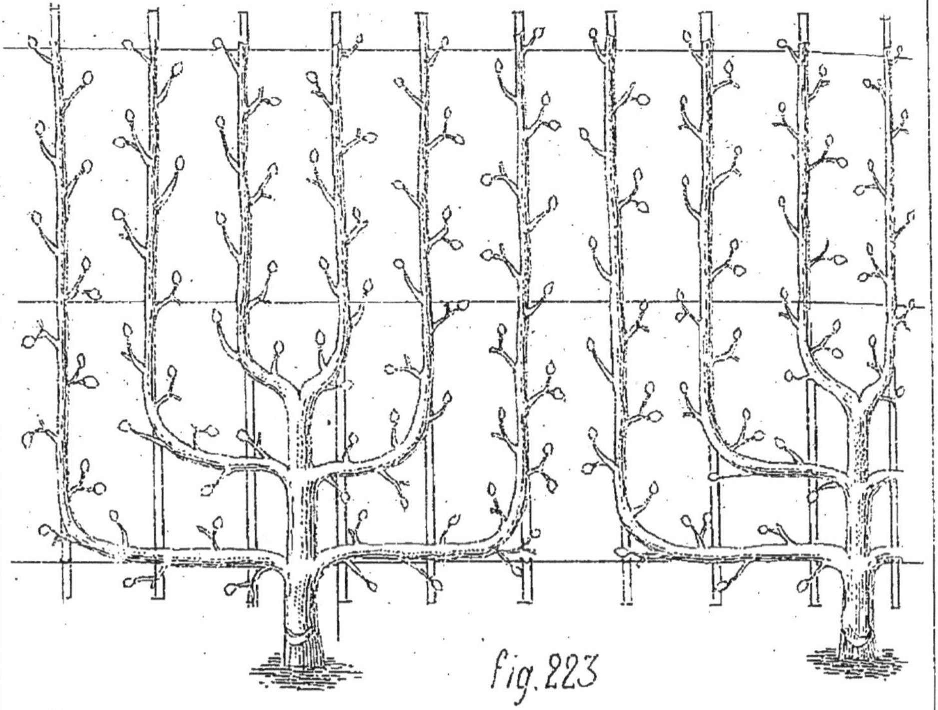

fig. 223

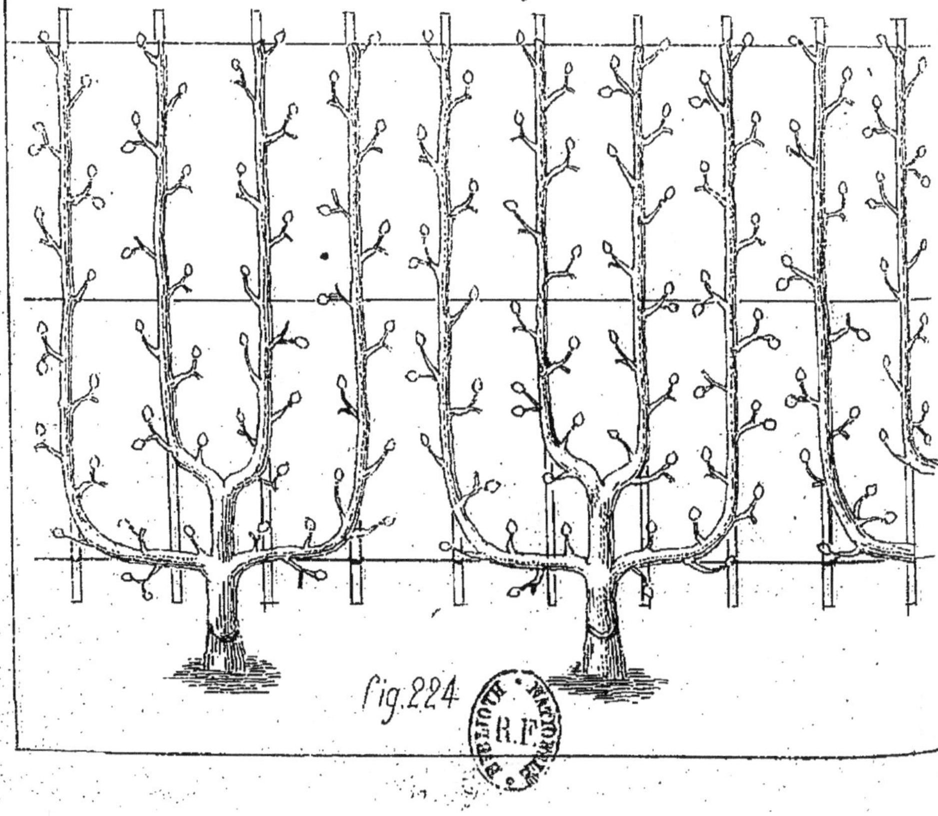

fig. 224

Palmettes Faudrin Fig. 225

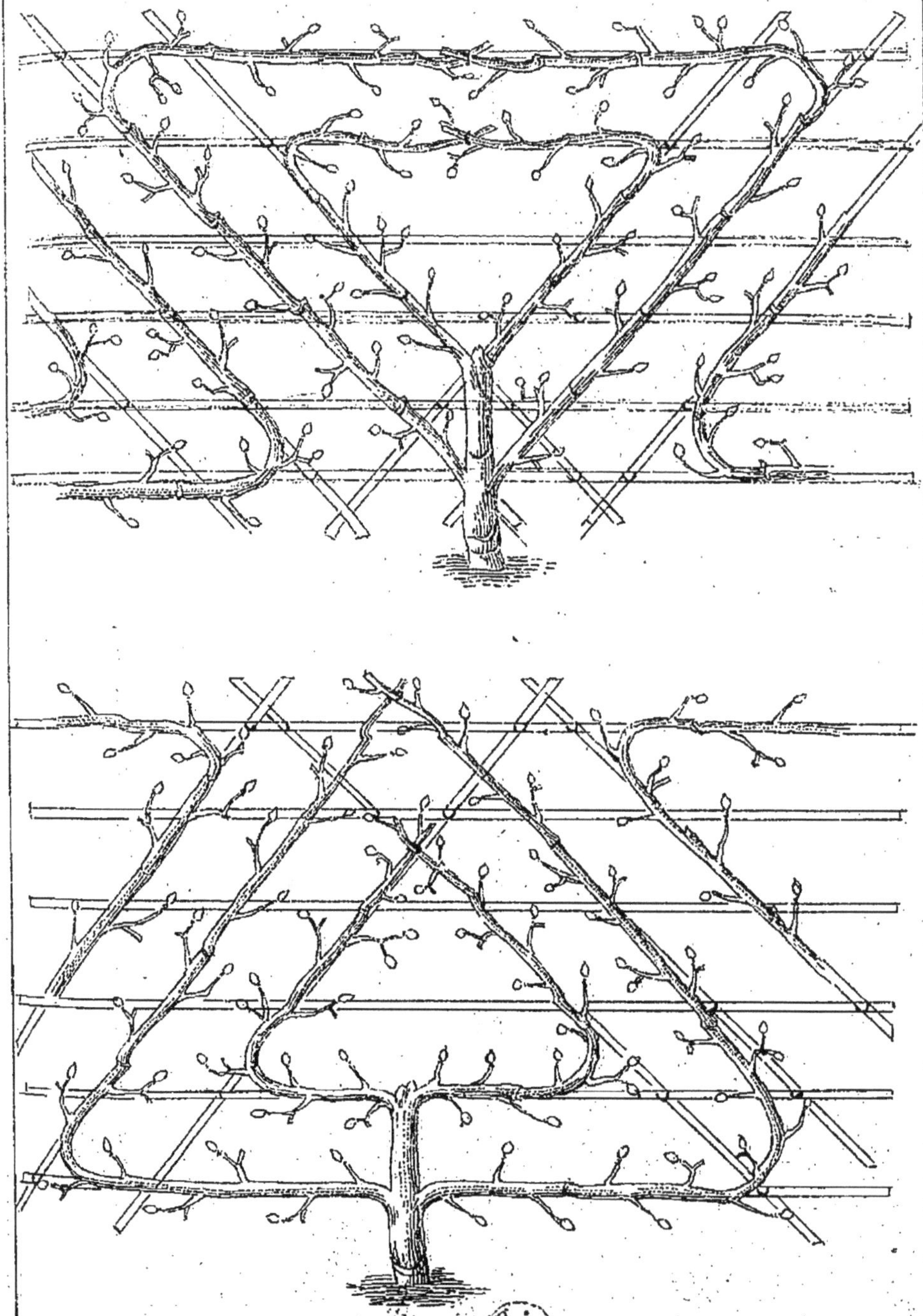

tige a atteint une longueur d'environ $0^m,40$, on le taille en vert à une hauteur d'environ $0^m,30$, c'est-à-dire à l'endroit désigné pour le futur étage et au-dessus des trois œils indispensables ; on provoque ainsi l'émission des pousses nécessaires pour augmenter la charpente [1].

Une Palmette est établie avec principe (fig. 222), lorsque ses divisions sont de force égale et qu'elles garnissent le mur ou le treillage, sans vide ni confusion.

Palmettes a petites Formes

Quand on veut jouir bientôt du coup d'œil des plantations, ou réunir, dans un petit jardin, un nombre relativement grand de variétés de fruits, on accorde la préférence aux *Palmettes à six branches* (fig 223) et même à *quatre* branches (fig. 224), que l'on peut établir en trois ou quatre ans.

Les sortes de poiriers qui acceptent le plus volontiers ces formes restreintes, sont celles de vigueur modérée et qui se mettent facilement à fruit, comme les *Bergamotte d'été, Duchesse d'Angoulême, Beurré Clairgeau*, etc.

Il va sans dire que la conduite de ces arbres est semblable à celle des sujets à grand développement.

Palmette Faudrin (fig. 225)

Après la forme Verrier, celle qui nous paraît pouvoir être adoptée est la Palmette à laquelle plusieurs amateurs d'arboriculture ont bien voulu donner notre nom, ayant été le premier, croyons-nous, à la faire connaître.

(1) M. Verrier nous avait montré, lors d'une visite que nous avions faite à ses plantations, des sujets qu'il avait créés avec des séries de trois et même de quatre étages de sous-mères par an. Ces exemples ne confirment pas l'opinion de quelques auteurs qui prétendent que cette pratique est nuisible à la bonne constitution de l'arbre qui y est soumis.

La charpente s'obtient par les procédés ordinaires, avec cette différence seulement qu'au lieu de faire prendre aux branches sous-mères la position de l'angle droit, on les dispose en triangles concentriques, et chaque arbre les présente, alternativement, debouts ou renversés.

Cette combinaison produit des espaliers ou des contre-espaliers originaux, et sans rien sacrifier de la santé ni de la fertilité des arbres.

Cordon transversal unilatéral (fig. 226).

Pour réussir ces élégants contre-espaliers, on emploie des sujets plutôt faibles que vigoureux, comme pour l'établissement des petites Palmettes (p. 117).

Année de la plantation. Hiver. (fig. 227). — Il est essentiel d'effectuer la mise en terre des arbres de façon à tenir le bourrelet de la greffe de 0m,05 à 0m,10 au-dessus du sol, afin de s'opposer à l'affranchissement du greffon, car si celui-ci s'enracine, il peut communiquer au cordon une vigueur trop grande et défavorable à la fructification, ainsi que cela se remarque fréquemment dans les cordons en Pommiers sur Doucins ou sur Paradis, lorsqu'on n'a pas tenu compte de cette recommandation.

Les tiges, d'un an de greffe, sont plantées dans un sens vertical, afin d'en faciliter la reprise ; puis on les écime plus ou moins, suivant leur développement ; habituellement on les rabat d'un tiers.

Été. — Quand les sujets se garnissent de bourgeons, on ne laisse s'exercer la libre végétation que sur le terminal ; tous les autres sont soumis au traitement des rameaux à fruit ordinaires (Ch. VIII).

Deuxième année. Hiver (fig. 228). — On s'occupe d'abord du treillage que l'on établit aussi économiquement que possible en se servant de piquets en bois d'une longueur d'environ $0^m,70$ et que l'on enfonce en terre d'environ $0^m,25$; on les espace d'environ 3 mètres, et on les relie entre eux avec un fil de fer, des cannes de Provence ou des lattes en bois de sciage, que l'on fixe, en haut des pieux, avec des clous.

Les tiges sont courbées et palissées sur ce treillage, de façon à laisser au prolongement une portion ascendante, nécessaire pour attirer la sève, qui sans cela serait trop retenue par la partie verticale du tronc.

Durant les végétations ultérieures, on aura à se méfier, sur la direction latérale des bras, des bourgeons qui naissent sur le dessus du cordon, si on ne les opérait pas de bonne heure on en obtiendrait des gourmands (p. 94 et 96).

On continue ce traitement des tiges du contre-espalier (fig. 229), jusqu'à ce que leurs bras se joignent. Quand ils se dépassent d'environ $0^m,25$, on les greffe (p. 63) ; ensuite, lorsque la soudure est solide, on enlève le treillage, et le cordon se soutient de lui-même. Il en résulte alors une sorte de guirlande très gracieuse, au printemps, par ses fleurs et, à l'automne, par ses feuilles et par ses beaux et bons fruits ; de plus, le fluide séveux pouvant se communiquer d'un sujet à l'autre, les arbres présentent entre eux le même degré de force et sans rien changer à la nature de leurs produits.

Dans les terrains riches, où il peut y avoir excès de végétation, on fait deux cordons (fig. 230) ; dans ces conditions, on plante les arbres deux fois plus rapprochés, à un mètre au lieu de deux, et, sur le plus bas liteau, on y courbe le premier sujet ; sur le plus haut liteau, le second sujet ; sur le liteau inférieur, le troisième sujet ; sur le liteau supérieur, le quatrième sujet, et ainsi de suite jusqu'au bout du contre-espalier. Si l'on tient à l'harmonie de la plantation, on dirige les tiges en sens opposé, à moins toutefois que le sol soit en pente, auquel cas il faut toujours tourner la cime du bras, du côté inverse de l'inclinaison.

On peut faire également des cordons en **T** majuscule ou *bilatéral* ; mais l'équilibre de la sève est alors plus difficile à maintenir dans l'ensemble de l'arbre ; en outre, on ne peut pas faire accorder avantageusement le greffage des bras, ce qui oblige à conserver le treillage autant que dure le contre-espalier.

Enfin, nous devons déconseiller aussi de monter deux étages sur la même tige, le cordon supérieur ayant le défaut d'appauvrir rapidement le cordon inférieur (Ch. III).

POMMIER (fig. 202)

Le Pommier réclame, plus encore que le Poirier, une température froide et fraîche ; aussi, le climat du Midi lui est, en général, peu favorable ; cependant sa végétation est belle, sa floraison est abondante, mais ses fruits sont peu savoureux et souvent altérés par les insectes (Ch. XVII). La place qu'on peut accorder au sujet est celle des vallons presque humides ou arrosés, ou des plateaux, des prairies, et l'exposition du nord, de préférence à toutes les autres.

La nature de sol qui plaît au Poirier est celle aussi qui convient au Pommier.

L'arbre *franc de pied* ou *greffé sur franc* produit les sujets les plus robustes et que l'on réserve pour la formation du *Verger* (Ch. XII) ; la fructification est lente à venir, mais une fois obtenue, elle est considérable. Dans les environs de Marseille, nous avons remarqué des Pommiers de ce genre, variété *Bouque-Preuve,* qui donnent jusqu'à 700 kil. de fruits dans une seule récolte.

Greffé sur *Doucin*, le Pommier est moins fort et il constitue les meilleurs arbres pour formes de jardin (Ch. VI).

Quant aux sujets sur *Paradis*, on les réserve pour les terrains riches et pour les charpentes naines (p. 118).

La conduite du Pommier doit être copiée sur celle du Poirier, ces deux espèces fruitières étant soumises aux mê-

Cordon transversal unilatéral

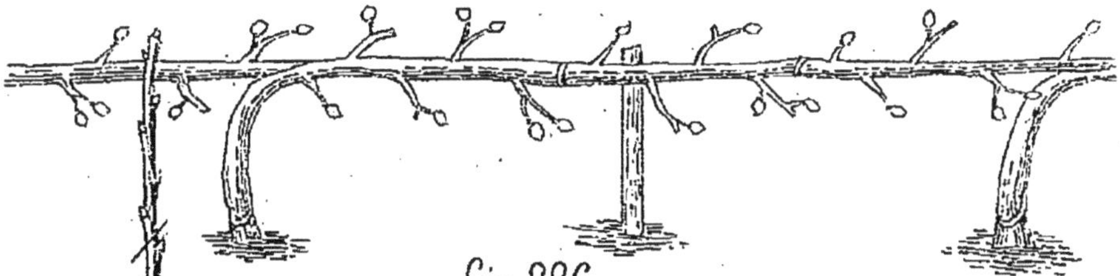

fig. 226

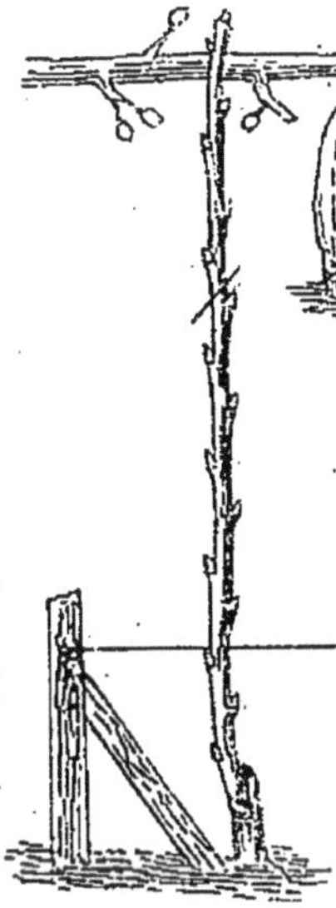

fig. 227

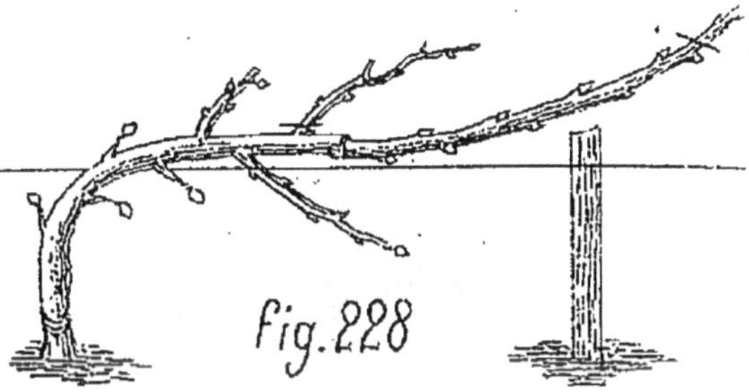

fig. 228

2me taille

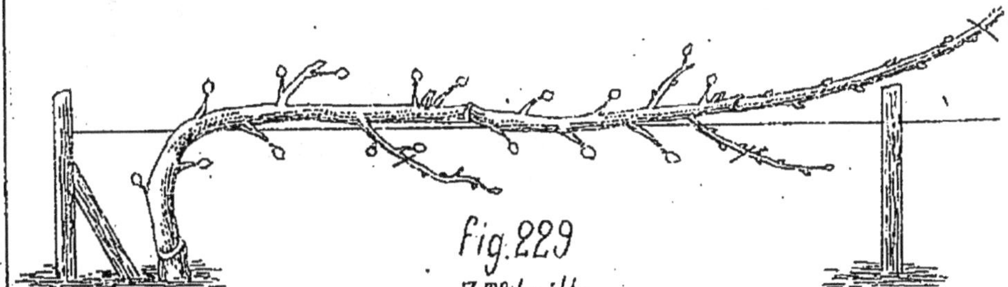

fig. 229

3me taille

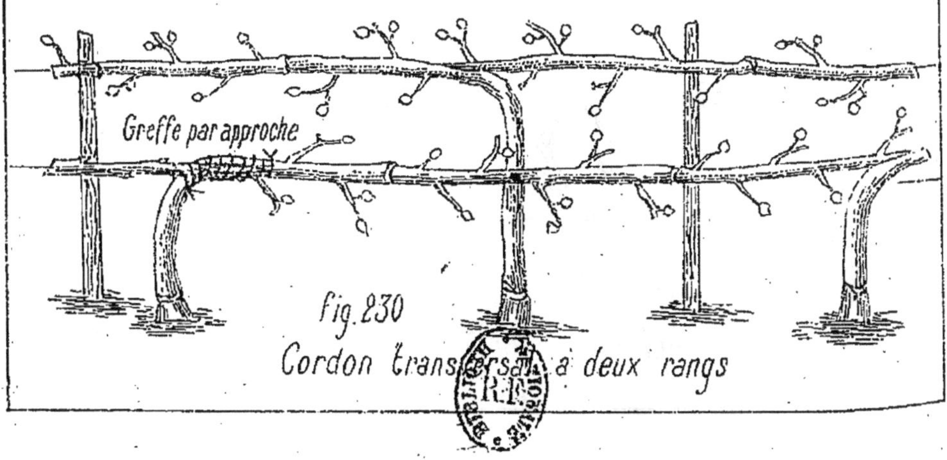

fig. 230

Cordon transversal à deux rangs

Taille du Cognassier

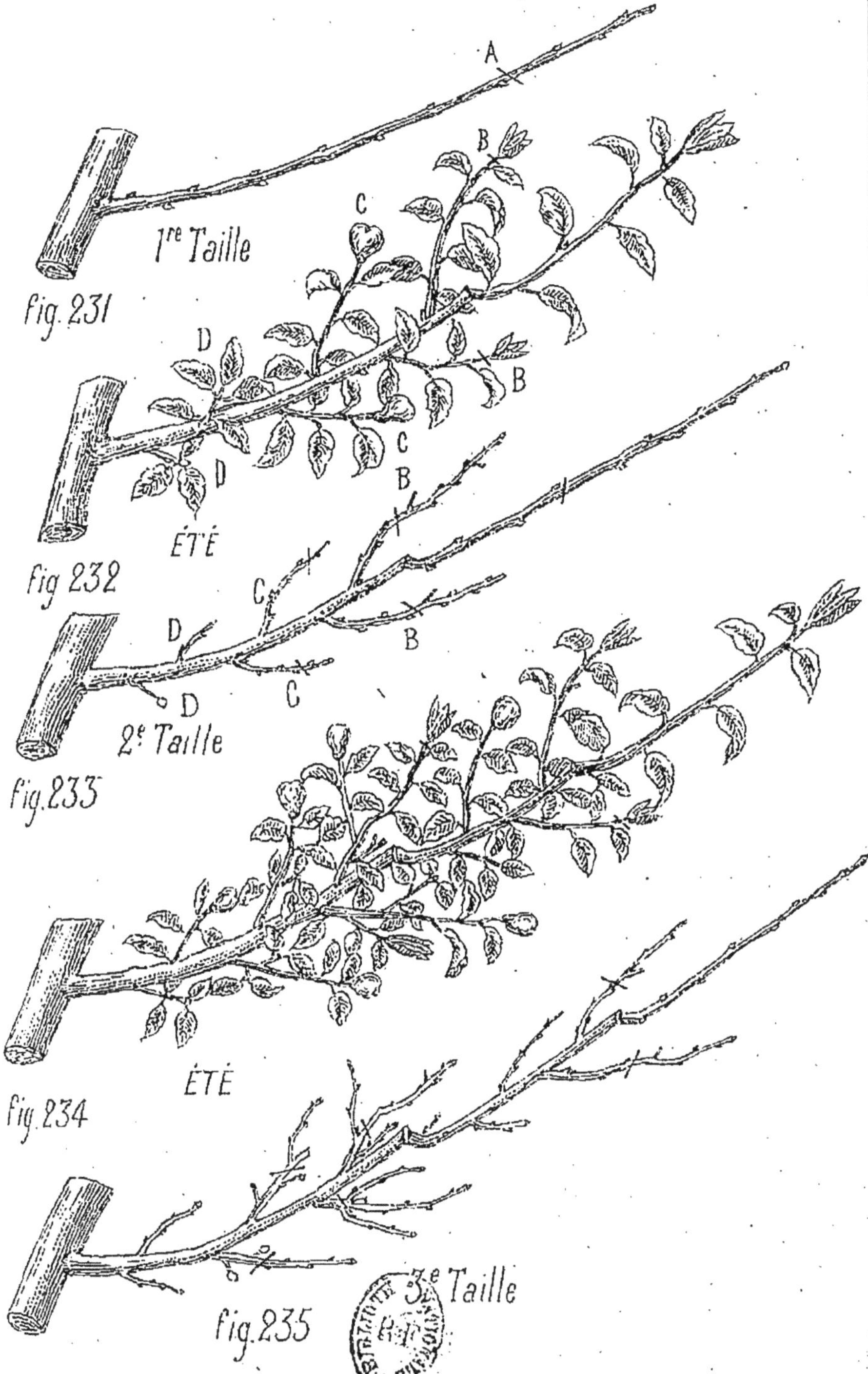

fig. 231

fig. 232

fig. 233

fig. 234

fig. 235

mes lois végétales (Ch. IX); nous ferons remarquer seulement que ses boutons sont un peu plus paresseux à s'ouvrir que ceux du Poirier, ce qui oblige à une taille plus courte, si on veut s'opposer au dégarnissement des branches charpentières.

Les variétés de Pommes sont plus nombreuses encore que celles de Poires ; on en compte plus de 3,000 ; mais les fruits de choix sont moins abondants que dans le Poirier. Voici les sortes de pommes qui nous paraissent réunir le plus de qualités :

NOMS DES VARIÉTÉS	Volume	QUALITÉ	Fertilité	MATURITÉ
Bagasson (de Salon)	moyen	assez bonne	suffisante	Juillet.
Borowitsky........	gros	bonne	très-fertile	Fin juillet.
Calville rouge d'été	moyen	id.	suffisante	Août.
Grand Alexandre..	très gros	id.	id.	Sept.-octob.
Calville rouge d'hivr	id.	id.	id.	Novemb. fév.
Reinette grise......	moyen	supérieure	id.	Nov. mars.
Reinette du Vigan .	id.	très bonne	id.	Déc. mars.
Calville blanc......	gros	supérieure	id.	Déc. mars.
Reinette du Canada blanche.........	id.	id.	id.	Janv. à mars.
Reinette du Canada grise............	moyen	id.	abondante	id.
Reinette franche...	id.	bonne	suffisante	id.
Pomme glacée.....	id.	id.	id.	id.
Fruits de luxe				
Petit Api..........	petit	ordinaire	abondante	Déc. à mai.
Belle Dubois.......	très gros	id.	suffisante	Hiver.
Ménagère..........	énorme	id.	insuffisante	id.

COGNASSIER (fig. 203)

Cet arbre, pour être vigoureux, demande les terrains gras et frais ; toutefois, pour en avoir des fruits colorés et parfumés, on doit le planter en sol calcaire et le mettre à l'exposition du midi ou à celle du couchant.

Le Cognassier est souvent employé comme porte-greffe du Poirier, pour permettre à celui-ci d'améliorer ses produits, et de faire vivre le sujet en terrain humide.

Le traitement de l'arbre, en ce qui concerne la charpente de la forme, est le même que ses congénères ; il ne change que pour les coursonnes fruitières, lesquelles ont un mode spécial de constitution : les boutons à fruit se présentent sur de faibles brindilles âgées d'un an, et les fleurs se montrent sur des bourgeons qui les épanouissent après s'être allongés de quelques centimètres.

BRANCHE CHARPENTIÈRE. PREMIÈRE TAILLE (fig. 231). — En supposant un rameau désigné à faire un membre de la forme du sujet, on le coupe au point A.

ÉTÉ (fig. 232). — Les productions latérales trop fortes, B, exigent le pincement, et les autres, C et D, sont conservées telles quelles. Il faut bien se garder d'épointer les bourgeons de vigueur moyenne, et encore moins ceux qui sont faibles, on ferait une récolte prématurée de coings, ces derniers étant fournis par les bourgeons terminaux.

DEUXIÈME TAILLE (fig. 233). — Sur le prolongement de la branche, on raccourcit la portion nécessaire pour l'émission de bons rameaux à fruit. Les ramifications pincées, B, sont rognées à la longueur de 0^{m},05 à 0^{m},08, et celles qui ont fructifié ou simplement fleuri sont rabaissées sur le premier bouton bien apparent placé au-dessous du point d'attache de la fleur ou du fruit.

Été (fig. 234). On réitère le pincement aux bourgeons spéciaux pour recevoir cette opération ; les rameaux de la première division de la branche-mère sont conservés intacts, et ceux dont la fructification aurait avorté ou coulé reçoivent une taille en vert sur leurs brindilles les plus inférieures.

Troisième année (fig. 235). — Le terminal de la branche charpentière, ainsi que les rameaux à fruit de la deuxième section, sont opérés comme à la précédente taille. Quant aux coursonnes fruitières de la première division, on les rabat sur leurs productions les plus basses, et celles-ci sont raccourcies, à leur tour, sur deux ou trois bons boutons, si leur longueur est trop grande, et laissées intactes, si elles sont faibles.

Le Cognassier cultivé dans le Verger (Ch. XII) est soumis exactement aux soins exposés pour la conduite particulière à ce genre de plantation.

Parmi les variétés de Coings, on adopte de préférence :

Le *C. Poire,* fruit moyen, bon, très-fertile ; mûrit en automne.

Le *C. Pomme,* fruit moyen, bon, très fertile ; mûrit en automne.

Le *C. de Portugal,* fruit gros, de qualité ordinaire, assez fertile ; mûrit en automne.

Et le *C. de la Chine,* fruit de luxe, énorme, très odorant, mais à chair grossière ; il se conserve très longtemps.

Sorbier (fig. 204)

Le Sorbier ou Cormier demande les mêmes conditions atmosphériques et terrestres que le Poirier. Il se reproduit par le semis et par le greffage ; le premier procédé fournit des sujets rustiques, mais d'une croissance lente ; aussi, on préfère ordinairement le second moyen.

On peut greffer l'arbre sur *Franc*, sur *Aubépine* et sur *Néflier commun*. Ensuite, après sa transformation, on règle son traitement sur celui des autres espèces fruitières à pépins.

La Sorbe ou Corme ressemble à une petite poire jaune d'un côté et rouge de l'autre ; elle n'est mangeable que lorsqu'elle est devenue *blette* (Ch. XIX).

Les variétés cultivables sont :

La *Piriforme*, fruit moyen, de qualité fine, assez fertile; mûrit en automne.

La *Ronde*, fruit moyen, de qualité fine, assez fertile; mûrit en automne.

Et celle à *Gros fruit* (d'Espagne), fruit gros, de bonne qualité, assez fertile.

Culture des Arbres Fruitiers, en pots

Un des meilleurs moyens de populariser l'arboriculture serait, à notre avis, de la rendre possible même à ceux qui ne possèdent pas de champs, et l'on aiderait, sans doute, à cet heureux résultat si, à l'exemple de la Floriculture, on pouvait créer des *jardins fruitiers de fenêtre, de balcon* ou *de terrasse*.

Pour réussir ce genre de culture fruitière, on installe, sur l'emplacement à occuper, ou des vases ou des caisses larges de 30 à 40 centimètres et d'une hauteur de 30 centimètres; on les remplit de terre franche nutritive ; puis, en temps opportun (p. 80), on y plante les sujets les plus avantageux, tels que des Poiriers greffés sur Cognassiers ; des Pruniers, sur Myrobolan ; des Cerisiers, sur Sainte-Lucie ; des Abricotiers et des Pêchers, sur Prunelier épineux; des Groseilliers, des Framboisiers, etc.

La vigne également accepte de vivre dans ce milieu, à l'état franc de pied et surtout greffée sur Rupestris commun ou sur Solonis de semis (Ch. XV).

Chaque sorte d'arbre ou d'arbuste sera mis à l'exposition qu'exige son tempérammment, afin de le rapprocher, autant que faire se peut, de ses conditions naturelles (Ch. VI, p. 78).

On donnera aux sujets les formes en Cône (p. 106), en Gobelet (p. 111), ou en Palmette (p. 113); mais avec des dimensions plus restreintes que celles établies en pleine terre.

Les soins d'entretien consistent en des arrosages et des bassinages ; les premiers commencent à la reprise de la végétation et se terminent à la chute des feuilles ; ils doivent être modérés, pour ne pas faire pourrir les racines. On se sert, au commencement, d'engrais liquides, de purin allongé de dix fois son volume d'eau, de crottin de mouton dissout à l'état de bouillie, etc.; ensuite on a recours à l'eau pure ; un intervalle d'une semaine est nécessaire entre chaque irrigation, que l'on donne le soir plutôt que le matin.

Quant aux bassinages, on les pratique surtout au moment des fortes chaleurs, afin d'atténuer la trop grande transpiration par les feuilles, et, en même temps, pour favoriser la grosseur et la beauté des fruits, si on a soin d'ajouter, par litre d'eau, quelques grammes de sulfate de fer.

Tous les ans, à la fin de l'automne, on dépote, pour s'assurer de l'état des racines, et celles qui *volutent* sont raccourcies au point où elles dévient de leurs directions normales ; on change la terre, si elle paraît épuisée et on la remplace par une égale quantité de terreau.

Il n'est pas d'occupation plus attrayante que cette éducation arborée et arbustive, laquelle a le mérite, même sur les plantes florales, de donner, en plus, un produit qui satisfait à la fois la vue, l'odorat et le palais.

CHAPITRE XI

Arbres à Fruits à noyaux

Les principales espèces fruitières à noyaux sont : le *Prunier*, le *Cerisier*, l'*Abricotier*, le *Pêcher*, l'*Amandier*, l'*Olivier* et le *Jujubier*.

La végétation et la fructification de ces arbres, comparées à celles des sujets à pépins, présentent les modifications suivantes :

1° En général, ces arbres sont vigoureux et exigent des tailles longues, pour utiliser l'excès de sève, au profit de la fructification.

2° Les productions fruitières se mettent facilement à fruit. Ainsi, dans l'Abricotier, le Pêcher et l'Amandier, les boutons à fleurs se montrent sur le bois de l'année précédente, et, dans le Cerisier et le Prunier, sur le bois de deux ans.

3° Les boutons ne changent pas de nature ; ceux qui sont à fleurs ou à fruit restent à fruit, et ceux qui sont à bois restent à bois.

4° Les productions qui ne poussent pas l'année qui suit leur formation sont annulées pour toujours.

5° Le vieux bois ne recèle pas de boutons adventices, ce qui s'oppose au rajeunissement des arbres ; il faut en excepter cependant l'Abricotier et le Pêcher franc de pied, c'est-à-dire issu de semis.

6° Les rameaux à fruit ne rapportent qu'une seule fois au même point ; on doit donc aviser au moyen de les remplacer.

7° Le fruit le plus assuré est celui qui est accompagné d'un bourgeon à bois, qui lui sert comme de nourrice.

8° D'après M. Forney, les prunes à noyaux arrondis (Reine-Claude), reproduisent la variété sans modification sensible.

9° Les amputations doivent être exécutées sur le jeune bois, d'un an ou de deux ans au plus; sur les branches plus anciennes, souvent la végétation s'éteint, ou l'on provoque la maladie de la gomme (Ch. XVI). Parfois on obtient de bons résultats en coupant en pleine végétation.

PRUNIER

Cet arbre aime les terres légères et fraîches; il se plaît également dans celles qui sont calcaires et argilo-calcaires, pourvu que la sécheresse ne s'y fasse pas trop sentir.

Communément, on plante le Prunier dans un milieu froid; il vaut mieux le mettre à une exposition chaude, le sujet y perd peut-être en vigueur, mais ses fruits sont plus colorés et surtout plus sucrés. A défaut, on le place dans une situation aérée, ou le long d'un cours d'eau.

La greffe sur *franc* est la meilleure pour le sujet à haute tige; après vient celui greffé sur *Damas*; ceux greffés sur *Saint-Julien* sont préférables pour les formes de jardin; ils craignent moins la gomme que les autres, et ils rapportent les plus grosses prunes.

Quant aux sujets sur *Myrobolan*, ce sont les plus robustes et les plus durables; en outre, ils ont le mérite de ne pas émettre de drageon.

Pour obtenir des prunes de choix et en prolonger le plus possible la récolte, on adopte les variétés suivantes;

Fruits pour être consommés à l'état frais

Damas de Provence (St-Jean), fruit petit, de qualité ordinaire, assez fertile; mûrit fin juin.

De Montfort, fruit moyen, de bonne qualité, assez fertile ; mûrit en juillet.

Monsieur hâtif, fruit assez gros, d'excellente qualité, assez fertile ; mûrit fin juillet.

Kisley, fruit très gros, de bonne qualité, très fertile ; mûrit en août.

Reine-Claude verte, fruit moyen, de qualité supérieure, peu fertile ; mûrit en août et septembre.

Jefferson, fruit gros, de bonne qualité, assez fertile ; mûrit en août et septembre.

Reine-Claude de Bavay, fruit moyen, d'excellente qualité, fertile ; mûrit en septembre.

Coës golden drop, fruit gros, de bonne qualité, fertile ; mûrit en septembre.

Kirkès, fruit gros, de bonne qualité, fertile ; mûrit en septembre.

Saint-Martin, fruit petit, de qualité ordinaire, fertile ; mûrit en novembre.

Fruits pour Pruneaux

Robe de Sergent (*d'Agen*), fruit moyen, de bonne qualité, fertile ; mûrit en septembre et octobre.

Sainte-Catherine, fruit gros, de qualité ordinaire, assez fertile ; mûrit en septembre et octobre.

Quoique la conduite du Prunier soit facile, nous croyons utile d'indiquer, en quelques mots, le traitement que réclament sa branche charpentière et ses branches fruitières.

Première année (fig. 240). — Nous prenons pour exemple, comme dans le poirier, un rameau de vigueur moyenne auquel on supprime un tiers environ de son développement, au point C.

Été (fig. 241). — On contraint, par des pincements successifs, les bourgeons trop vigoureux, D D, en les arrêtant une première fois à trois ou quatre bonnes feuilles, et, les autres fois, à deux ou trois feuilles.

Deuxième année (fig. 242). — A la deuxième taille, le prolongement de la branche charpentière est raccourci encore, aux deux tiers de sa longueur. Les rameaux D D, qui ont reçu le pincement, sont taillés au-dessus des trois ou quatre boutons de la base. Les autres productions de la branche-mère, pour la plupart terminées par un groupe de boutons à fruit, sont laissées entières.

Été (fig. 243). — Les opérations en vert, applicables après la deuxième taille, se réduisent à pincer plus ou moins longs les nouveaux bourgeons à bois, suivant qu'ils sont directement attachés sur le corps de la branche de charpente, ou qu'ils prennent naissance sur un rameau à fruit, ainsi que l'indiquent les lettres E et F. Quant aux bouquets de mai de la partie inférieure de la branche, ils s'épanouissent, et du bouton à bois qu'ils portent dans leur sein, sort ordinairement une production faible que l'on conserve intacte ; dans le cas où ce bourgeon se développerait vigoureusement, on ralentirait sa force en le rognant au-dessus de quelques feuilles seulement, au point G.

Troisième année (fig. 244). — Cette taille est opérée comme la deuxième ; elle n'en diffère que par le traitement des productions fruitières de la première section de la branche-mère, que l'on débarrasse de leurs pousses ligneuses. Les coursonnes qui ont fructifié et qui, en même temps, ont donné naissance à des rameaux vigoureux, sont raccourcis au-dessus de leurs boutons à fleurs inférieurs.

Lorsque les branches fruitières sont définitivement constituées, on ne leur garde que deux ou trois bouquets de mai, au plus, afin de leur conserver toujours une force convenable ; ensuite, quand elles se dégarnissent, on les régénère par de logiques rapprochements (p. 33).

Cerisier

Cet arbre, joli et rustique tout à la fois, vient dans les sols les plus communs et aux plus mauvaises expositions ; il ne se refuse à vivre que dans les terrains trop compactes ou trop humides. A cause de la délicatesse de ses fruits et de la fragilité de son bois, on doit éviter aussi de l'exposer à la fureur des vents.

On distingue cinq espèces de Cerisiers : le *Cerisier* proprement dit, le *Merisier*, le *Guignier*, le *Bigarreautier* et le *Griottier*.

Le *Cerisier* se forme une tête régulière, ramifiée et vigoureuse ; son bois est ferme, et son fruit de grosseur variable, longuement pédonculé, par trochets, coloré de rouge pâle, à chair fondante, sucrée et légèrement acidulée ; le sujet préfère les sols alluvionnaires.

Le *Merisier* pousse élancé ; il est robuste ; son fruit est ou rouge, ou noir ou presque blanc, d'une saveur peu agréable, avec un gros noyau adhérent à la chair ; on en obtient le ratafia de cerises, le marasquin et le kirch-wasser. Le sujet s'accorde avec les terrains légers.

Le *Guignier* est d'une force ordinaire, sa forme ressemble à celle du cerisier ; son fruit, plus large en haut qu'en bas, a la chair juteuse, molle et fade.

Le *Bigarreautier* est très vigoureux ; son bois est divergent ; son fruit, gros ou très gros, cordiforme, sillonné d'un côté, à chair croquante et peu savoureuse.

Le *Griottier* est de vigueur moyenne, à ramifications grêles et pendantes ; son fruit est arrondi-sphérique, à peau rouge foncé, luisante, et à chair d'un rouge vineux et acide.

Les cerisiers greffés sur *Sainte-Lucie* ou *Mahaleb* doivent être préférés pour les formes spéciales au jardin d'amateur (Ch. VI), et dans les terrains calcaires ; tandis que ceux greffés sur Merisiers valent mieux pour les formes particulières au verger (Ch. XII).

Les variétés de cerises les plus estimées sont :

Hâtive de Bâle, fruit moyen, de qualité ordinaire, assez fertile ; mûrit au milieu de mai.

Impératrice Eugénie, fruit gros, de bonne qualité, très fertile ; mûrit fin mai.

Bigarreau de Mézel, fruit gros, d'excellente qualité, fertile ; mûrit en juin.

May Duck, fruit gros, de bonne qualité, fertile ; mûrit en juin.

Montmorency à courte queue, fruit gros, d'excellente qualité, fertile ; mûrit en juin.

Bigarreau Napoléon, fruit gros, de bonne qualité, très fertile ; mûrit en juin.

Belle (de Magnifique), fruit gros, d'excellente qualité, fertile ; mûrit en juin.

Griotte de Portugal, fruit gros, de bonne qualité, très fertile ; mûrit en juin.

Morello de Charmeux, fruit gros, de bonne qualité, fertile ; mûrit en juillet.

La direction du Cerisier est identique à celle du Prunier. Ainsi le bourgeon ligneux, pour devenir fructifère (fig. 245), demande un ou plusieurs pincements, suivant sa force. Ensuite, en hiver, on le coupe sur son troisième ou quatrième bouton (fig. 246).

Dans le courant de la deuxième année, s'il sort d'autres pousses à bois, on les repince court (fig. 247) ; puis, à la deuxième taille, on restreint la branche à fruit sur ses bouquets de mai (fig. 248).

Ensuite, les futurs soins consistent à entretenir la coursonne fruitière dans un état favorable à l'obtention des cerises (fig. 249); on facilite ce résultat en concentrant la végétation près du membre de la charpente de l'arbre, et en substituant de bonnes ramifications à celles qui sont épuisées.

Abricotier

Cette espèce fruitière peut vivre dans différents sols, mais le plus avantageux est celui de nature chaude, perméable et calcaire.

A cause de sa hâtive floraison, l'Abricotier est souvent rendu infertile par les gelées printanières ; il semblerait alors que sa place la plus favorable devrait être l'espalier ; seulement, les fruits venus contre un mur trop insolé, sont beaux, il est vrai, mais ils sont dépourvus de saveur.

Les variétés d'abricots les plus recommandables sont :

A. Précoce (de Boulbon), fruit gros, de qualité ordinaire, assez fertile ; mûrit au milieu de juin.

A. Muscat (de Provence), fruit assez gros, d'excellente qualité, très fertile ; mûrit en juillet.

A. Royal, fruit gros, de bonne qualité, asssez fertile ; mûrit en juillet.

A. Luizet, fruit assez gros, d'excellente qualité, assez fertile ; mûrit en juillet.

A. Pêche, fruit très-gros, de qualité supérieure, très fertile ; mûrit en juillet.

Fruits à confire

A. Rouge pointu (de Roquevaire), fruit gros, de qualité ordinaire, assez fertile ; mûrit fin juin.

Planche XXI. Chapitre XI

Taille des Arbres à fruits à noyaux

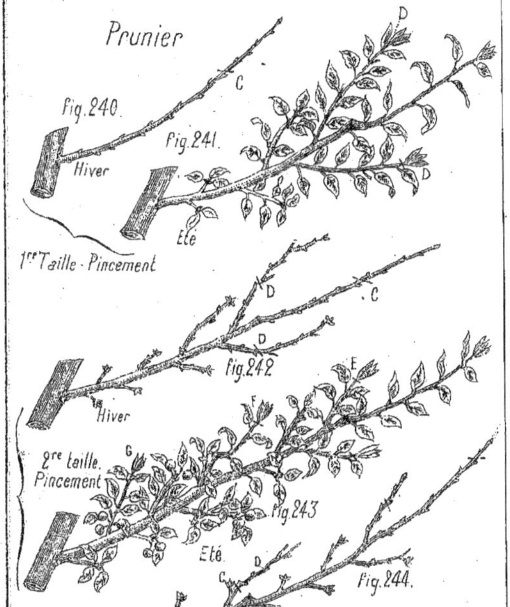

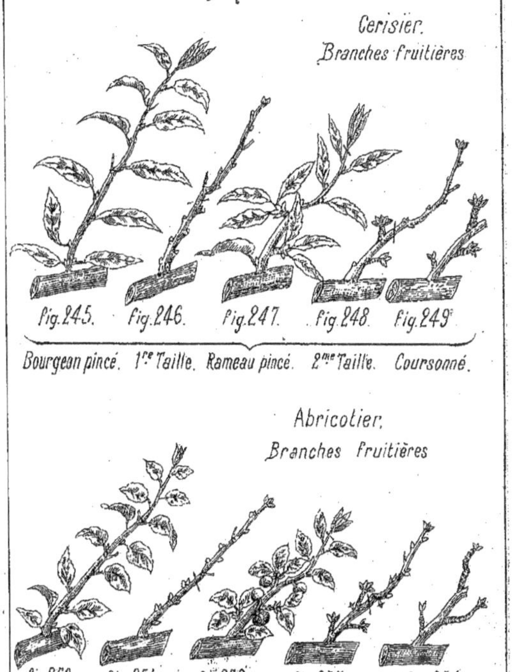

A. Pouman blanc, fruit moyen, de qualité ordinaire, assez fertile ; mûrit en juillet.

A. Rosé (de Caromb), fruit assez gros, de qualité supérieure, assez fertile ; mûrit en juillet.

L'Abricotier sur *franc* prend de fortes proportions, surtout dans les terres riches ; le sujet sur *Prunier* convient aux sols frais ou irrigués, et celui sur Aman ier préfère les terrains profonds quoique secs ; ce dernier arbre est celui qui donne les abricots les plus parfaits ; seulement, la greffe manque de solidité, par suite du bourrelet qu'elle produit à son point de jonction sur le sujet ; on évite cet inconvénient, en opérant sur celui-ci des incisions longitudinales (p. 36).

Ce que nous avons dit du Prunier et du Cerisier, relativement à la formation de la charpente et au traitement des rameaux à fruit, s'applique également à l'Abricotier.

Après avoir fait choix des bourgeons utiles à la forme de l'arbre, on pince les autres bourgeons vigoureux, au-dessus de cinq ou six bonnes feuilles (fig. 250).

L'hiver suivant, on taille le rameau pincé de façon à lui conserver quatre ou cinq boutons à fruit (fig. 251).

Dans certaines variétés où les boutons à fleurs se montrent de préférence sur les pousses anticipées, on pince plus court, et on laisse intactes ces ramifications, si elles ne dépassent pas $0^m,15$ de longueur.

Au printemps suivant (fig. 252), on épointe les bourgeons à bois, du rameau à fruit, à trois ou quatre bonnes feuilles, pour bien constituer les productions de la base et faire grossir les abricots. Si la coursonne est faible, ou surchargée de fruits, ceux-ci sont éclaircis et même tous enlevés, pour favoriser le développement du bois.

Dans le courant du deuxième hiver (fig, 253), la branche fruitière est rabattue sur ses boutons à fleurs ou sur ses bouquets de mai les plus inférieurs. Ce mode de taille est ensuite répété jusqu'à l'épuisement complet de la coursonne (fig. 254).

PÊCHER

Le Pêcher est le plus délicat des arbres à noyaux ; pour se bien comporter, il exige des soins nombreux et incessants, et les endroits privilégiés du jardin fruitier ; sa place véritable est l'espalier à l'exposition du levant ou à celle du couchant.

Livré à lui-même, cet arbre vit, d'habitude, peu de temps, cinq ou six ans au plus, parce que la sève, mieux encore que chez la plupart des autres espèces fruitières, abandonne le bas des branches pour porter son action sur leurs extrémités, dernière étape de la vie dans le sujet.

Le Pêcher préfère un terrain souple, substantiel et frais. Greffé sur *franc*, il demande un sol léger et calcaire ; sur *Prunier*, il se plaît en terrain argileux et humide ; sur *Amandier*, il préfère le sol sec, mais profond ; sur *Abricotier*, il aime la terre franche ; enfin, sur *Prunellier*, on peut le placer dans les plus mauvais sols ; mais alors, le sujet reste à l'état nain, ce qui permet aussi de le cultiver en pot.

On classe les fruits du Pêcher en quatre groupes : 1° la *Pêche*, proprement dite, dont le fruit est duveteux, la chair fondante et non adhérente à la peau et au noyau ; 2° la *Pavie* ou *Alberge*, dont le fruit est duveteux, la chair ferme, cassante et adhérente à la peau et au noyau ; 3° la *Nectarine*, dont le fruit est lisse, la chair fondante et non collée à la peau et au noyau, et 4° le *Brugnon*, dont le fruit est lisse, la chair ferme, fibreuse et collée au noyau.

Parmi ces diverses sortes de Pêches, les plus recommandables sont :

Amsden June, fruit moyen, de qualité assez bonne, très fertile ; mûrit fin juin.

Alexander, fruit assez gros, de bonne qualité, fertile ; mûrit en juillet.

Wilder, fruit assez gros, de bonne qualité, fertile ; mûrit en juillet.

[1] * *Madeleine de Courson*, fruit moyen, d'excellente qualité, très fertile ; mûrit en août.

Baron Dufour, fruit gros, de bonne qualité, fertile ; mûrit en août.

Grosse mignone hâtive, fruit gros, de qualité supérieure, fertile ; mûrit en août.

Violette hâtive, fruit moyen, d'excellente qualité, fertile ; mûrit en août.

Brugnon lord Napier, fruit gros, d'excellente qualité, très fertile ; mûrit en août.

* *Bourdine*, fruit assez gros, de bonne qualité, très fertile ; mûrit en septembre.

Victoria (nectarine), fruit assez gros, de bonne qualité, très fertile ; mûrit en septembre.

* *Admirable jaune*, fruit très gros, de bonne qualité, fertile ; mûrit en septembre.

* *Pavie jaune*, fruit très gros, de qualité ordinaire, fertile ; murit en septembre.

Pourprée tardive, fruit gros, d'excellente qualité, fertile ; mûrit en octobre.

Tardive de Syrie, fruit gros, de bonne qualité, fertile ; mûrit fin octobre.

(1) Les variétés de Pêches marquées d'un astérisque, ainsi que celles de *Malte*, *Willermoz* et de *Féligny* se reproduisent, par la voie du semis, ordinairement avec leurs caractères particuliers.

De toutes les méthodes de traitement du Pêcher, celle avec *Palissage*, dite aussi à la *Montreuil* [1], est considérée comme la plus parfaite ; en effet, c'est celle qui favorise le mieux la fructification et qui assure le plus longtemps la vie de l'arbre.

Système a la Montreuil

Le sujet est mis en espalier et conduit en palmette Verrier (p. 113) ; on ne modifie la forme que pour l'intervalle à laisser entre les branches charpentières, lesquelles doivent être séparées de $0^m,50$ à $0^m,60$, au lieu de $0^m,25$ à $0^m,30$, comme dans les autres espèces fruitières. Les changements portent surtout sur la direction des coursonnes fruitières.

Première année (fig. 255). — Nous prendrons encore, à l'origine, un rameau destiné à faire un bras de l'arbre : la première taille consiste à le réduire aux deux tiers de sa longueur.

Lors du développement des boutons, on applique, sur ce rameau (fig. 256), quatre opérations : l'*Ebourgeonnement*, le *Pincement*, le *Palissage* et la *Taille en vert*.

L'*Ebourgeonnement* s'emploie sur les bourgeons mal placés ou trop nombreux sur le même empâtement, tels que ceux qui se présentent sur le *devant* ou sur le *derrière* de la branche-mère, ainsi qu'aux doubles ou aux triples ; on garde seulement ceux qui sont sur le *dessus* et sur le *dessous* et séparés d'environ $0^m,15$ les uns des autres, de façon à imiter, avec la branche qui les porte, une arête de poisson. Quand on éclaircit sur les parties favorisées par la

(1) Montreuil, ville des environs de Paris, où l'on s'occupe, presque exclusivement, de la culture du Pêcher, et où a pris naissance ce genre de taille, inventé, au siècle dernier, par Girardot, mousquetaire au service du roi Louis XIV. Depuis, cette méthode a été perfectionnée par les arboriculteurs Pépin, Malot, Lepère, Chevalier aîné, etc.

Planche XXII Chapitre XI.

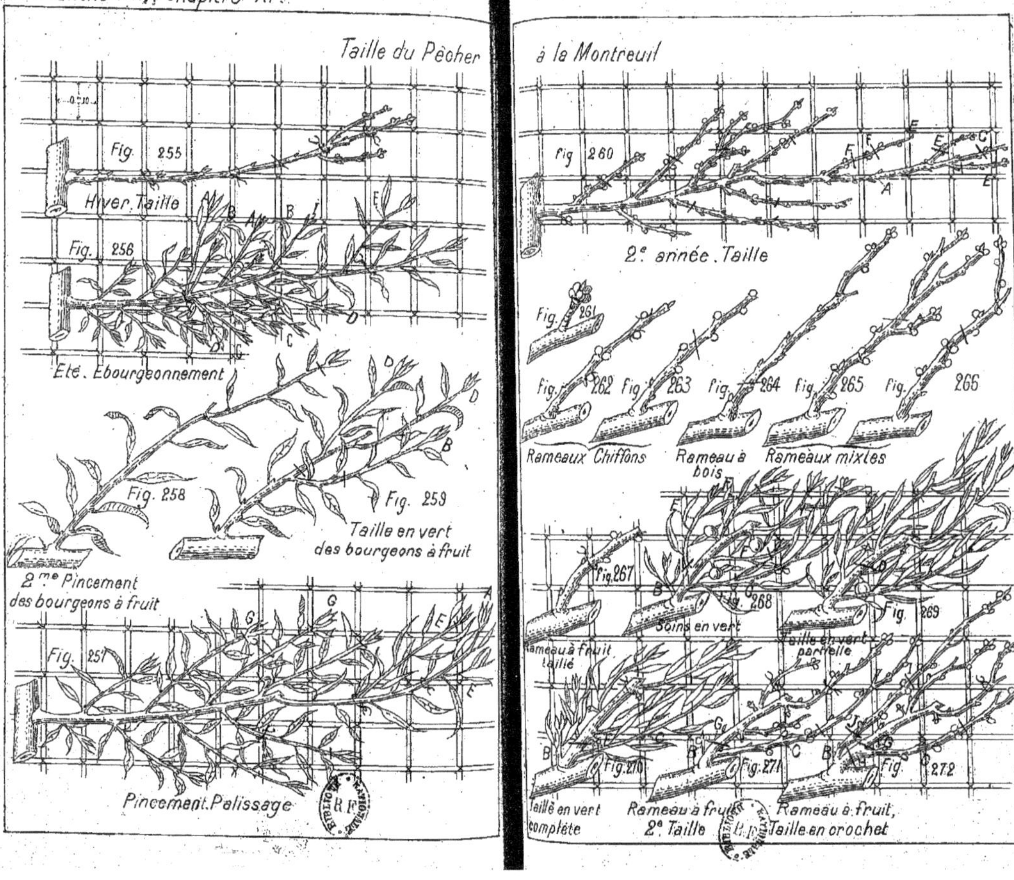
Taille du Pêcher à la Montreuil
Fig. 255
Hiver. Taille
Fig. 256
Eté. Ebourgeonnement
Fig. 258
Fig. 259
Taille en vert des bourgeons à fruit
2me Pincement des bourgeons à fruit
Fig. 257
Pincement. Palissage
Fig. 260
2e année. Taille
Fig. 261
Fig. 262
Fig. 263
Fig. 264
Fig. 265
Fig. 266
Rameaux Chiffons
Rameau à bois
Rameaux mixtes
Fig. 267
Rameau à fruit taillé
Fig. 268
Soins en vert
Fig. 269
Taille en vert partielle
Fig. 270
Taillé en vert complète
Fig. 271
Rameau à fruit 2e Taille
Fig. 272
Rameau à fruit, Taille en crochet

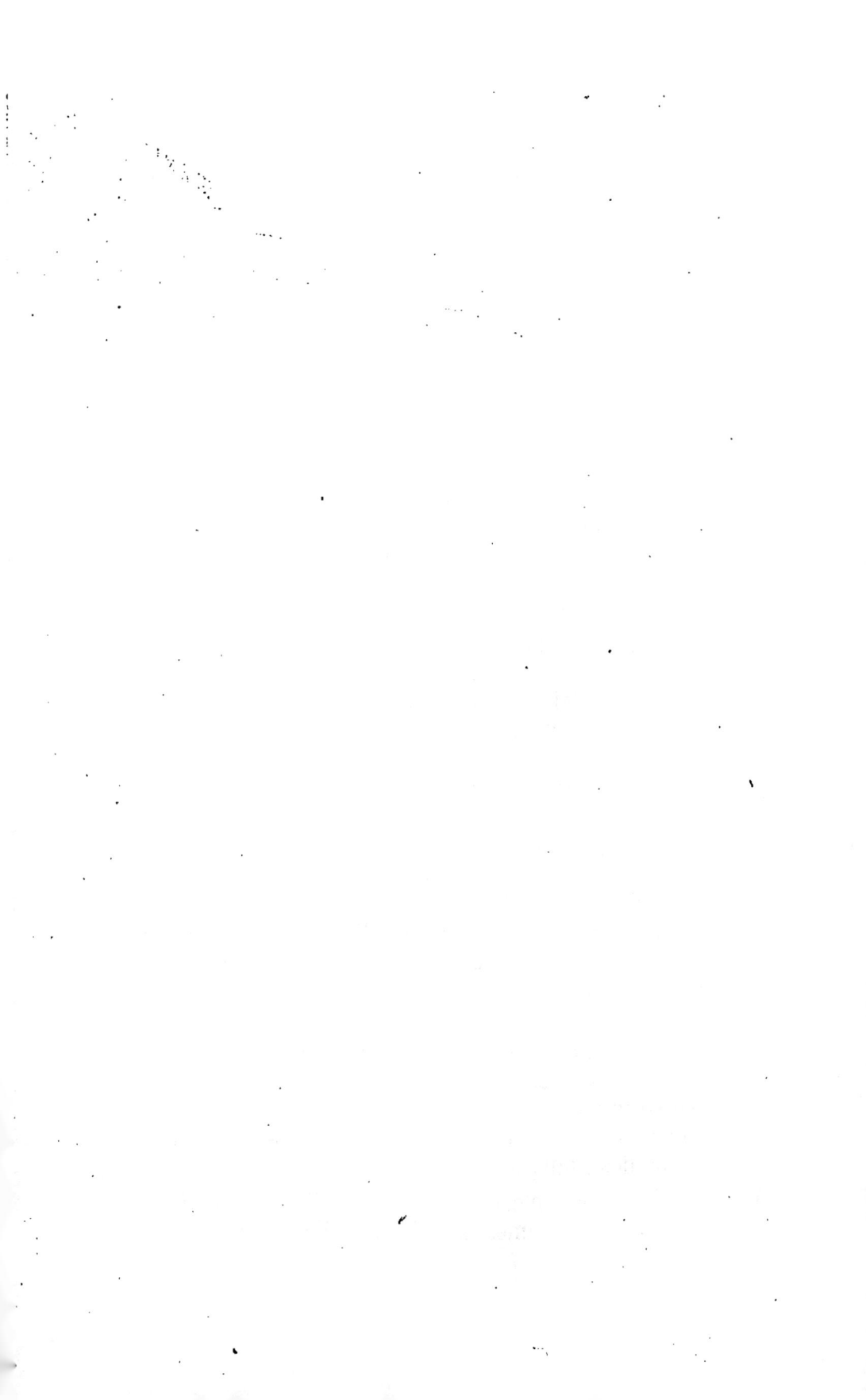

sève, on supprime les bourgeons forts, A, et on laisse les faibles, B ; sur les endroits négligés par la sève, on fait le contraire, on retranche les courts, C, et on garde les longs, D, afin de régulariser leur végétation.

Dans nos contrées méridionales, où l'ardeur trop grande des rayons solaires peut altérer l'écorce, il est nécessaire de respecter quelques-uns des bourgeons venus devant la branche, et de les courber lorsqu'ils ont acquis un certain développement ; ce moyen est préférable à celui qui consiste à se servir de planches ou de torsades de paille ou de jonc, lesquelles sont plutôt nuisibles qu'utiles, en servant de repaire aux insectes nuisibles au Pêcher (Ch. XVII).

Pincement (fig. 257). — Dès que les pousses réservées pour la fructification ont atteint une longueur d'environ 0m,30, on les pince au-dessus de huit ou dix feuilles, en G ; on épointe d'abord les bourgeons les plus vigoureux, puis ceux de force moyenne ; quant aux faibles, on les laisse intacts.

Palissage (fig. 257). — Aussitôt pincés, les bourgeons sont attachés après le treillage spécialement combiné à cet effet (p. 34). En inclinant les futurs rameaux à fruit on leur fait prendre une direction dans le sens de la branche charpentière et suivant l'angle de 45° ; cette opération doit imprimer aux bourgeons une courbe d'autant plus prononcée qu'ils sont plus vigoureux, on permet ainsi aux faibles d'acquérir la force qui leur manque pour égaler celle des autres.

On palisse également le bourgeon terminal de la branche charpentière, A (fig. 257), d'après les indications exposées pour l'établissement de la forme de l'arbre (p. 114). Quand ce prolongement émet des bourgeons anticipés, E, on les guide comme des bourgeons à fruit ordinaires.

Un seul pincement n'est pas toujours suffisant pour façonner les bourgeons en rameaux à fruit ; s'ils développent des bourgeons anticipés, ceux-ci sont écimés à 0m,15 environ de longueur, au-dessus de quatre ou cinq feuilles (fig. 258), et ensuite palissés dans la direction de leurs bourgeons normaux.

Taille en vert (fig. 259). — Lorsqu'à la suite d'un excès de sève, certains bourgeons à fruit, laissent sortir plusieurs bourgeons anticipés, B, D, D, on ne doit plus les pincer, dans la crainte de les multiplier, mais tailler, en raccourcissant sur le bourgeon latéral le mieux constitué et autant que possible le plus inférieur, B, lequel, à son tour, est réduit à quelques feuilles, s'il est trop long, et laissé entier, s'il est court.

Deuxième année (fig 260). — Avant de recourir à la deuxième taille de la branche charpentière, on débarrasse les différentes ramifications qu'elle porte, des liens qui les retiennent contre le treillage ; puis on coupe le prolongement A, au point C. Les rameaux anticipés, E, placés en contre-bas de la taille, sont rabattus au-dessus des deux boutons de leur base ; cependant, si parmi ces derniers rameaux, il s'en trouvait de bien conformés et assez éloignés du bouton de coupe, on pourrait les rogner sur deux boutons à fleurs, au point F.

Quant aux rameaux à fruit proprement dits, on les taille suivant leur constitution ; il y en a de quatre sortes : le *Rameau bouquet*, le *Rameau chiffon*, le *Rameau à bois* et le *Rameau mixte*.

Le *Rameau bouquet* (fig. 261) a beaucoup d'analogie avec la lambourde du Poirier (p. 92), seulement celle-ci est terminée par un seul bouton à fleur, tandis que celui-là en montre plusieurs, avec un bouton à bois au milieu ; cette production se laisse entière.

Le *Rameau chiffon* (fig. 262); est une ramification grêle et qui ne porte que des boutons à fleurs ; c'est un mauvais rameau à fruit ; parfois, il présente un bouton à bois terminal ; alors, on se dispense de le tailler, mais on lui éborgne (p. 35) la plupart de ses boutons à fleurs, pour ne pas le laisser s'épuiser. Dans le cas où le rameau ferait voir des boutons à bois à sa base (fig. 263), on le réduirait sur quelques boutons à fleurs. Enfin, si la ramification était mal aoûtée, on la remplacerait au moyen d'une greffe en *arc-boutant*, K, (p. 64), ou par le couchage d'un rameau, L, voisin de la dénudation (fig. 274).

Le *Rameau à bois* (fig. 264), est une pousse qui ne montre que des boutons à bois, excepté à son extrémité supérieure, où il existe quelquefois un ou deux boutons à fleurs; malgré ces derniers, on taille court, sur les deux boutons à bois les plus inférieurs ; dans ces conditions, il faut sacrifier le fruit dans l'intérêt du remplacement, point essentiel dans la conduite du Pêcher. Cependant, si l'arbre est jeune et très vigoureux, on peut conserver les boutons à fleurs du haut du rameau, et obtenir, en même temps, un bon bourgeon de réserve. Pour cela, on éborgne les boutons à bois compris entre les deux les plus inférieurs et les boutons à fruit ; puis, on courbe sévèrement le rameau, afin de concentrer la sève sur les boutons de la base, ceux du sommet étant toujours suffisamment alimentés pour mener à bien leurs pêches.

Les *Rameaux mixtes* (fig. 265 et 266) sont ceux qui sont garnis, à la fois, de boutons à fleurs et de boutons à bois ; ce sont les mieux conformés ; on les taille au-dessus du troisième ou quatrième bouton à fleurs, en moyenne ; si le rameau est fort, on le taille à cinq ou six boutons à fleurs, et s'il est ordinaire, à un ou deux boutons seulement ; on les enlève même tous, si le rameau est malade ; on ne respecte que les deux boutons à bois de la base, dans l'intérêt du remplacement.

Après leurs tailles, la branche charpentière et ses diverses productions fruitières sont soumises, de nouveau, au palissage, en ayant égard toujours à leur rôle et à leur position.

L'attachage que les Montreuillois apprécient le plus, est celui qui consiste à rogner les rameaux à fruits à la même longueur ; puis à les ployer de façon que leurs extrémités tronquées arrivent sur les coudes des rameaux suivants ; ensuite, à aligner et à espacer exactement tous les liens, pour que l'ensemble permette de distinguer trois lignes parfaitement parallèles.

Lors du retour de la feuillaison, on exécute, sur la deuxième portion de la branche charpentière, la même série des soins employés pendant l'année précédente ; on applique aussi les mêmes moyens à chaque rameau à fruit (fig. 267).

Par l'*Ebourgeonnement* (fig. 268), on dégage les coursonnes fruitières de tous leurs bourgeons qui n'accompagnent pas de pêche, comme E, à l'exception, bien entendu, des bourgeons de remplacement B et C ; cependant, si certaines pousses infertiles étaient nécessaires pour combler des vides, il serait bon d'en tirer parti.

Le *Pincement* est destiné aux bourgeons associés aux fruits, F ; on les arrête sur leur quatrième feuille ; ensuite, plus tard, on épointe les bourgeons de réserve, B et C, lorsqu'ils ont atteint la longueur ordinaire des bourgeons à fruit (p 137).

Avec le *Palissage* on fixe les bourgeons aux places les plus convenables pour tapisser le mur, et pour entretenir la santé de l'arbre.

Quand la branche à fruit porte trop de pêches, on en réduit le nombre, un fruit ou deux au plus sont suffisants par production fruitière.

Enfin, on exerce la *Taille en vert* (fig. 269 et 270) sur les coursonnes qui ont perdu tout ou partie de leurs pêches. Ainsi, dans la figure 269, où les fruits sont dans la portion inférieure du rameau, on coupe en D, et dans la figure 270, qui n'a plus de pêche, on rabat au-dessus des bourgeons de remplacement, au point E.

Troisième année. — On renouvelle le même dépalissage et la même taille sur le prolongement de la branche charpentière, et sur les rameaux à fruit de la deuxième section de la branche principale. Quant aux coursonnes de la première section, on leur fait subir leur deuxième taille.

La deuxième taille des rameaux à fruit (fig 271), consiste à enlever la portion qui a fructifié, juste au-dessus des ramifications de remplacement, au point G, et à raccourcir le rameau à fruit C, comme un rameau ordinaire, et l'autre, le bouquet de mai, B, est réservé pour l'année suivante.

Si les deux rameaux de remplacement sont vigoureux (fig. 272), on taille en *crochet*, c'est-à-dire qu'on coupe le haut, C, long, et le bas, B, court. Dans le cas où le plus élevé serait à bois, on rapprocherait la coursonne en H sur son rameau le plus inférieur, B, et ce dernier, on le taillerait en I ; enfin, si celui-ci était à bois encore, on le traiterait comme tel, en J, toujours dans le but d'assurer son renouvellement.

Lorsque le remplacement fait défaut, par suite d'une cause quelconque, on combine le traitement de la coursonne de façon à lui conserver deux ou trois boutons à fleurs bien placés, et, l'année d'après, on rajeunit la branche à fruit en la réduisant sur la ramification la plus près du talon.

Quand la production fruitière provient d'un rameau chiffon (fig. 273), on la coupe sur son rameau terminal, K, et à un ou deux boutons à fleurs, puis on palisse toute la coursonne, presque sur la branche charpentière même, suivant la ligne pointillée M, pour forcer la sortie d'un bourgeon de réserve ; mais si, contre toute attente, rien ne se développait, on la remplacerait par les moyens connus (p. 138-139).

Malgré les tailles courtes imposées aux coursonnes fruitières, celles-ci finissent quand même par acquérir trop d'extension ; on dissimule leurs longueurs disproportionnées (fig. 274), en faisant suivre leurs coursons, N, sur le corps de la branche-mère, pour les rendre moins disgracieux et pour faciliter leur remplacement.

Lorsque la branche charpentière est arrivée à sa limite extrême (fig. 275), au lieu de chercher à l'y maintenir, on traite son prolongement comme une simple coursonne fruitière. En hiver, on coupe son terminal à 0m,40 environ de longueur ; ensuite, au printemps, on pince tous les bourgeons qui s'y développent, à l'exception du plus inférieur, A, qu'on laisse pousser à sa guise. L'année suivante, on rabaisse la branche-mère sur ce rameau de remplacement, auquel on fait subir la même taille. Par ce moyen de renouvellement, la sève peut toujours donner cours à son action, et l'on prévient les épanchements gommeux que peuvent provoquer les coupes réitérées sur une surface trop restreinte.

Taille du Pêcher sans Palissage
(*Méthode Chartraine*)

Ce système, imaginé à Chartres, par un vrai praticien, Paul Gougis, s'accorde bien, sous notre climat méridional, avec la constitution du Pêcher, et autant pour la culture en plein champ que pour celle en espalier.

Les arbres, traités suivant cette méthode, sont plus faciles à soigner que ceux soumis au procédé Montreuillois, parce qu'il dispense du palissage des productions fruitières, travail long et compliqué.

La charpente du sujet est conduite encore d'après les mêmes principes (p. 113) ; la seule modification qui la différencie d'avec la méthode précédente, réside dans un intervalle moindre entre les branches-mères (0m,40 au lieu de 0m,60).

Planche XXIII Chapitre XI.

Taille du Pêcher à la Montreuil (Suite)

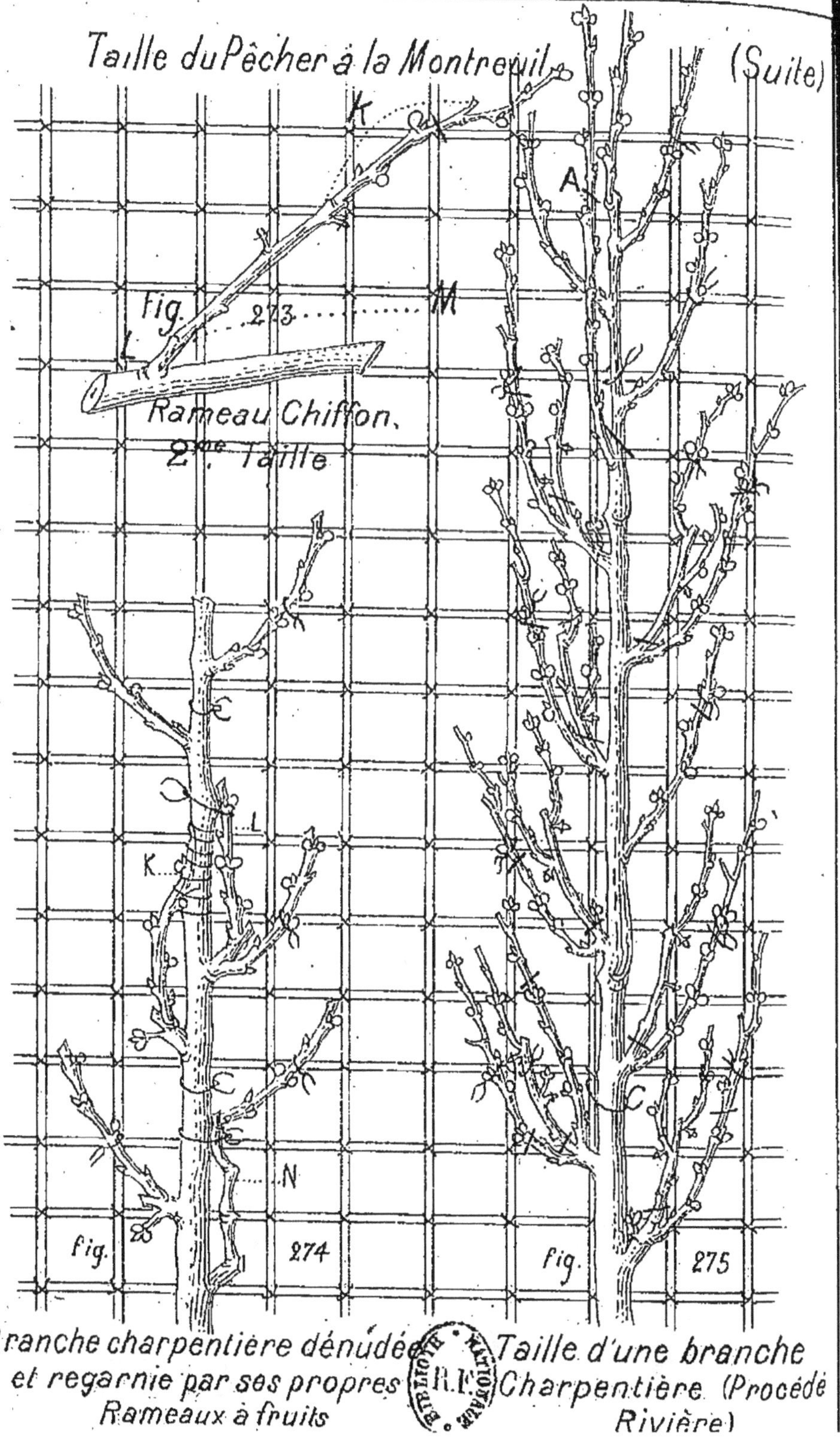

Branche charpentière dénudée et regarnie par ses propres Rameaux à fruits

Taille d'une branche Charpentière (Procédé Rivière)

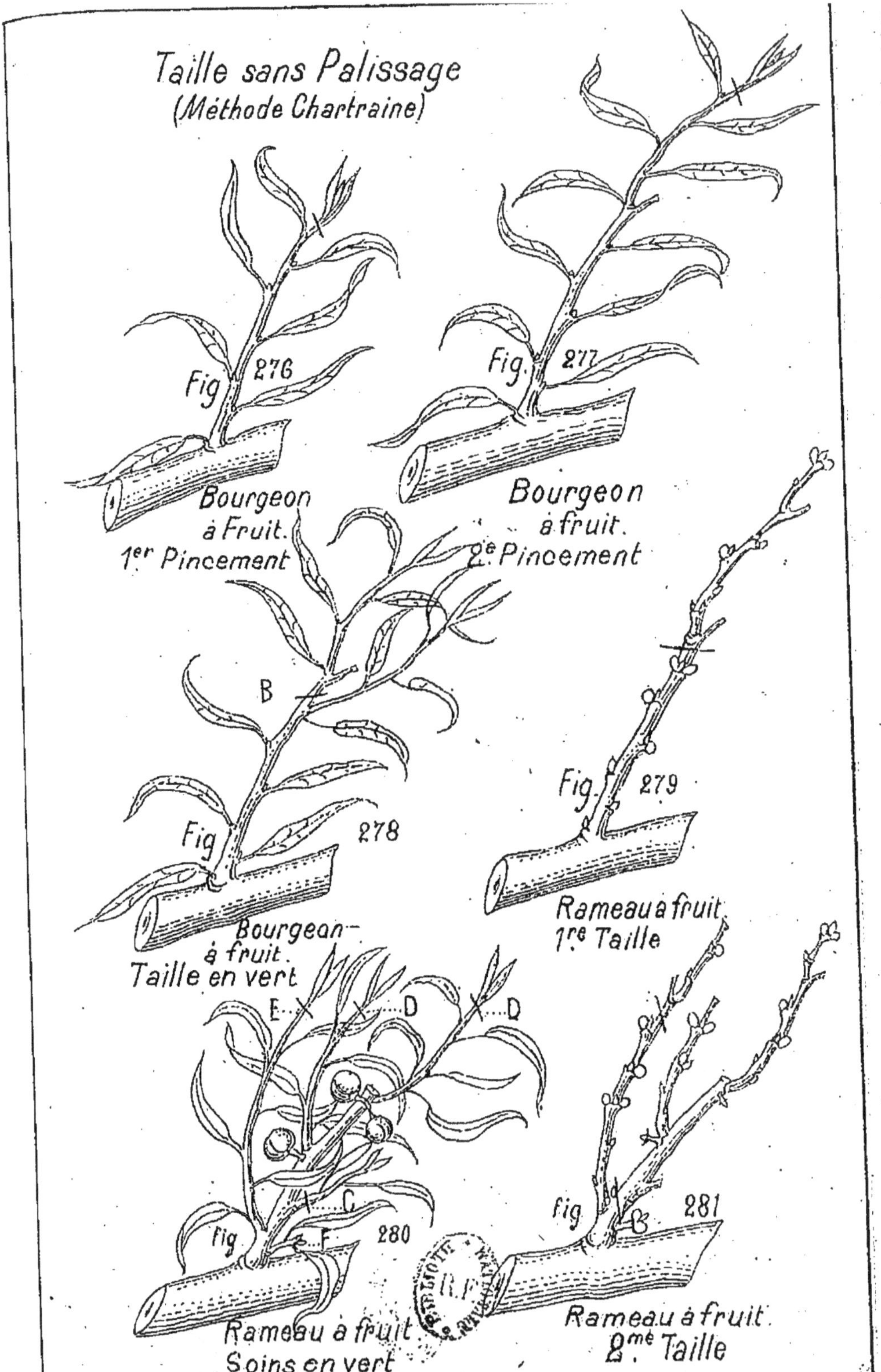
Taille sans Palissage
(Méthode Chartraine)
Fig. 276
Bourgeon
à Fruit.
1er Pincement
Fig. 277
Bourgeon
à fruit.
2e Pincement
B
Fig. 278
Bourgean
à fruit.
Taille en vert
Fig. 279
Rameau à fruit.
1re Taille
E
D
D
C
F
Fig. 280
Rameau à fruit.
Soins en vert
Fig. 281
Rameau à fruit.
2me Taille

Quant aux coursonnes fruitières, leur éducation peut se résumer dans les détails suivants :

Ebourgeonnement. — Après la première taille du rameau de charpente, et lorsque les bourgeons ont atteint la longueur d'environ 0m,10, on enlève parmi ceux qui doivent être conservés comme rameaux à fruit, les doubles et les triples ; on supprime également ceux qui se trouvent sur le derrière de la branche charpentière.

Pincement (fig. 276). — Les bourgeons réservés pour fournir la fructification doivent être arrêtés, une première fois, au-dessus de la cinquième ou sixième feuille, et les autres fois, à 0m,15 ou 0m,20 (fig. 177). Les bourgeons anticipés qui naissent sur le bourgeon d'élongation de la branche charpentière, sont épointés sur leur troisième ou quatrième feuille.

Taille en vert (fig. 278). — Tous les bourgeons trop vigoureux reçoivent, au mois de juin, la taille en vert qui les raccourcit sur leurs bourgeons les plus inférieurs, au point B. Ceux qui ne montrent qu'un seul bourgeon anticipé sont coupés à deux feuilles au-dessus du premier pincement.

En hiver, les rameaux pincés ou taillés en vert sont réduits au-dessus de leur troisième bouton à fleur (fig. 279). Les rameaux chiffons, à bois, et bouquets sont traités comme dans la précédente méthode.

En été, on exécute, sur le prolongement de la branche principale, et sur les bourgeons à fruit, les soins ci-devant indiqués pour les bourgeons de la première section. Sur les rameaux à fruit (fig. 280), on retranche le bourgeon C, pour ne laisser subsister que les bourgeons D, E et F, seuls nécessaires pour bien nourrir le fruit et assurer le remplacement de la coursonne. Ensuite, on épointe les bourgeons, D, au-dessus de trois ou quatre feuilles, et le bourgeon de réserve, E, au-dessus de cinq ou six feuilles.

Taille en vert. — On la pratique dans les cas prévus page 140.

Dans l'application de ces divers soins, on doit favoriser, autant que possible, la poussée des bourgeons vers le mur, afin que les productions se placent d'elles-mêmes à l'abri des accidents atmosphériques.

On taille les coursonnes fruitières (fig. 281), tout à fait comme dans le système Montreuillois (p. 141).

Lorsqu'on pourra juger des avantages de ce traitement, nous sommes convaincu que l'on regrettera toujours de ne pas y avoir accordé une place plus grande dans la plantation fruitière.

CHAPITRE XII

Création d'un Verger

La culture en Verger est celle qui apprend à obtenir et à élever les arbres fruitiers d'une manière simple, pratique et économique.

Pour atteindre ce but important, on commence par préparer la place des plantations, ainsi qu'il est dit aux articles *Pépinière* et *Jardin fruitier* (Ch. V et VI) ; puis, comme *Espèces* et *Variétés de fruits*, on borne son choix exclusivement aux plus rustiques et aux plus fécondes. Dans le genre Poirier, on trouve :

Doré Salonais (Doré bâtard), fruit petit, assez bon, très fertile ; mûrit fin juin.

Doyenné de Juillet, fruit petit, bon, fertile ; mûrit au commencement de juillet.

Gros blanquet (Cramoisine), fruit presque moyen, bon, d'une fertilité ordinaire ; mûrit en juillet.

Sucré vert, fruit petit, assez bon, très fertile ; mûrit en août.

Bergamotte d'été, fruit moyen, bon, fertile ; mûrit en août-septembre.

Louise bonne d'Avranches, fruit moyen, bon, fertile ; mûrit en septembre-octobre.

Beurré gris, fruit moyen, très-bon, fertile ; mûrit en octobre.

Suzette de Bavay, fruit petit, assez bon, sain, d'une fertilité suffisante ; mûrit en novembre.

Saint-Germain d'hiver, fruit moyen, bon, assez fertile; mûrit en décembre.

Virgouleuse, fruit assez gros, bon, fertile ; mûrit à la même époque que le précédent et se conserve jusqu'en février.

Bergamotte Espéren, fruit moyen, bon, assez fertile ; se garde jusqu'à la fin de l'hiver.

Il faut y ajouter également les variétés de *Poires à cuire* mentionnées à la page 105.

Au nombre des Pommes, on indique :

Bagasson (Reynaud, de Salon), fruit moyen, de qualité ordinaire, d'une fertilité commune ; mûrit au commencement de juillet.

Calville rouge d'été, fruit moyen, bon, assez fertile ; mûrit fin juillet.

Fenouillet gris, fruit petit, bon, assez fertile ; mûrit en automne.

Calville blanc, fruit gros, excellent, fertile ; mûrit au commencement de l'hiver.

Calville rouge d'hiver, fruit moyen, bon, assez fertile ; mûrit en hiver.

Reinette grise, fruit moyen, excellent, fertile ; mûrit en hiver.

Valréasse, fruit moyen, bon, très fertile ; mûrit en hiver.

Jean-Gaillard, fruit assez gros, bon, assez fertile ; mûrit en hiver.

Pomme glacée, fruit moyen, bon, assez fertile ; se conserve jusqu'au printemps.

Caroli, fruit petit, de qualité ordinaire, mais rarement altéré par les insectes, fertile ; de longue garde.

Bouque-Preuve, fruit petit, assez bon, très fertile ; se conserve jusqu'à la fin du printemps.

Couchine, fruit petit, de qualité commune, très productif ; de longue garde.

Les sortes de Coings et de Sorbes recommandées à leur Chapitre spécial, pages 123 et 124, sont celles aussi qu'il faut accepter pour un Verger.

On en agit de même également pour les variétés de Prunes, Cerises, Abricots et Pêches (pages 127, 131, 132 et 135).

L'éducation des plants obtenus de semis ou de boutures est semblable à celle des sujets de la Pépinière pour jardin fruitier, avec cette modification que l'on réserve entre eux un plus grand intervalle (de 0m,50 à 0m,60 en tous sens), à cause des dimensions plus développées que les arbres sont appelés à prendre, en attendant leur mise en place définitive.

Le greffage des sujets peut s'exécuter en *pied* ou en *tête*, c'est-à-dire rez-terre, ou de 1m à 1m,50 au-dessus du sol ; dans le premier cas, on opère dans le courant de l'automne qui suit le repiquage des plants, et, dans l'autre cas, on n'a recours à la transformation qu'à la troisième ou à la quatrième année de pépinière.

Pour constituer un arbre à haute-tige (fig. 290), on rabat, la deuxième année de sa reproduction, le jet premier, d'habitude coudé et noueux, à quelques centimètres de son collet, afin de le remplacer par un tronc plus droit et plus lisse, c'est-à-dire mieux favorable à la libre circulation de la sève.

Dans le courant du premier été qui suit cette préparation, on ne laisse subsister, parmi les nombreux bourgeons qui se développent, que celui dont les dispositions paraissent les meilleures pour former la tige définitive.

Lors du deuxième hiver (fig. 291), le rameau réservé

pour devenir le support de la tête de l'arbre, est laissé tel que, s'il est fort et trapu ; à défaut, on le raccourcit plus ou moins, pour mettre sa longueur en rapport avec sa grosseur ; ordinairement on le réduit d'un tiers et sur un bouton bien placé (p. 107).

Pendant la future végétation, on favorise la nouvelle élongation de la tige, en pinçant court les bourgeons latéraux trop vigoureux et dont la liberté de pousser aurait l'inconvénient de faire dévier la sève de sa vraie direction.

L'hiver suivant, on retranche encore une certaine portion de la flèche, si la conformation de la tige l'exige ; puis, on coupe à l'empâtement les rameaux pincés (fig. 292).

A la fin de l'été ou au printemps suivant, si le tronc est arrivé à la longueur voulue pour constituer la forme de l'arbre (fig. 292), on le greffe de $0^m,15$ à $0^m,20$ en contre-bas de ce point (p. 56). Après, on enlève les ramifications inutiles et contraintes par le pincement ; les autres, dards ou lambourdes, sont toujours maintenues ; parfois, elles fructifient et donnent de très beaux fruits, sans gêner la charpente de la forme.

Quand la greffe a repris (fig. 294), on ne conserve que son meilleur bourgeon ; les autres sont pincés court et même supprimés, suivant l'état de la végétation ; après la chute des feuilles, l'arbre est apte à être placé dans un Verger.

Au lieu de transformer le sujet, en Pépinière, on peut également le mettre en place à demeure, à l'état de sauvageon ; alors, on le choisit à peu près de la grosseur d'un manche à balai ordinaire, et, aussitôt planté, on coupe sa tige à la hauteur voulue pour construire la charpente (p. 88) ; puis on enlève toutes ses ramifications latérales à trop fort empâtement.

Les arbres du Verger doivent être régulièrement espacés (p. 88) et assemblés par espèces et même par variétés ; alors

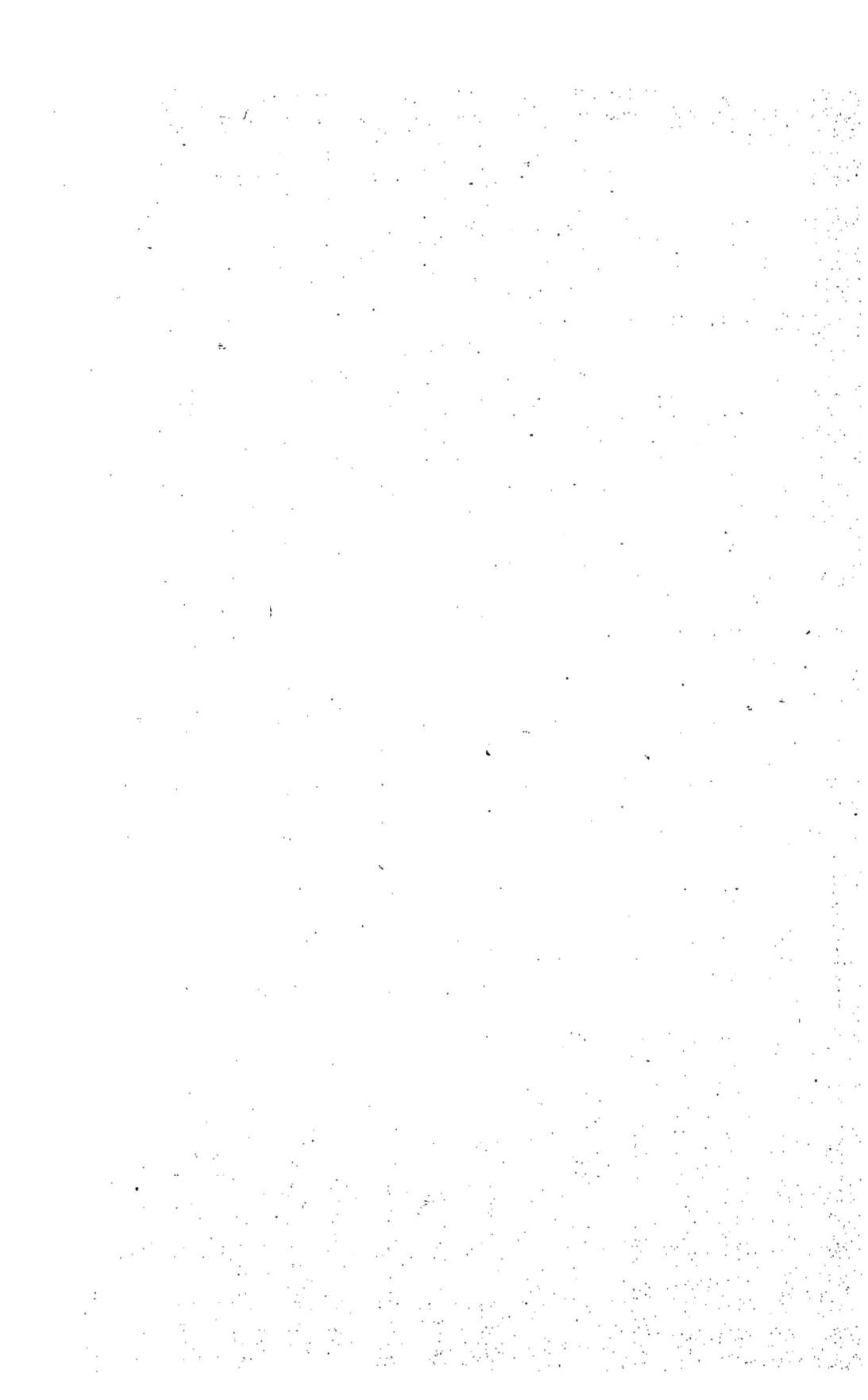

Planche XXV. Chapitre XII

Conduite des arbres de Verger

Taille de formation de la Haute-Tige

Fig. 290.
Egrain (Sujet de Semis) 1re Taille.

Fig. 291.
2me Taille.

Fig. 292.
3me Taille.

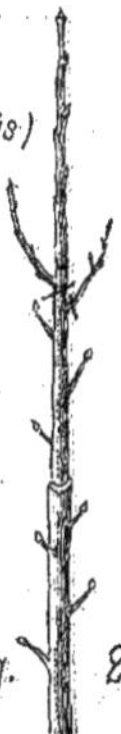
Fig. 293.
Année du Greffage.

Fig. 294.
1re Taille de la tête.

Forme en Gerbe

Fig. 295.
1re Taille

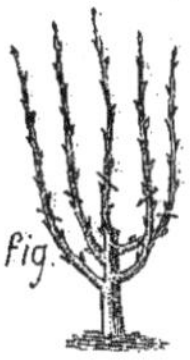
Fig. 296.
2me Taille

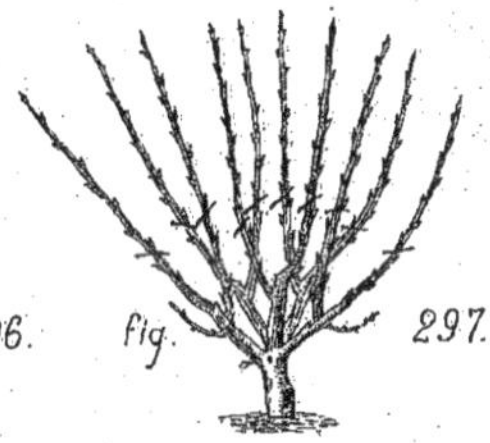
Fig. 297.
3me Taille

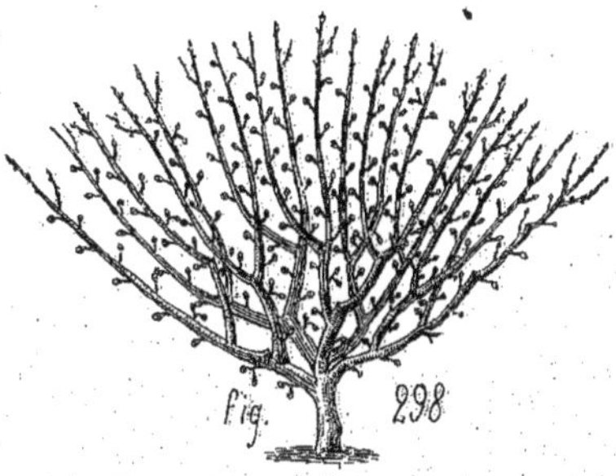
Fig. 298
Gerbe formée

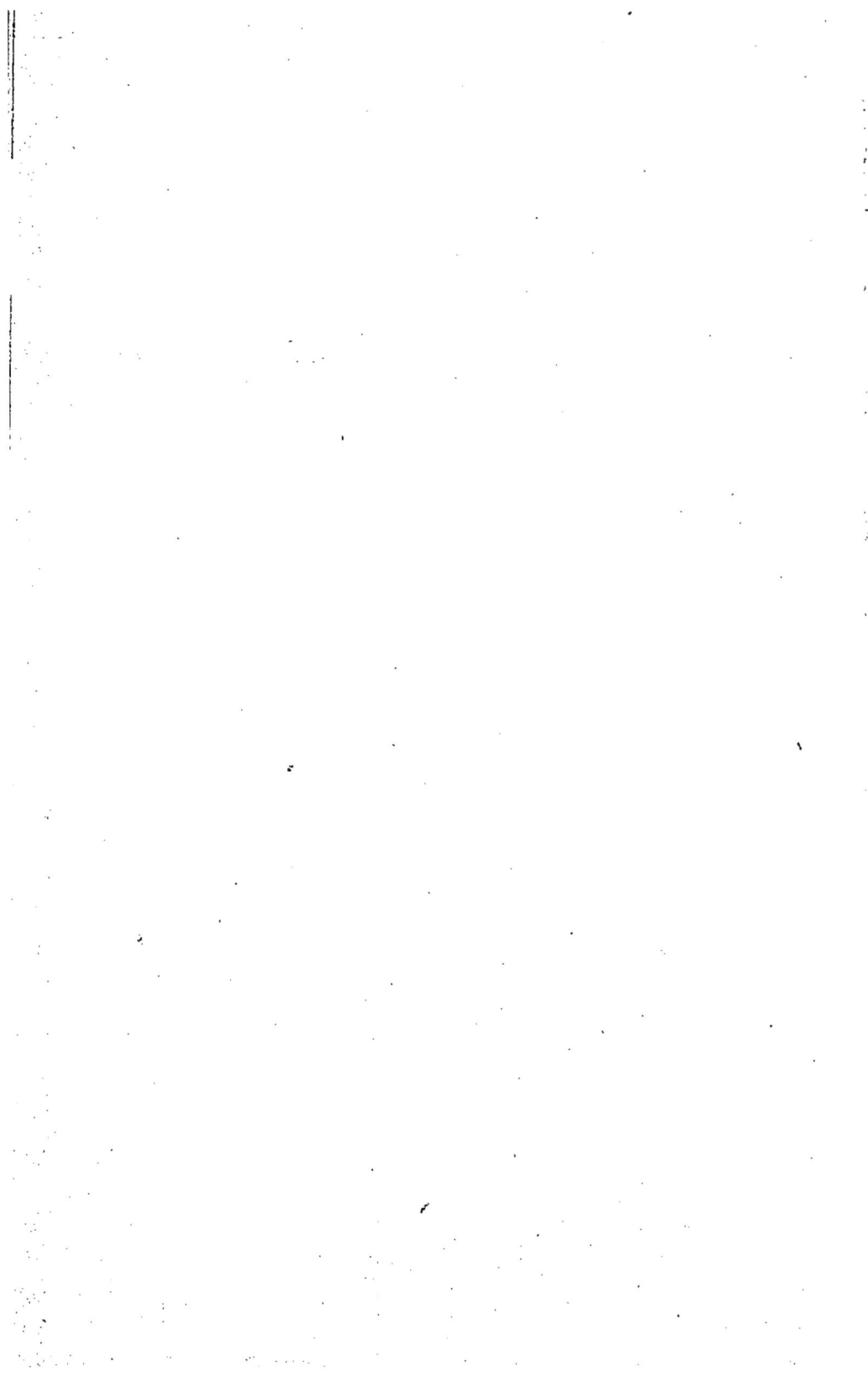

la plantation est plus égale dans sa végétation, mieux suivie dans sa fructification et d'une conduite plus commode.

GERBE. — Pour obtenir cette forme, on met en pratique les prescriptions suivantes :

Le jeune sujet (fig. 295), se taille de $0^m,25$ à $0^m,30$ au-dessus du sol et sur quatre ou cinq boutons à bois bien visibles.

Pendant le printemps suivant, on active l'élongation des bourgeons favorables, en enlevant les inutiles, par l'ébourgeonnement.

DEUXIÈME ANNÉE (fig. 296). — Les rameaux laissés pour commencer la charpente sont coupés à $0^m,40$, en vue de doubler le nombre des membres utiles.

En été, après avoir distingué les bourgeons indispensables à la tête de l'arbre, on écime les autres, mais seulement s'ils dépassent la longueur de $0^m,30$. On veille aussi à l'équilibre de la végétation dans l'ensemble du sujet.

TROISIÈME ANNÉE (fig. 297). — On opère de nouveau une taille de $0^m,40$ sur les huit rameaux de prolongement, pour en provoquer seize, lesquels sont suffisants, d'habitude, pour compléter la forme, puis on rabat à $0^m,20$ ou $0^m,25$ les rameaux à fruit qui dépassent cette longueur.

QUATRIÈME ANNÉE (fig. 298). — La forme de l'arbre est finie ; toutefois, si la végétation était trop fougueuse, on raccourcirait en vue encore d'agrandir la charpente. Les rameaux à fruit sont toujours maintenus dans les limites rationnelles pour qu'ils ne s'épuisent pas, ou ne s'emportent pas à bois.

Par la suite, en hiver, une légère taille suffit : on enlève le bois mort, malade ou qui fait de la confusion ; on évite ainsi les secousses trop violentes à la sève et on ne produit pas de grandes plaies, toujours nuisibles à la santé des arbres, de ceux à fruits à noyaux principalement.

On complète ces soins par quelques visites, au printemps et en été, pour détruire les gourmands (p. 18) et autres pousses nuisibles à la saine végétation et à la bonne fructification du sujet.

Coupe *à longue tige*. Si on établit une plantation fruitière dans un champ labouré à la charrue, ou dans une prairie, un vignoble, etc., il est préférable d'élever la tête de l'arbre à une hauteur assez grande pour que le branchage nuise le moins possible aux récoltes placées au-dessous, et aussi afin de rendre plus commodes les opérations culturales, à l'aide des instruments aratoires.

Amandier (fig. 282)

C'est le sujet-type pour recevoir la forme en *Coupe*. A cet effet, quand le greffage des ramifications de la tige a réussi et que les œils ou boutons des greffons sont devenus des rameaux (fig. 301), on choisit les trois ou quatre les plus convenables pour commencer la charpente, et l'on annule les autres, s'il en existe un plus grand nombre ; après, on taille les rameaux réservés, comme pour le Gobelet du Jardin (p. 111).

Été. On renforce, autant que faire se peut, les bourgeons utiles à la forme, en pinçant ceux qui auraient des dispositions pour nuire à leur développement.

Hiver. (fig. 302). On continue la constitution de la charpente, en raccourcissant les terminaux des branches principales à une longueur à peu près égale à celle de la taille de l'année précédente.

Les rameaux à fruit sont traités comme dans la forme en Gerbe.

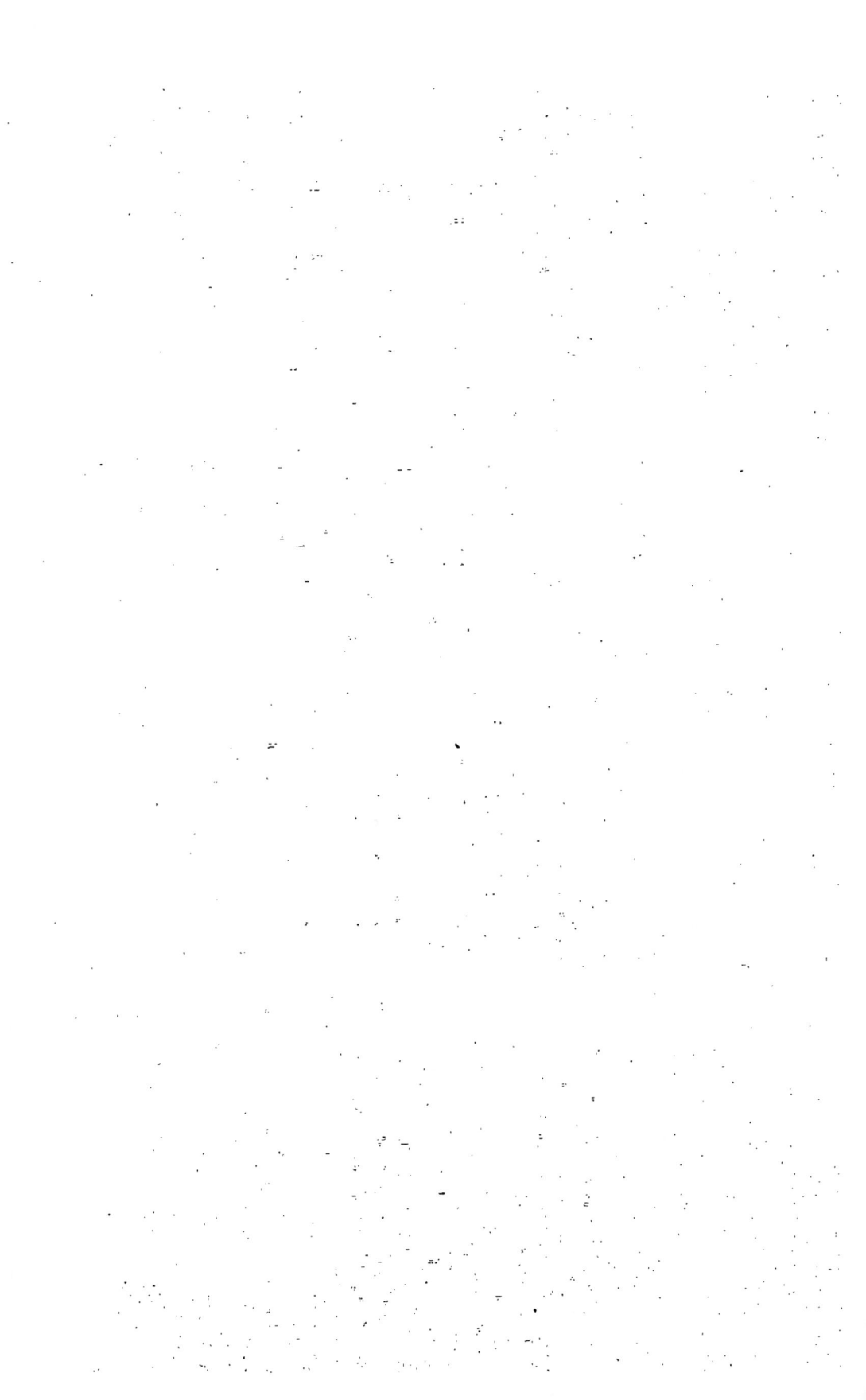

Planche XXVI Chapitre XII.

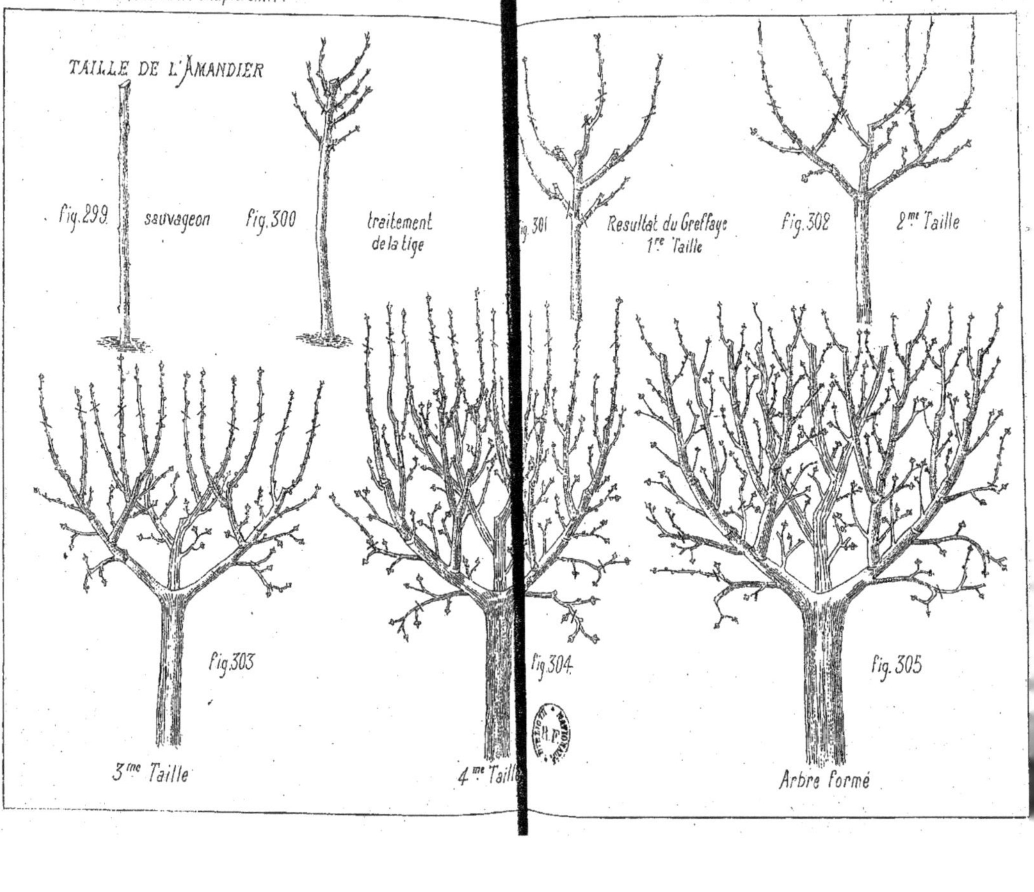

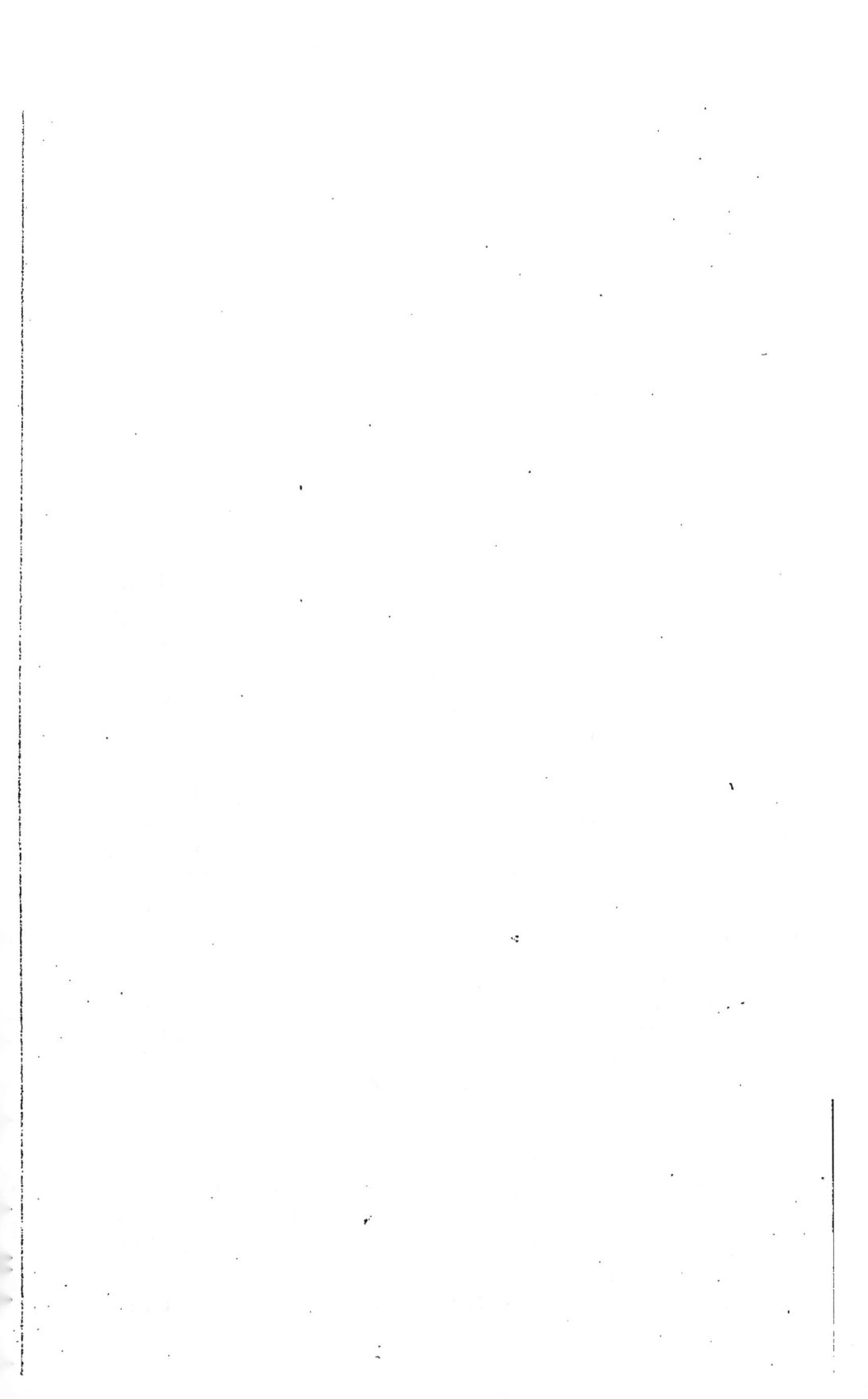

Été. On répète la pratique des mêmes soins qui suivent la première taille.

Hiver. (fig. 303). Il s'agit encore de continuer, mais cette fois pour la compléter, la forme de l'arbre. On obtient ce résultat en faisant naître, sur chaque branche, d'autres membres utiles.

Pendant la période active de la végétation, on réitère toujours le traitement qui renforce les branches charpentières et qui modère les branches fruitières.

A partir de ce moment (fig. 304), le talent de l'arboriculteur consiste surtout à bien équilibrer les différentes parties de l'arbre ; dans ce but, si les prolongements des branches à bois sont vigoureux, on les taille longs et à la même hauteur ; s'ils sont de force ordinaire, on les coupe vers le milieu de leur longueur, et s'ils sont faibles, mais sains quoique courts, on les laisse intacts. On ne taille sévèrement que les sujets malades ou épuisés par de trop grandes récoltes. Enfin, quand les terminaux sont irréguliers, on les réduit tous au niveau des moins développés ; en opérant les amputations, on doit, autant que possible, les exécuter sur des ramifications placées extérieurement, pour conserver la gracieuseté dans la forme de l'arbre.

Quant aux branches fruitières, on les entretient en santé et en fertilité par des tailles combinées de façon à leur laisser un nombre de ramifications proportionné avec leur âge et avec leurs positions, et qui leur assurent le fruit et le remplacement, comme dans le pêcher, seulement on y laisse prendre une plus grande extension.

Lorsque la charpente est entièrement assise (fig. 305), un émondage annuel suffit ; il se résume dans l'enlèvement du bois sec ou qui fait fouillis, ainsi que dans la suppression des pousses inutiles à la charpente et à la fructification. En différant trop les tailles, c'est-à-dire en ne les opérant que bisannuellement et surtout trisannuellement, on s'oblige à retrancher beaucoup de bois et conséquemment à couvrir l'arbre de plaies, toujours pernicieuses au tempéramment du sujet, particulièrement à celui des espèces à noyaux (p. 126).

Avec une direction rationnelle, l'Amandier demande encore, pour se bien comporter, un terrain plutôt léger que compacte et plutôt sec qu'humide ; les sols dits de Crau [1] lui sont avantageux aussi, surtout quand ils ont de la profondeur. Comme situation, il faut préférer les côteaux, les collines ou les plateaux, dont l'aération favorise la fertilité.

Le semis de l'Amande est employé pour obtenir le sujet (p 52), et la greffe sert à propager les bonnes variétés (p. 56).

Dans le genre Amandier, on distingue beaucoup de variétés, que l'on classe en cinq catégories principales : les amandes *Princesses* ou *Fines*, les *à la Dame* ou *demi Fines*, les *Dures*, les *Amères* et les amandes de *Luxe*.

Les *A. Princesses*, improprement nommées *Pistaches*, en Provence, ont la coque mince, parcheminée, fibreuse et elle se déchire sous une pression des doigts ; ce sont les fruits les plus appréciés pour la table.

Les *A. à la Dame* ont la coque un peu plus résistante, parsemée de petits trous et de fentes vermiculées ; les fruits sont plus sapides que les précédents, et, parmi eux, se trouvent les plus recherchés par le Commerce.

Les *A. Dures* ont, comme leur nom l'indique, la coque solide, fortement piquetée et avec vermiculures ; dans ce groupe sont les fruits les mieux conformés et les plus savoureux.

Les *A. Amères* ont, ordinairement, la coque compacte,

(1) En géologie, c'est le Diluvium alpin, formation composée de cailloux roulés mêlés à une argile siliceuse rougeâtre.

ESPÈCES FRUITIÈRES

Sujets à fruits à noyaux

Fig. 282 Amandier

Fig. 283 Olivier

Fig. 284 Jujubier

Fig. 285. Pistachier

Sujets divers

Fig. 286. Azérolier

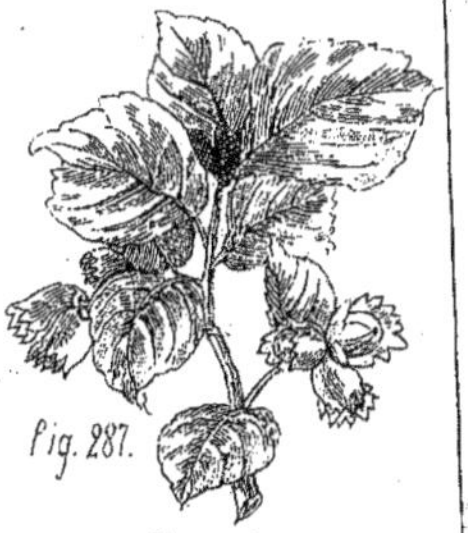

Fig. 287. Noisetier

Fig. 288 Noyer

Fig. 289. Châtaignier

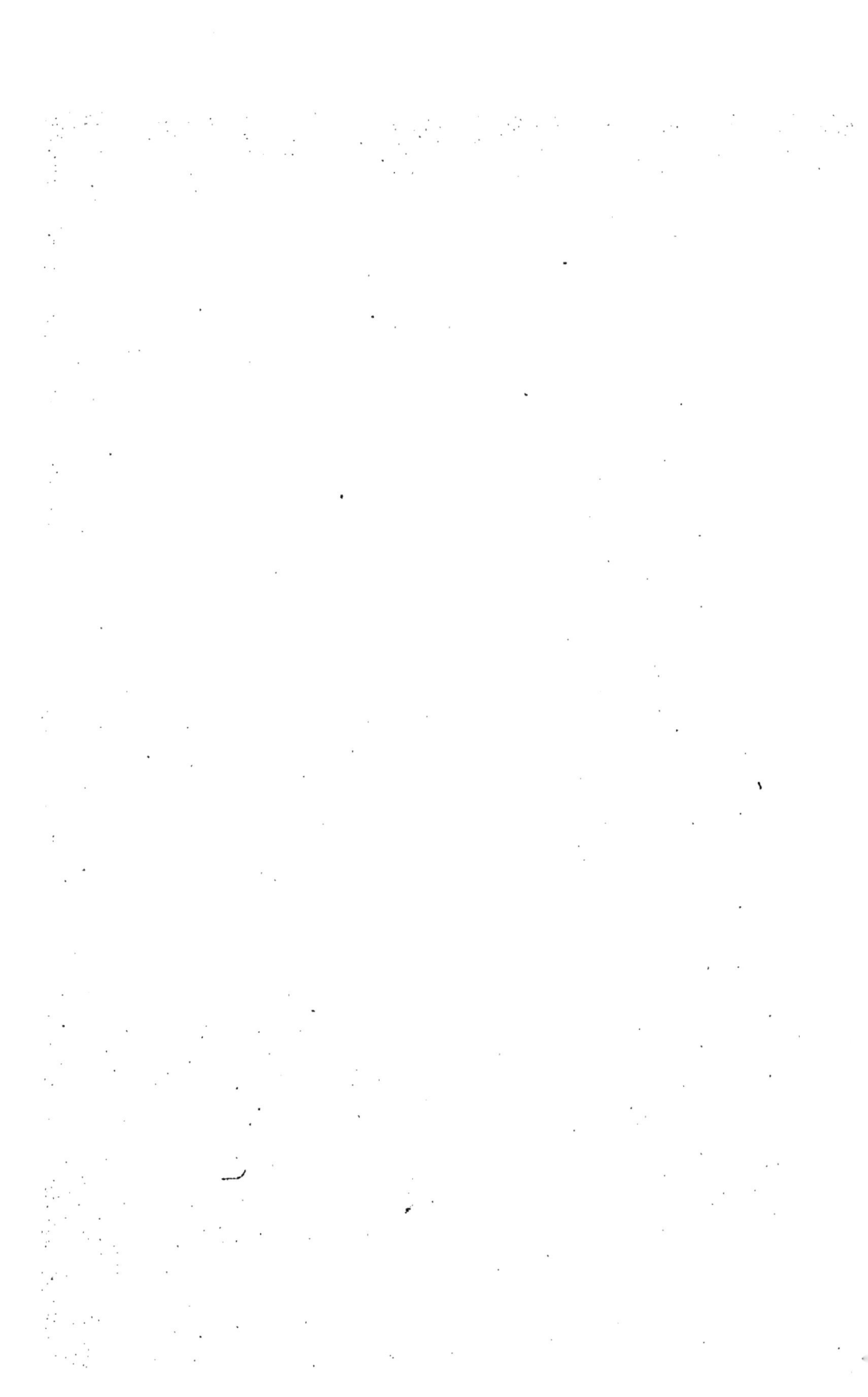

et leurs fruits, d'un goût désagréable, sont, ou distillés, pour en retirer de l'acide prussique, ou employés à diverses préparations médicinales.

Quant aux *A.* dites de *Luxe*, ce sont des fruits remarquables seulement par leur volume, qui atteint quelquefois celui d'un œuf de poule ; on a recours à ces fruits pour orner les desserts, et ils sont utilisés aussi par les confiseurs.

Nous n'indiquerons, ici, que les variétés les plus méritantes, comme :

L'*A. Princesse ordinaire sélectionnée*, fruit assez gros, bon, fertile ; mûrit en août-septembre.

L'*A. Princesse (de Rognac)*, fruit moyen, bon, très fertile ; mûrit à la même époque que la précédente, de même que toutes celles qui suivent.

L'*A. Princesse (de Gavaudane)*, fruit de grosseur normale, bon, fertile.

L'*A. à la Dame (de Provence)*, fruit moyen et dont les amandes sont souvent jumelles, bon, fertile.

L'*A. à la Dame du (Languedoc)*, fruit de grosseur ordinaire, de qualité excellente ; très appréciée par le Commerce.

L'*A. d'Aï (de l'âne)*, fruit moyen, de première qualité ; très productif.

L'*A. Matherone*, fruit petit, convenable et d'une fertilité abondante.

L'*A. à Flot (à trochet)*, fruit gros, de qualité supérieure, très fertile. Il en existe deux sous-variétés, l'une à coque *déhiscente* et l'autre à coque *indéhiscente* ; la première est la plus avantageuse.

L'*A. Tournefort*, fruit moyen, régulier, bien nourri, bon, fertile.

L'*A. Béraude*, fruit moyen, arrondi, bon, très fertile.

L'*A. Verte*, fruit petit, se dépouille difficilement de son brou ; de qualité ordinaire, mais d'une grande fertilité ;

L'*A. Bijou*, fruit énorme, de qualité inférieure, à l'état sec, mais estimé par les confiseurs, à l'état vert ; arbre peu productif.

OLIVIER (fig. 283).

Avec l'Amandier, l'Olivier serait l'espèce fruitière qui sympathiserait le mieux avec les conditions naturelles de la Provence, si l'arbre était moins sensible au froid, qui le fatigue déjà lorsque la température descend à 6° au-dessous de zéro ; mais on peut prévenir ou tout au moins atténuer cet inconvénient par le buttage de la tige.

La direction la plus logique à donner à l'Olivier est celle qui lui fait prendre une forme évasée et dont les branches charpentières portent de belles et bonnes productions fruitières.

On peut reproduire le sujet avec tous les moyens connus (p. 50). Le semis est rarement employé, parce que l'égrain demande un temps trop long pour constituer un fertile sujet, sans compter qu'il ne reproduit pas toujours exactement son fruit ; le bouturage vaut mieux, en ce sens qu'il propage parfaitement la variété d'olive fournie par le pied-mère ; mais ce procédé n'est pas assez expéditif encore ; le mode le plus avantageux est celui qui utilise les dragcons ou rejetons que l'on détache de la souche de l'arbre, et pour peu qu'ils aient du vieux bois ou des racines, leur reprise est certaine.

Les plançons doivent être jeunes, droits et lisses, et leurs troncs avoir la grosseur d'un manche de bêche ; on met leurs racines dans les conditions des autres espèces fruitières, et on réserve entre les pieds, un intervalle de 6 à 8 mètres en tous sens [1].

(1) Une expérience faite dans le territoire d'Aix prouve que l'on peut transplanter l'Olivier à tout âge : des sujets, déplantés et replantés

En plantant l'olivier, il est utile de le disposer dans le même sens qu'il avait dans la pépinière, c'est-à-dire que le côté de la tige qui était tourné au nord, soit encore placé de ce côté ; on remarque que l'étui médullaire (p. 20) est plus rapproché de l'écorce dans la direction d'où vient le froid ; si donc, à la replantation, la place est changée, la circulation de la sève est troublée, aux dépens de la santé du sujet.

Année de la plantation (fig. 306). — On rabat le tronc afin de pouvoir commencer la tête de l'arbre, à une hauteur de $0^m,70$ à 1^m au-dessus du sol.

Dans le courant de l'été (fig. 307), lorsque les nœuds ont poussé des bourgeons de $0^m,15$ à $0^m,20$, on enlève ceux qui se trouvent entre le collet et les trois nœuds du haut de la tige ; quant aux autres, on attend qu'ils soient aoûtés ; puis on les réduit au nombre de cinq ou six pour y choisir ensuite ceux de la charpente, et l'on pince les autres ; ces derniers ne sont complètement supprimés qu'au printemps suivant.

Si on est incertain de la qualité du plant, ou si on veut changer la variété de son fruit, on a recours à la greffe et plus particulièrement à celle en *Placage* (p. 67) ; dans ce but, on applique trois ou quatre greffons près de la tête de l'arbre, et, s'ils reprennent, avant la fin de la végétation, on en obtient des bourgeons convenables pour établir la forme.

Deuxième année. Hiver (fig. 308). — Les soins appliqués à l'arbre, pendant l'été précédent, ont généralement pour résultat de lui faire émettre des rameaux vigoureux ; on retranche d'abord ceux qui ont été épointés ; puis on taille ceux qui sont utiles à la longueur d'environ 0,40, en

avec toutes leurs branches, préalablement taillées un peu court, ont non seulement repris, mais des olives se sont montrées l'année suivante, et les arbres continuent à vivre comme ceux qui sont restés en place.

ayant soin de couper sur un bouton non développé ou à défaut sur un rameau anticipé bien constitué.

Dans l'Olivier, les bourgeons normaux développent beaucoup de productions anticipées, qui naissent vis-à-vis et à angle droit sur les branches. Quand on est obligé de s'en servir, il faut, à l'aide de baguettes, les redresser, afin de rendre leurs coudes le moins disgracieux possible.

ÉTÉ. — Pendant la nouvelle végétation, on retranche encore les bourgeons inutiles que la tige peut faire pousser, ainsi que ceux de la tête; ensuite, on s'assure des bourgeons convenables pour établir les bifurcations, et l'on arrête les autres, s'ils dépassent la longueur de $0^m,30$.

TROISIÈME ANNÉE. HIVER (fig. 309). — On réduit les prolongements des branches charpentières à peu près à la même longueur qu'à la précédente taille, et l'on raccourcit les bifurcations à la même hauteur que les branches-mères. Les coursonnes fruitières demandent seulement à être maintenues bien équilibrées.

Pendant leurs premières années, certaines variétés d'oliviers ont des dispositions à courber leurs branches vers la terre. Dans ce cas, on a soin de les redresser au moyen de tuteurs.

ÉTÉ. — Sur chaque branche charpentière, on fait choix, parmi ses boutons ou ses ramifications latérales, d'une seconde bifurcation. Les autres soins sont absolument identiques à ceux déjà exposés.

QUATRIÈME ANNÉE. HIVER (fig. 310). — Les membres de la charpente de l'arbre sont tous obtenus; mais il reste à les compléter, en leur permettant de s'allonger jusqu'au point qu'ils doivent atteindre (de 3 à 4 mètres de hauteur); dans ce but, on leur maintient, comme terminal, un rameau ascendant; puis on le remplace par une ramification descendante, que l'on traite en coursonne fruitière (fig. 311).

CULTURE DE L'OLIVIER

fig. 306

Plançon

fig. 307

Été de la Plantation

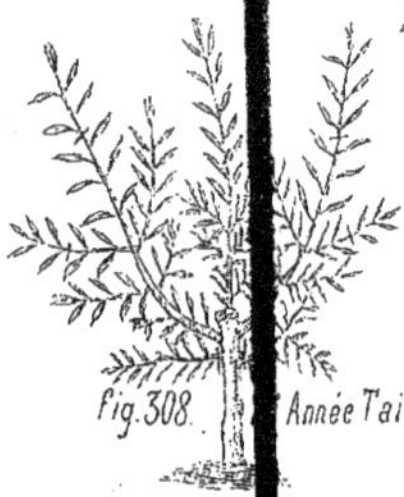

fig. 308. Année Taille

fig. 309. 3me Année Taille

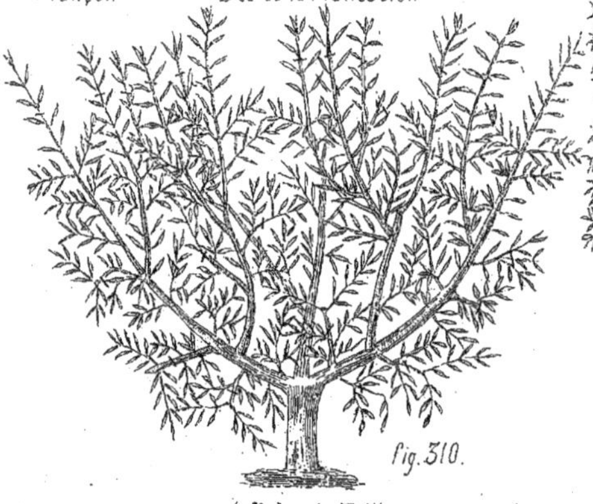

fig. 310.

1re Année Taille

fig. 311.

Arbre formé

L'élagage de l'Olivier et les soins en vert qu'il réclame doivent s'accorder avec ceux de l'Amandier (p. 150). On ne doit se décider à lui éclaircir ses ramilles qu'après une trop grande récolte d'olives, et quand l'hiver ou différents insectes ou maladies en ont altéré le bois (Ch. XVI et XVII).

Certains arboriculteurs abusent de la taille ; ils coupent de trop nombreuses et trop grosses branches, et ils dénudent celles qui restent, en ne leur laissant, au sommet, que deux ou trois ramifications formant balai. Ce système est condamnable, en ce sens qu'il dégrade la forme et la couvre de plaies compromettantes pour la santé de l'arbre.

L'Olivier vit longtemps ; on en connaît qui ont plusieurs siècles d'existence. Quand le sujet entre en décadence, pour le remettre en état de vigueur et de fertilité, il suffit, souvent, de lui ravaler ses branches (p. 33), et les bourgeons adventices ne tardent pas à se montrer nombreux et vigoureux, surtout si on favorise leur développement avec des fumures appropriées : engrais humain, ou liquides, ou chimiques (p. 48).

Lorsque l'arbre a souffert du froid, on raccourcit ses branches juste au-dessous des parties mortifiées, et si le tronc lui-même a souffert, on le recèpe (p. 33). La bourde ou collet repousse toujours et, avec ses rejetons, on reconstitue l'arbre. Afin de reformer plus vite la charpente, on peut conserver trois drageons au lieu d'un seul et les considérer comme branches charpentières, procédé qu'il ne faut confondre avec celui qui admet plusieurs sujets pour obtenir le gobelet ; ce dernier moyen ne doit pas être employé parce qu'il amène rarement l'équilibre dans le branchage.

Pour ces opérations exceptionnelles, il est prudent d'attendre le mois de mai, époque où l'on a la certitude alors de couper sur les points sains, que désignent la présence des nouveaux jets émis par l'arbre.

De même que l'Amandier, l'Olivier gagnerait, sans doute,

à recevoir une taille annuelle et modérée ; mais nos expériences personnelles ne nous ont pas encore démontré suffisamment l'excellence de cette pratique. Il n'en est pas ainsi d'une méthode particulière de traitement des rameaux à fruits, et aussi simple que sûre dans ses résultats, du moins pour les arbres vigoureux. Voici en quoi elle consiste : La veille de la floraison de l'olivier, on enlève un anneau d'écorce (p. 41) à la base de la branche fruitière et juste au-dessus des ramifications de remplacement. Par l'effet de cette annellation, on s'oppose à l'avortement des fleurs et on favorise les bourgeons de réserve. En outre, on facilite le futur émondage, qui se trouve tout indiqué, à l'endroit de la décortication.

Les olives les plus réputées comme fruits de table et pour la production de l'huile, sont :

Pour la Table :

Saurine (Picholine), fruit gros, très allongé, de qualité supérieure ; arbre très vigoureux, mais irrégulièrement fertile.

Simiane (du nom du propriétaire qui l'a découverte, dans les environs de Miramas, Bouches-du-Rhône), fruit assez gros, légèrement recourbé et pointu aux deux bouts, chair excellente ; arbre rustique et fertile.

O. d'Espagne, fruit très gros, ovale, de couleur jaunâtre, à chair assez bonne ; arbre vigoureux et d'une fertilité suffisante.

O. de Villedieu, fruit de première grosseur, arrondi, couleur violacée, chair excellente ; arbre de petite dimension et d'une fertilité convenable.

O. Prune, fruit énorme, verdâtre, de la grosseur d'une noix commune, de qualité inférieure ; bonne seulement pour orner un hors-d'œuvre ; arbre vigoureux, peu productif.

POUR L'HUILE :

O. Amande (Aglandaou, Plant d'Aix), fruit moyen, de forme irrégulière, mais d'ordinaire ovale, pointu d'un côté, noirâtre, produit une huile très fine ; arbre d'une vigueur commune, fertile

O. Cornouille (Courniaou, Plant de Salon), fruit de grosseur ordinaire, ovoïde, blanchâtre, puis rougeâtre à la maturité ; fait une huile de bonne qualité ; arbre assez vigoureux et fertile.

O. Verdale (Verdaou), fruit moyen, jaune-verdâtre et quelquefois violacé du côté du soleil, donne une huile abondante et excellente ; arbre petit, mais très fructifère.

Toutes ces olives mûrissent dans le courant du mois de novembre.

JUJUBIER (fig. 284).

A cause de sa grande rusticité, cet arbre peut être placé dans un sol de qualité ordinaire; alors sa végétation est plus modérée et sa fructification se fait moins longtemps attendre.

Le Jujubier se propage, d'habitude, avec ses drageons, que ses racines poussent spontanément ; les sujets qui en résultent sont toujours mal constitués ; le semis du noyau du Jujube fournit un plant préférable, surtout s'il est complété par le Greffage (Ch. V, p. 65).

Le Jujube est un fruit de la grosseur et de la forme d'une olive ordinaire, d'abord vert, puis d'un rouge-orangé, à sa maturité ; sa chair est douce, agréable, mais un peu fade ; on le mange frais ou demi-sec ; on en fait des pâtes, des sirops, etc.

Dans la taille d'organisation de la forme, on s'y prend comme pour la plupart des espèces fruitières (p. 147).

Quand l'arbre est trop vigoureux, ce qui pourrait faire couler les fleurs, on épointe les ramilles fruitières huit jours au moins avant leur floraison. Ce moyen offre encore l'avantage de faire grossir les fruits et d'en favoriser la maturité. Pour rendre cet écimage plus expéditif, on opère avec le secours d'une faucille.

Le hameau du Beaudinard, dans la commune d'Aubagne (Bouches-du-Rhône), a des vergers de Jujubiers qui donnent de bons revenus à leurs propriétaires.

En Provence, on ne connaît que la variété de Jujube *vulgaire*; mais il existe une variété, celle d'*Ismide* (Asie-Mineure), grosse comme une noix ordinaire, rouge du côté du soleil, verdâtre du côté de l'ombre, à chair fine, musquée, et avec un noyau petit, comparativement au volume du fruit; le sujet est vigoureux et fertile.

PISTACHIER (fig. 285).

Le Pistachier est un arbre à propager, dans nos contrées méridionales; son fruit est excellent à l'état naturel et frais, comme à l'état sec; on l'utilise surtout dans la confection des nougats, dragées, gâteaux, etc.

La Pistache ressemble à une olive dont la partie charnue est remplacée par une écorce (brou) jaunâtre et carminée du côté du soleil, recouvrant une coque d'un blanc d'ivoire et occupée par une amande à chair d'un beau vert, entourée d'une pellicule violette.

L'arbre affectionne les terres franches et calcaires, mais surtout les chaudes expositions.

On propage le sujet par le semis de ses noyaux que l'on traite comme ceux de Prunes, Abricots, etc. (Ch. V, p. 52); les plants issus de semis se reproduisent, à ce qu'on assure, avec les qualités de leurs pieds-mères. On utilise également le *Térébinthe*, un arbuste qui croît spontanément, en Provence, et reconnaissable à ses *Bédégars*, boursouflures cornues, provoquées par la piqûre d'un Cynips (Ch. XVII).

Quoiqu'il soit d'usage de greffer le Pistachier, exclusivement en *flûte* (p. 66), on peut le réussir encore avec les autres sortes de greffages; seulement, avec ceux à *rameaux*, ces derniers, avant leur emploi, doivent être débarrassés, par un lavage, du suc visqueux qu'ils sécrètent et qui est la cause ordinaire de l'insuccès du greffage.

A cause de sa constitution dioïque (p. 22), le Pistachier, seul, ne peut fructifier, le pied femelle doit toujours être accompagné d'un pied mâle; cependant, la pratique démontre qu'un sujet mâle peut suffire à la fécondation de plusieurs sujets femelles. Dans le cas où l'on ne possèderait de ceux-ci qu'un arbre unique, on l'amènerait à la fructification en y plaçant un greffon de l'autre sexe.

Il n'est pas facile, au bois, de distinguer le sexe des Pistachiers; c'est différent à l'époque des fruits. D'après de sérieux observateurs, les pistaches mâles montrent, dans un sillon latéral, un bourrelet allongé et aigu aux deux bouts.

Quelques plantations de cet arbre existent dans les environs de Marseille; mais les sujets les plus remarquables se trouvent autour de Roquevaire (Bouches-du-Rhône).

Les deux variétés de Pistaches connues dans les cultures sont : la *P. de Sicile* et la *P. de Tunis*.

La formation et l'entretien du Pistachier ne demandent d'autre conduite que celle des arbres de Verger, en général (p. 147).

Azerolier (fig. 286).

Cet arbre est considéré comme une sorte de Néflier; il offre, par ses caractères botaniques, beaucoup d'analogie avec l'Aubépine commune; ses fruits, de la grosseur d'une moyenne cerise, sont colorés de rouge ou de jaune, et leur chair est d'un acidulé agréable ; ils contiennent deux noyaux-osselets.

L'Azerolier vient spontanément en Provence ; on le trouve dans les endroits incultes, dans les haies, le long des chemins ; mais sa place de prédilection est dans un sol calcaire ou argilo-calcaire et à une exposition bien insolée. Dans un terrain gras et humide, le sujet se laisse envahir par les chancres (Ch. XVI), et il est peu porté à fructifier.

Pour reproduire le sujet, on se sert presque toujours des sauvageons d'Aubépine que l'on greffe en écusson ou en fente, suivant la grosseur du pied (Ch. XV).

Au lieu d'abandonner l'arbre à lui-même, il serait avantageux de le guider comme les autres espèces à fruit à noyaux (Ch. XI).

Les variétés d'Azeroles les plus estimées sont : l'*A. à fruit rouge* et l'*A. à gros fruit blanc* ou *jaune* ; elles mûrissent toutes les deux en septembre.

Noisetier (fig. 287).

Le Noisetier ou *Coudrier* préfère les terrains légers et frais ; son fruit, appelé Noisette, est inséré dans un calice ou involucre qui le retient jusqu'à sa complète maturité. Quant au fruit lui-même, c'est une amande, enfermée dans une coque, dont la chair a un goût particulier et excellent, pour beaucoup de personnes.

Néanmoins, cet arbre est peu cultivé ; on n'en connaît guère de plantations que dans le département du Var, particulièrement aux environs de Toulon.

Le sujet se multiplie par le semis, le marcottage et le greffage. On peut recourir aussi à ses drageons, toujours nombreux autour du collet ; mais ces plants sont généralement mal constitués et peu fertiles.

La végétation du Noisetier est, d'habitude, modérée, mais

régulière. Pour l'avoir convenable, on doit la débarrasser de ses pousses parasites (gourmands et rejetons), qui seuls s'opposent à l'équilibre de la sève.

Au nombre des variétés de noisettes à adopter, on comprend la *N. de Provence*, la *N. à gros fruits*, l'*Aveline à fruit long*, et la *N. d'Espagne*.

Noyer (fig. 288)

Cet arbre est recommandable autant par la valeur de son bois que par les qualités de son fruit ; ce dernier est apprécié à l'état naturel, comme aliment, et, après expression, par l'huile qui coule de sa chair.

Le Noyer préfère les régions tempérées de la France. Dans nos contrées méridionales, la chaleur et la sécheresse contrarient non seulement la fructification, mais les noix sont presque toutes altérées par des vers.

Si on possède quelque place privilégiée pour ce sujet, il faut le planter en terrain calcaire, perméable et profond.

La reproduction de l'arbre s'obtient par le semis et par le greffage (Ch. V).

Le branchage du Noyer s'harmonise de lui-même ; l'arboriculteur ne doit intervenir que pour aérer l'intérieur de la forme.

Quant aux branches fruitières, elles s'organisent et se renouvellent sans aucun traitement.

Les sortes de noix à préférer sont :

N. Mayette, fruit gros, de bonne qualité, assez fertile ; mûrit en septembre.

N. Parisienne, fruit gros, de bonne qualité, assez fertile ; mûrit en septembre.

N. Franquette, fruit gros, de bonne qualité, assez fertile ; mûrit en septembre.

N. Chaberte, fruit petit, d'excellente qualité, très fertile ; mûrit en septembre.

N. Mésange (coque tendre), fruit moyen, d'excellente qualité, assez fertile ; mûrit en septembre.

N. Martin (sans coque), fruit presque moyen, de bonne qualité, assez fertile ; mûrit en septembre.

N. de la Saint-Jean, fruit moyen, de qualité ordinaire, fertile ; mûrit en septembre.

CHATAIGNIER (fig. 289)

Comme le Noyer, le Châtaignier aussi est un arbre précieux, au point de vue de son bois et de son fruit ; sa végétation est plus sensible au sol qu'au climat, et elle ne prend tout son développement que dans les terrains sablonneux et mieux encore granitiques ou volcaniques.

Les châtaignes sont renfermées dans une enveloppe verte et hérissée de piquants, appelée aussi *hérissons*. On nomme *bouchasses* les fruits produits par les sujets sauvages, et *marrons*, ceux qui sont ronds et qui sont seuls dans le même hérisson.

On distingue encore la châtaigne du marron, en ce que la première est plus petite, plus claire et un peu rougeâtre, tandis que le second est plus gros, plus ferme et d'un gris-cendré ; mais surtout à la saveur de sa pâte, qui est plus fine ; les confiseurs les trempent dans un sirop concentré et en fond des *marrons glacés*.

L'arbre se propage par le semis, et le plant que l'on en obtient se transforme par la greffe (Ch. V).

Le Châtaignier se prête à une direction raisonnée, malgré l'opinion généralement admise qu'il faut le livrer à son propre sort. Sa conduite est semblable à celle du Noyer (p. 163).

Les variétés des châtaignes à multiplier sont :

L'*Ordinaire*, petite, bonne, assez fertile ;
La *Grosse rouge*, grosse, bonne, assez fertile ;
La *Printanière*, moyenne, bonne, assez fertile ;
Le *Marron de Lyon*, moyen, excellent, assez fertile ;
Le *Marron du Luc*, gros, excellent, assez fertile ;
La *Pourtalonne*, très grosse, excellente, très fertile ;
L'*Excalade*, moyenne, bonne, très fertile ;
L'*Eiviroulière*, moyenne, à dessécher, assez fertile ;
La *Pélégrine*, moyenne, très bonne, assez fertile ;
Et la *Verdale*, grosse, bonne, assez fertile.
Ces fruits mûrissent en octobre et novembre.

FIGUIER

Le Figuier vient dans les endroits qui semblent les moins propices à la végétation : dans les interstices des rochers, les fentes des murailles, etc.; mais, pour l'avoir vigoureux et fertile, il faut le planter en terrain léger, profond et frais.
On a dit de cet arbre qu'*il aimait à avoir le pied dans l'eau et la tête au soleil.*

La reproduction du sujet est facile. Quoique tous les moyens puissent être employés avec succès, il vaut mieux préférer le bouturage ou le marcottage (p. 52 et 54) et le greffage (p. 56). L'essentiel est de choisir toujours des pousses au bois bien aoûté et disposé à fructifier.

On ne doit recourir aux rejetons qu'à défaut d'autres plants, et ne pas négliger de les perfectionner par la greffe, en particulier avec celles en couronne (p. 44) ou en flûte (p. 66).

La conduite du Figuier diffère suivant le climat sous lequel il est cultivé. Dans le Centre et dans le Nord de la France, où le sujet ne peut, sans danger, supporter la rigueur de la température, on doit le mettre en espalier, à l'exposition du midi ou à celle du couchant, et, en hiver, couvrir sa tête avec des paillassons. On peut également placer l'arbre à l'air libre, mais alors il faut l'élever en *Touffe* et le tenir complètement enterré, depuis la défeuillaison jusqu'au moment où les fortes gelées ne sont plus à craindre. Ces deux méthodes conviendraient aux quartiers froids de la Provence.

Dans ces conditions particulières, on dirige le sujet suivant le système suivi à Argenteuil, ville de Seine-et-Oise, réputée pour les soins donnés au Figuier.

Voici en quoi consiste cette culture, avec les modifications que comporte le climat provençal :

Pour créer la forme, au lieu de réunir deux ou trois arbres, comme cela se fait d'habitude, on ne plante qu'un seul sujet par trou, et on les espace de 4 à 5 mètres les uns des autres, en tous sens.

1re Taille. L'année de sa mise en terre, le pied enraciné (fig. 312), est coupé à 0^m^,20 ou 0^m^,25 au-dessus du sol et sur quatre ou cinq boutons à bois, pour l'établissement de la charpente.

Le bois du figuier étant spongieux, il est nécessaire, aussitôt l'exécution des plaies, de les enduire de goudron, à l'aide d'un pinceau, ce qui facilite la cicatrisation des blessures.

Dans le courant de l'été, il suffit de s'opposer au développement des rejetons, et de surveiller les bourgeons nécessaires à la forme.

2me Taille (fig. 313). Si les rameaux sont d'une vigueur ordinaire, c'est-à-dire d'une longueur de 0^m^,25 à 0^m^,30, on les laisse intacts ; mais si, parmi eux, un ou plusieurs se sont trop élancés, on les réduit à la dimension des autres.

Pendant la végétation, on répète les mêmes soins qu'après la précédente taille. En outre, on s'occupe des futures productions fruitières.

3me *Taille* (fig. 314). Il s'agit encore d'équilibrer les différentes parties de l'arbre, ainsi que les rameaux à fruit.

Les opérations d'été doivent toujours tendre à régulariser l'ensemble des ramifications du sujet, afin de concilier la production du bois avec celle du fruit.

4me *Taille* (fig. 115). Tant que la charpente n'a pas atteint son maximum de développement (2^m,50 de hauteur), on laisse, aux branches principales, leurs rameaux terminaux ; ensuite, on les rabat sur des brindilles latérales, afin de mieux aérer la forme et d'empêcher les dénudations dans le bas de l'arbre. On s'occupe aussi du renouvellement des coursonnes fruitières.

Chaque année, avant d'empaillassonner ou d'enterrer les Figuiers, on a soin de leur enlever les feuilles et les fruits retardataires, lesquels, en se décomposant, pourraient altérer les rameaux après lesquels ils sont attachés.

Le rajeunissement de l'arbre s'accorde exactement avec celui de l'Olivier (p. 154).

Pour compléter ce qui précède, nous expliquerons, maintenant, la direction à donner aux coursonnes fruitières :

La figure 316 représente un bourgeon destiné à devenir rameau à fruit.

Au printemps suivant, quand les boutons sont sur le point de se développer et que l'on distingue facilement ceux à bois, B, pointus, de ceux à fruit, A, ronds (fig. 317), on éborgne (p. 35) les premiers, ne réservant que le plus haut, C, et le plus bas, D.

Dans le courant de l'été (fig. 318), on pince le bourgeon supérieur, C, au-dessus de deux ou trois feuilles ; quant au bourgeon inférieur, D, on le laisse libre ; si on l'épointait, on lui supprimerait ses meilleures figues futures ; l'écimage du bourgeon de remplacement ne doit être employé qu'en cas d'excès de vigueur.

Lors du deuxième hiver, ou de suite après la cueillette des figues (fig. 319), on retranche, en E, la partie dénudée de la coursonne, qui portait les fruits, et le rameau de remplacement, F, est laissé intact, à moins qu'il soit tout à fait à bois, auquel cas on le taille court sur deux boutons seulement.

Dans les milieux qui lui conviennent, le Figuier se contente du même traitement que les arbres ordinaires de Verger (p. 147). On s'inspire assez bien de ces principes à Antibes (Alpes-Maritimes); à Barbentane et à Boulbon (Bouches-du-Rhône).

Pour accélérer la maturité de la figue, on pique l'œil du fruit, quand il commence à rougir. A cet effet, on se munit d'une paille ou d'une plume d'oiseau que l'on imbibe d'huile d'olive de première qualité, à laquelle on peut ajouter, à la dose d'un tiers, du bon cognac, pour parfumer la chair du fruit. Ce procédé s'appelle *caprifier* ou *toucher* la figue.

Les variétés de figues à propager sont :

* *Célestine (St-Jean)* [1], fruit gros, de bonne qualité, assez fertile ; mûrit fin juin.

* *De Smyrne (Berlandière, à Barbentane)*, fruit très gros, de bonne qualité, assez fertile ; mûrit fin juin.

* *Versaillaise*, fruit gros, de bonne qualité, assez fertile; mûrit en juillet.

* *Bellone*, fruit gros, d'excellente qualité, assez fertile ; mûrit en juillet.

(1) Les variétés marquées d'un * sont bifères, c'est-à-dire qu'elles fructifient deux fois dans le courant de la même année.

Conduite du Figuier

Traitement de l'arbre

Fig. 312

1re Taille

Fig. 313

2me Taille

Fig. 314

3me Taille

Fig. 315

4me Taille

Traitement des coursonnes fruitières

Fig. 316

Bourgeon destiné à devenir rameau à fruit

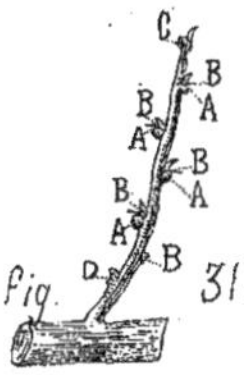

Fig. 317

Eborgnage des boutons à bois

Fig. 318.

Soins en vert des bourgeons à fruit.

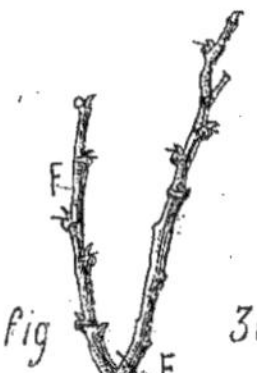

Fig. 319.

2me Taille

D'Or, fruit moyen, de très bonne qualité, assez fertile ; mûrit en août.

Blavette, fruit moyen, de bonne qualité, assez fertile ; mûrit en août.

Bourgeassotte noire, fruit moyen, d'excellente qualité, assez fertile ; mûrit en septembre.

Vernissenque noire, fruit moyen, de bonne qualité, assez fertile ; mûrit en septembre.

Vernissenque blanche, fruit moyen, de bonne qualité, assez fertile ; mûrit en septembre.

Grise, fruit petit, de bonne qualité, très fertile ; mûrit en septembre.

Blanquette, fruit petit, de bonne qualité, très fertile ; mûrit en septembre.

Marseillaise, fruit petit, de qualité supérieure, assez fertile ; mûrit en septembre.

Datte, fruit moyen, d'excellente qualité, assez fertile ; mûrit en septembre.

Oranger

L'Oranger est le plus ornemental des arbres fruitiers ; ses feuilles, qui se succèdent sans interruption, le rendent toujours vert ; ses fleurs ont un parfum suave, et ses fruits font plaisir autant par leur coloris que par leur saveur.

Le sujet réclame un climat chaud ou au moins tiède. En Provence sa culture n'est possible, à l'air libre, que le long du littoral et encore dans les endroits parfaitement abrités. Comme sol, on doit préférer celui de nature argileuse ou plutôt argilo-siliceux, si on veut que les fruits mûrissent bien et se conservent longtemps.

Ordinairement, l'Oranger fleurit en mai et mûrit ses fruits dans le courant du printemps suivant.

Sous la dénomination d'*Oranger*, on comprend : l'*Oranger* proprement dit (fig. 320), dont les feuilles sont ailées, allongées, ovales ou aiguës ; les fleurs blanches, très odorantes, et ordinairement en bouquets ; et les fruits arrondis ou ovales, d'un jaune d'or rougeâtre, avec l'écorce à vésicules convexes et la chair juteuse, sucrée et agréable. Parmi les principales variétés on reconnaît l'*O. franche*, l'*O. de Nice*, l'*O. de Malte* ou *sanguine*, *l'O. sans pépin*, l'*O. de la Chine*, l'*O. de Majorque*, l'*O. Jumelle*, avec les branches à double rangée circulaire, et l'*O. Mandarine*.

La *Pampelmoussier ou Pamplemoussier* (fig. 321), a les feuilles très grandes, chiffonnées, ailées ; les fleurs aussi sont très larges ou blanches, et les fruits gros ou très gros, arrondis ou allongés, à écorce lisse, d'un jaune-pâle, à vésicules planes ou convexes et à chair verdâtre, spongieuse, d'une saveur douce, peu savoureuse. Il existe les variétés *Chaldec* et *Pompoléon*,

Le *Bigaradier* (fig. 322), a les feuilles épaisses, amples et à larges ailes ; les fleurs sont grandes, ouvertes et bien parfumées, et les fruits moyens, à forme d'orange commune, à écorce de couleur rouge-foncé, à vésicules concaves au lieu d'être convexes, et à chair acide, un peu amère. On connaît la *B. jaune* et la *B. Pomme d'Adam*.

Dans cette espèce d'orange sont comprises aussi les variétés connues sous les noms d'*O. chinois : B. chinois à grandes feuilles*, et *B. chinois à feuilles de myrtes*.

Le *Citronnier* (fig. 323) a les feuilles longues, d'un vert sombre et souvent dentées ; les fleurs moyennes, rougeâtres en dehors, blanches en dedans, et les fruits, d'abord rouges, puis d'un vert foncé et enfin d'un jaune-canari, à la maturité ; l'écorce est unie, rugueuse ou sillonnée, à vésicules concaves ; à chair juteuse, très acide et savoureuse.

A l'inverse de ce qui se passe pour les autres sortes d'oranges, le Citron récolté le long du littoral de la Pro-

Planche. XXIX. Chapitre XII.

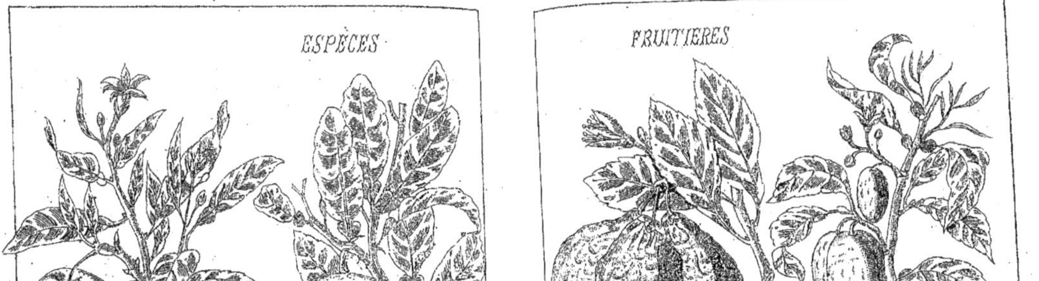

LITH. P. PASCAL. AIX.

A. VENDREVERT, DESSINATEUR À MARSEILLE

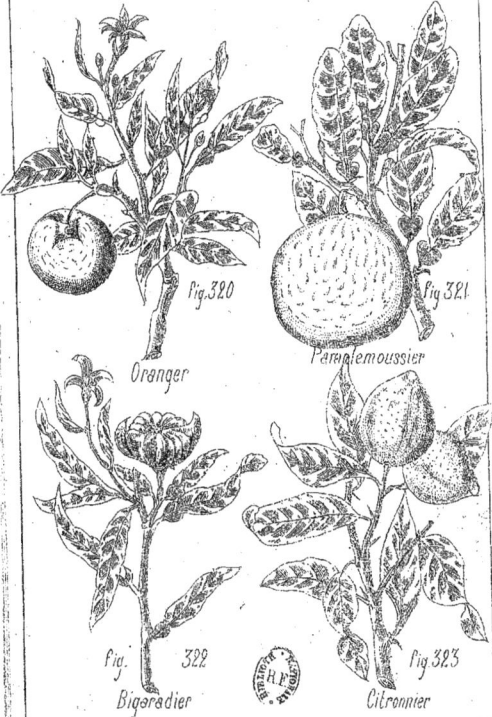

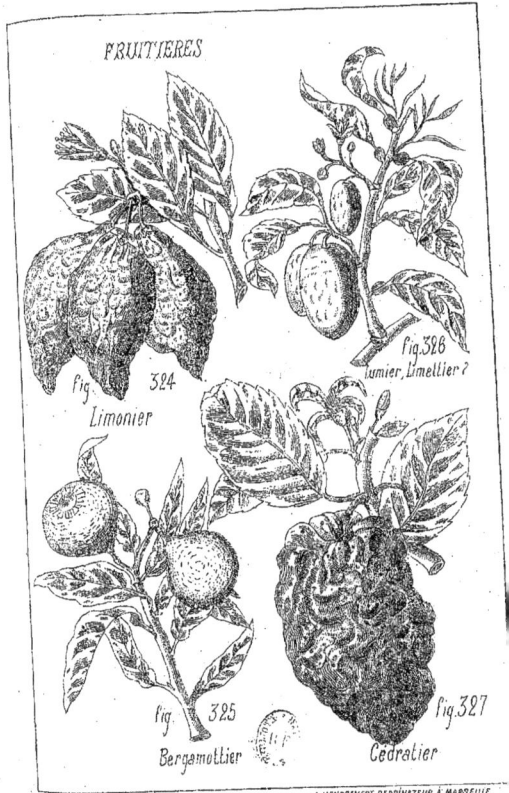

vence, est meilleur que celui venu des pays plus méridionaux que le nôtre. On donne la préférence aux variétés à *Pulpe douce*, *d'Italie* et à *grappes*.

Le *Limonier* (fig. 324) est confondu quelquefois avec le citronnier ; il en diffère par ses feuilles, qui sont plus courtes, d'un vert clair, sans foliole et légèrement dentées ; le fruit offre un mamelon très prononcé. On désigne les bonnes variétés sous les noms de : *L. commun*. *L. doux*, *L. de Portugal*, *L. Impérial* et *L. de Valence*.

Le *Lumier?* (fig. 325), dont les feuilles, les fleurs et les fruits ressemblent beaucoup, pour la forme et la couleur, aux produits du Limonier, seulement la pulpe est douce et plus ou moins sucrée ; c'est une espèce qui est peu propagée.

Le *Bergamottier* (fig. 326), a les feuilles allongées, aiguës ou obtuses et ailées ; les fleurs petites, blanches et d'un parfum distingué, et les fruits pyriformes ou déprimés, à écorce lisse, luisante, d'un jaune pâle, à vésicules concaves et à chair d'un acidulé très agréable. On l'utilise surtout pour son produit oléique contenu dans ses vésicules. La variété cultivée est la *B. orange*.

Enfin, le *Cédratier* (fig. 327) a les feuilles longues, étroites, pointues et dentelées ; les fleurs, grandes et violettes en dehors, et les fruits très gros, parfois énormes, à écorce épaisse, bosselée, d'un jaune foncé, à chair acide mais parfumée ; très bon à confire. On choisit de préférence le *C. de Florence* et le *C. Indien*. Il y a aussi le *C. Poncire*, le plus gros entre tous [1].

Suivant le genre auquel il appartient, l'Oranger peut se multiplier de toutes les façons employées pour les arbres

(1) Nous avons puisé, la plupart de ces détails pomologiques, dans le consciencieux *Manuel du Cultivateur provençal*, par Henri Laure, et dans le *Traité d'arboriculture* de M. Dubreuil, le brillant Professeur.

fruitiers. Dans le semis, on donne la préférence aux graines de Citrons, dont la germination est plus sûre et dont les sujets sont plus vigoureux ; le bouturage s'emploie surtout avec le *Limonier balotin*, que l'on greffe ensuite, pour reproduire toutes sortes d'Orangers. Il n'existe pas de greffage spécial pour transformer le sujet ; tous sont d'une bonne réussite, si on sait choisir des greffons convenables et opérer en temps opportun (p. 56).

La création d'une Orangerie s'obtient de la même manière qu'une plantation d'arbres ordinaire : on se procure des sujets jeunes et vigoureux, et on les met en terre à l'époque particulière aux végétaux toujours feuillés (p. 81); puis on réduit leurs tiges à la hauteur spécifiée pour chaque forme (Ch. IX).

Pendant la chaude saison, l'Oranger doit être en sol frais, ce que l'on obtient avec des irrigations et des labours réitérés, complétés par un paillis répandu sur la surface occupée par l'appareil radiculaire.

Pour la charpente de l'arbre, on se conforme à ce qui a trait à la culture du Cognassier (p. 122), et aussi bien pour les *formes d'art* que pour les *formes de rapport*.

L'Oranger est plus frileux encore que l'Olivier ; on agira donc prudemment en le soumettant à la pratique du *buttage* (p. 154), ou bien encore en garnissant le tronc et la base des branches charpentières avec de la paille longue, de seigle.

Lorsque la température naturelle ne permet pas de cultiver l'Oranger en plein air, il est indispensable de placer l'arbre dans un local où il puisse y trouver une chaleur artificielle analogue à sa constitution ; cette sorte d'habitation que l'on appelle une *Orangerie*, doit avoir une disposition régulière et être assez large et assez haute pour que les sujets n'y soient pas entassés, ni écrasés.

Les murs de l'Orangerie seront blanchis à l'intérieur, afin

qu'ils réfléchissent bien les rayons solaires, lesquels ont une action très favorable sur la végétation et la fructification.

Les orangers pourront être plantés dans le sol de l'emplacement ; mais d'habitude on les met en pots ou en caisse ; dans un milieu aussi restreint, il est essentiel de placer les racines en terrain aussi nutritif que possible, en le composant ni trop léger, ni trop compacte et en y additionnant de la terre de bruyère, de l'humus ou de la poudrette, excréments humains desséchés et pulvérisés.

Lorsqu'on se propose de tirer parti des fleurs, il y a intérêt à avoir les arbres bien fleuris à une époque particulière, ou tous à la fois, ou de manière à ce que la floraison se succède sans interruption; on amène ce résultat, soit en précipitant, en soutenant ou en modérant l'épanouissement des boutons par une élévation du calorique intérieur, des engrais ammoniacaux, ou on fait jeûner le sujet, ou on le laisse se refroidir plus ou moins.

On remarque quelquefois que les principales racines de l'Oranger, près du collet, sont hors du sol ; dans cette situation, l'air et la chaleur fatiguent les parties découvertes, les rendent coriaces, ce qui met obstacle à la libre ascension de la sève ; les organes radiculaires doivent toujours être recouverts de terre, et en outre, d'une couche de feuilles sèches.

Afin d'entretenir en santé les arbres encaissés, on les dépote tous les trois ou quatre ans, lorsqu'on suppose que les racines volutent et on les traite en conséquence (p. 125) ; on maintient ainsi, pendant longtemps, la vigueur et la fertilité.

Néflier commun (fig. 328)

Quoique peu exigeant sur la nature du sol, le Néflier se comporte mieux dans celui qui est profond, argilo-calcaire et frais, et à une exposition froide; alors, il produit de grands arbres et des fruits en abondance.

Comme la Sorbe, la Nèfle ne devient comestible que lorsqu'elle est arrivée à l'état de blette.

Le sujet se multiplie par le semis de ses noyaux ou osselets et par le greffage; les semences mettent deux ans à germer; ensuite on les soigne de la même manière que des égrains ordinaires (Ch. V).

Cette espèce fruitière se greffe sur *Franc*, sur *Cognassier* et sur *Aubépine*.

La tête de l'arbre se forme naturellement; pour l'avoir parfaite, il suffit de la seconder un peu, en l'évidant au centre et en égalisant ses branches charpentières et ses coursonnes fruitières.

Les variétés de Nèfles à choisir sont :

N. ordinaire, fruit moyen, de qualité supérieure, très fertile ; mûrit en automne.

N. sans pépin, fruit petit, de qualité ordinaire, assez fertile ; mûrit en automne.

N. de Hollande, fruit gros, de qualité ordinaire, assez fertile ; mûrit en automne.

Néflier du Japon (fig. 329).

Le Néflier du Japon ou *Bibacier*, est un arbre au feuillage noble et permanent ; ses fleurs exhalent un parfum de vanille et ses fruits, de la grosseur d'un œuf de pigeon, sont dorés, juteux et acidulés.

Le sujet s'accommode du climat méridional et de la plupart des terrains ; seulement il a le tort de fleurir à la fin de l'automne, ce qui expose sa fructification à l'action désastreuse du froid ; quelquefois, il y a un regain de florai-

Planche XXX. Chapitres XII et XIII.

ESPÈCES FRUITIÈRES

Fig. 328 Néflier commun.

Fig. 329. Néflier du Japon.

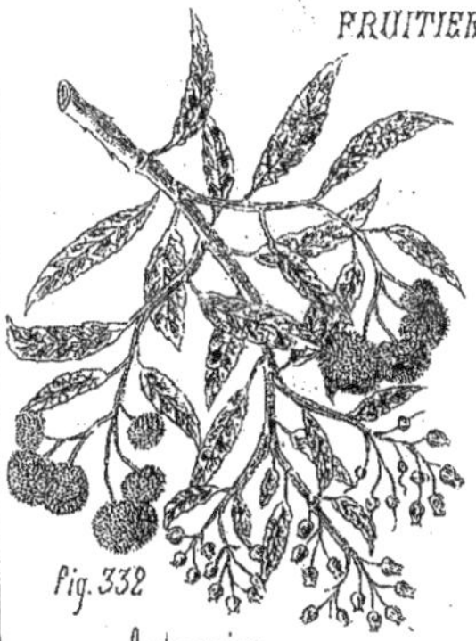

Fig. 332 Arbousier.

Fig. 333 Épine-Vinette.

Fig. 330. Diospyros. (Kaki).

Fig. 331. Caroubier.

Fig. 334 Grenadier.

Fig. 335 Câprier

BIBLIOTHÈQUE NATIONALE R.F.

A. VENDREVERT, DESSINATEUR À MARSEILLE.

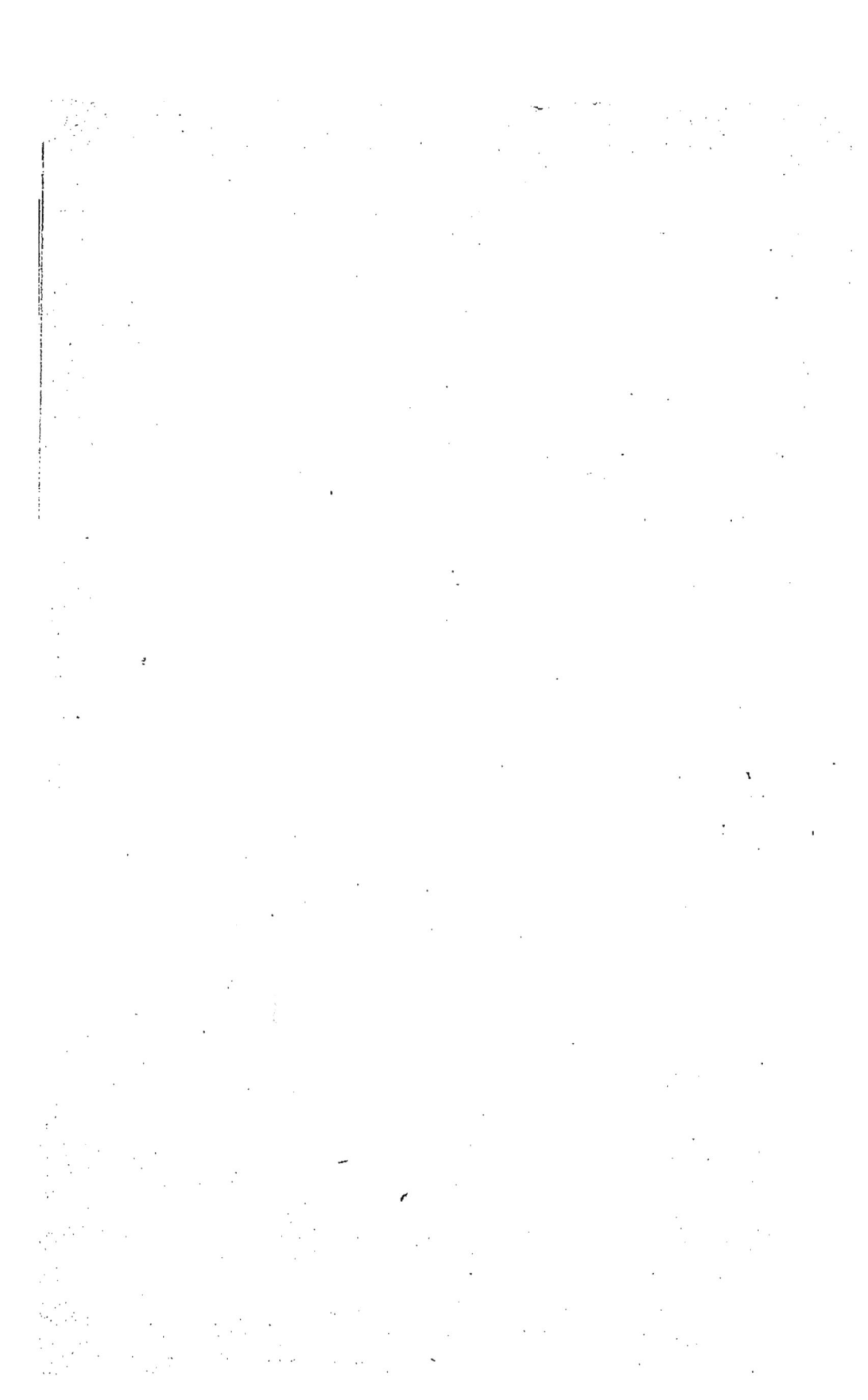

son au printemps, mais celle-ci ne donne jamais que des produits imparfaits.

On reproduit et on perpétue l'arbre par semis, marcotte et par greffe (Ch. V).

L'éducation de ce Néflier ne diffère pas de celle de son congénère.

On ne connaît, ordinairement, qu'une seule sorte de cette Nèfle, de qualité ordinaire, qui mûrit dans la seconde quinzaine de juin. Au Japon, il en existerait une variété nommée *Tobiwa*, d'une belle grosseur, qui n'aurait qu'une seule graine et dont la pulpe serait très charnue et très savoureuse.

Diospyros Kaki (fig. 330)

Cet arbre, d'origine japonaise, doit prendre rang dans nos vergers, à cause de la distinction de sa tête, et de la beauté et de la saveur particulière de ses fruits.

Le Diospyros réussit bien sous le climat provençal, surtout dans les terres grasses, profondes et fraîches, et aux expositions du midi et du couchant.

Pour reproduire le sujet, on a recours à ses propres semences, ainsi qu'à celles du Plaqueminier lotos, dont on greffe les tiges, quand est venu le moment opportun (Chap. V).

Relativement à la direction de l'arbre, on pratique ce que nous avons indiqué pour la conduite du Cognassier (p. 122).

Les Japonais cultivent le Kaki en pot. Voici comment ils opèrent : ils sèment en pleine terre, au printemps, des graines des plus belles variétés ; l'année suivante, à la même époque, ils déplantent les sujets et les raccourcissent d'un tiers, sur le pivot et sur la tige ; puis ils les repiquent en les inclinant à 30°. Un an après, ils les replantent de nouveau et ils les greffent au mois de mars suivant. A la fin de la même année, ils les mettent en pots ; la reprise est bonne et la fructification arrive l'année suivante.

Les sortes de Kakis sont très variées ; il y a les *Sauvages*, les *Amères* et les *Sucrées* ; mais c'est dans les deux derniers groupes que se trouvent les fruits les plus remarquables.

Kakis amers. Pour les avoir comestibles, on les laisse sur l'arbre jusqu'à ce qu'ils aient pris leurs couleurs définitives ; puis on les cueille et on les met dans un endroit favorable pour les faire *blettir*, à l'instar des Sorbes et des Nèfles ; alors ces fruits perdent leur amertume ; ceux d'*hiver* deviennent juteux et sucrés, et ceux d'*été*, fondants ; on détache leurs pédoncules et on puise dans la chair, avec une cuillère.

Ces Kakis sont consommés à l'état sec aussi ; dans ce but, on les pèle ; puis on les suspend par la queue, et on les expose au soleil ; ensuite, on les conserve à la façon des figues ou des pruneaux.

La variété la mieux disposée pour cette préparation est la *Kokioumarou.*

Kakis sucrés. Ce sont les plus parfaits et les plus recherchés ; ceux-ci mûrissent sur l'arbre et participent des mérites de plusieurs de nos fruits indigènes. On les nomme :

Kourocouma, fruit gros, arrondi ; peau fine, rouge-foncé, non adhérente à la chair, qui est très rouge, très juteuse ; mûrit au commencement d'octobre.

Tsouroukaki, fruit assez gros, allongé, avec les qualités du précédent.

Hatchiya, fruit très gros, arrondi ou un peu allongé, à chair délicieuse, juteuse et même mielleuse ; mûrit en novembre.

Guibochi, fruit gros, chair très sucrée, fondante, d'un goût exquis ; mûrit fin octobre.

Zendji, fruit moyen, arrondi, excellent ; mûrit au commencement de novembre.

Tsouroumarou, fruit gros, arrondi, rouge très foncé, succulent ; on le récolte dans la première quinzaine d'octobre, et il mûrit vers la fin du même mois.

Enfin, il y a le *Costata* et le *Mazelii*, qui sont méritants aussi ; mais leurs qualités n'égalent pas celles des précédentes variétés.

On considère encore, comme variétés de choix : les *Yakoumi*, *Chinanokaki*, *Daïchaudji*, *Chinomarou* et *Fouchimarou*[1].

Caroubier (fig. 331)

Comme l'Oranger, le Caroubier exige aussi une température chaude ; mais il est moins exigeant sur la composition du sol ; tous lui conviennent, même les plus ordinaires.

Son fruit, nommé *Caroube*, est une gousse d'un brun-rougeâtre qui contient une pulpe sucrée et d'une saveur assez agréable.

La reproduction du sujet s'obtient avec ses grains et par le greffage spécial aux arbres toujours verts (Ch. V, p. 66).

On soumet le Caroubier au même traitement que le Noisetier, p. 162).

Les deux variétés de Caroubes ordinairement cultivées, sont : le *C. Rocha* et le *C. Matalafan*, le plus rustique.

Arbousier (fig. 332)

Ce charmant arbre, toujours vert, se comporte à la façon

(1) Dans notre étude sur les Diospyros, nous nous sommes inspiré, à la fois, et des *Notes relatives aux Kakis cultivés*, par M. E. Dupont, ingénieur des constructions navales, en retraite, et des conseils de M. J. Audibert, horticulteur, à la Crau d'Hyères, qui s'est fait une spécialité de cette culture. Nous devons également citer, par reconnaissance, M. Honoraty, de Toulon, qui a beaucoup fait pour l'acclimatation de cet arbre.

de l'Oranger, c'est-à-dire qu'il présente, à la fois, des fleurs et des fruits verts et mûrs. Sa rusticité lui permet de vivre dans tous les terrains qui ne souffrent pas d'un excès d'humidité. L'exposition sera plutôt chaude que froide.

L'Arbouse mûrit dans le courant de l'automne ; c'est alors une jolie baie d'un rouge carmin ou pourpre ; mais sa chair est fade ; il faut la sucrer pour la trouver passable ; on en obtient une assez bonne confiture que relèvent agréablement quelques gouttes de citron. On peut encore préparer, avec ce fruit, une sorte de vin de champagne ; pour cela, on écrase la chair dans un récipient ; on l'augmente de son poids d'eau ; on laisse fermenter, on filtre ; puis on met en bouteille et l'on assujettit le bouchon avec une ficelle.

La propagation du sujet s'obtient avec le semis de ses graines, et par marcotte, que l'on exécute en temps ordinaire et avec les soins communs (Ch. V) ; seulement, il y a intérêt, pour l'avenir de l'arbre, que le sol soit de première fertilité, parce que plus un végétal a un commencement d'existence fort et vigoureux, plus il prend du développement par la suite.

Lorsque l'arbre a les dimensions voulues pour recevoir la greffe (la grosseur du petit doigt), on peut le transformer comme n'importe quelle espèce fruitière, et ainsi on en améliore toujours les produits.

Suivant la place et la situation qu'il occupe, l'Arbousier peut être soumis aux formes et aux traitements particuliers aux arbres de Jardin ou de Verger (Ch. VI et Ch. XII).

Dans les jardins paysagers, où le sujet produit un gracieux effet, on se contente de régulariser sa tête, qui prend, naturellement, une disposition sphérique.

CHAPITRE XIII

Arbrisseaux et Arbustes

Epine-Vinette (fig. 333)

L'Epine-Vinette ou Vinettier est cultivée pour ses baies, qui constituent d'excellentes confitures. A cause de leur acidité, on s'en sert également pour remplacer le jus de citron, ou en guise de câpres (p. 180). La récolte se fait vers le milieu de l'automne,

Cet arbrisseau réclame les bonnes expositions, et les terrains légers et secs, plutôt qu'humides.

On le propage par le semis et par les drageons que le pied laisse émettre de son collet (p. 17).

Quoique généralement négligé, le Vinettier est d'un rapport plus avantageux lorsqu'il est bien éduqué ; on peut le conduire en Cône, en Gobelet et en Palmette (Ch. X). Ses productions fruitières se comportent comme celles des espèces à fruits à noyaux (Ch. XI).

Aujourd'hui, on accuse cet arbrisseau de porter le champignon qui provoque la *Rouille* sur les céréales.

Aussi, la culture de l'Epine-Vinette non seulement ne prend pas d'extension, mais sa disparition est probable, si on rend sa destruction obligatoire.

Les variétés de Vinettiers connues sont : la *Commune*, la *Jaunâtre*, la *Violette* et celle à *grandes feuilles*.

Grenadier (fig. 334)

Ce charmant arbrisseau craint plutôt les froides expositions que les mauvais sols ; ses fruits, fortement colorés de jaune et de rouge, aux grains juteux, acidulés ou sucrés, font les délices de bien des personnes.

On peut renouveler le Grenadier de n'importe quelle façon ; mais le bouturage et le greffage sont les seuls avantageux (p. 52 et 56).

Suivant que les sujets sont dirigés en Gobelet ou en Palmette (p. 111 et 113), ou en Coupe (p. 150), on les plante plus ou moins éloignés les uns des autres; mais leurs branches charpentières doivent toujours garder entre elles un espacement de 0m,60 à 0m,80.

A Saint-Gilles (Gard), on voit de véritables vergers de cet arbrisseau, et leur rendement n'est pas inférieur à celui des meilleures cultures.

Une seule variété de Grenade est recommandable ; c'est celle *à gros fruit*, dite d'*Espagne*.

Caprier (fig. 335)

Cet arbrisseau ne peut prospérer que dans les endroits chauds et en terrain perméable, profond et substantiel. On utilise ses boutons à fleurs que l'on confit au vinaigre. Auparavant, on préparait pour la consommation ses fruits, des baies charnues, en forme d'olives longues et appelés *Cornichons*.

La multiplication du Câprier s'opère par le semis et par le bouturage ; mais celui-ci est le plus facile et le plus rapide ; pour le réussir, on prépare des fragments de rameaux longs d'environ 0m,25, que l'on met, en pépinière, de 0m,05 0m,10 les uns des autres. Au commencement de l'automne suivant, on les taille court ; puis on les couvre de terre meuble, pour les garantir des impressions du froid, parce que les fortes gelées pourraient les faire périr. Ensuite, à la fin de l'hiver, on place les sujets à demeure, avec un intervalle de deux mètres environ, en tous sens.

Dans le courant de la même année, les plants commencent déjà à donner un peu de récolte.

Chaque année, avant l'arrivée des grands froids, on couvre, chaque touffe, d'un mamelon de terre, après en avoir rabattu les ramifications à 15 ou 20 centimètres de longueur ; ces opérations sont complétées par un bon labour et une forte fumure (p. 48).

Au printemps, on découvre les cépées et on les approprie en les débarrassant de leurs tronçons de rameaux, que l'on enlève sur leurs empâtements ; puis on recouvre encore la tête de l'arbrisseau, mais cette fois légèrement, tout juste pour la préserver de l'action desséchante de l'air ou du soleil. Bientôt alors on voit apparaître les nouvelles pousses, qui, au mois de juin, émettent des boutons à fleurs, but de la culture.

Le moment de la récolte est arrivé lorsque les boutons ont atteint la grosseur d'un pois. La cueillette se fait d'abord une fois par semaine, et ensuite tous les cinq ou six jours ; plus souvent on récolte, mieux cela vaut, en ce sens que l'arbrisseau s'épuise moins, et la câpre, plus petite, se paie un prix plus élevé.

Dans le département des Bouches-du-Rhône, deux localités se partagent la culture du Câprier, celles de Roquevaire et de Cuges.

On ne connaît que deux variétés de câpres : la *C. ordinaire* et la *C. sans piquant*.

Groseilliers

Ces gracieux arbrisseaux acceptent, avant tout, les expositions fraîches ; leurs produits sont toujours abondants ; mais ils sont préférables si on applique des méthodes rationnelles.

On distingue trois sortes de groseilliers : le *Gr. à grap-*

pes, le *Gr. noir* ou *Cassis*, et le *Gr. épineux* ou *à maquereau*.

GROSEILLIERS A GRAPPES (fig. 336)

Son genre de végétation et de fructification offre beaucoup d'analogie avec celui des arbres à noyaux : les boutons se développent en bourgeons qui se garnissent de boutons à fleurs, la même année, et, après leur mise à fruit, ils s'allongent par leurs boutons à bois terminaux, lesquels fructifient de nouveau jusqu'à l'extinction de la branche fruitière.

Pour concilier le tempérament de l'arbrisseau avec le point de vue du cultivateur, on applique les systèmes suivants :

Première taille (fig. 342). La bouture ou l'enraciné planté est raccourci d'un tiers environ, au point A.

Pendant la végétation (fig. 343), quand les bourgeons atteignent une dimension de $0^m,05$ à $0^m,10$, comme ceux B et C, on les soumet au pincement (p. 40).

Deuxième taille (fig. 344). On coupe les terminaux D à la même longueur que l'année précédente, au point E, et l'on réduit les rameaux B et C, au-dessus du groupe de boutons à fruits qu'ils offrent à leurs bases.

Pendant l'été, on renouvelle le pincement aux nouveaux bourgeons vigoureux qui prennent naissance sur la tige. Les productions qui garnissent la première division de la tige fleurissent pour la première fois.

Les mêmes procédés de direction sont répétés encore pendant deux ou trois ans.

Cinq ou six ans après la plantation, c'est-à-dire quand les productions fruitières de la base de la tige sont épuisées, on applique au-dessus des dernières grappes de l'extrémité, quand les fruits sont noués, un rapprochement en vert, au

ARBRISSEAUX ET ARBUSTES FRUITIERS

fig 336

Groseillier à grappes

fig 337

Groseillier noir ou cassis.

fig 338

Groseillier épineux ou à maquereau

fig.339

Framboisier

Vignes

Fig. 340

V. Asiatico - Européenne

Vignes américaines

Fig.341

Cépage producteur Direct: Cunningham

Fig. 341 bis

Cépage porte-greffe Riparia sauvage

point F (fig. 345), afin de faire refluer la sève dans la base de la tige et favoriser, sur ce point, la sortie d'un bourgeon vigoureux, G. A la fin de la végétation, on ravale l'ancienne tige, au point H; immédiatement au-dessus de ce rameau de remplacement, lequel est ensuite traité comme la première tige.

Lorsque ce bourgeon de remplacement a parcouru, de nouveau, toutes les phases de sa végétation, ce qui a lieu ordinairement vers la douzième année de création de la Groseilleraie, on ne doit plus songer à la rajeunir ; on détruit alors la plantation et on la remplace par une autre culture. Cependant, si on tenait à réoccuper le même endroit, avec des Groseilliers, il serait indispensable, avant de replanter le terrain, d'y donner une bonne préparation (Ch. VI).

Voici maintenant la manière de s'y prendre pour former ces arbrisseaux :

Palmettes à trois branches. On obtient ces petites formes en plaçant les sujets à 0m,45 les uns des autres et en les coupant à une hauteur de 0m,15 à 0m,20 au-dessus de trois boutons, au point A (fig. 346).

Au mois d'avril, on supprime, dès qu'ils apparaissent, les drageons qui poussent du pied, et l'on palisse les bourgeons utiles.

La deuxième année (fig. 347), on raccourcit les rameaux de la palmette à la même hauteur, c'est-à-dire à une longueur de 0,30.

Les années suivantes, on opère de même, en allongeant chaque bras plus ou moins, d'après son développement annuel, et en entretenant toujours court les productions fruitières (fig. 348). On donne à ces palmettes environ un mètre d'élévation.

Touffe (fig. 349). Cette forme est obtenue à l'aide de trois ou quatre pieds que l'on plante à 0m,10 environ les uns des autres, en triangle ou en carré, afin que la touffe soit plus promptement établie.

Pendant le printemps suivant, on fait choix, dans le groupe de bourgeons, des six ou huit les mieux disposés et les plus vigoureux ; puis on enlève les autres.

Ensuite, chaque année, on crée autant de nouvelles tiges, et on les guide comme il est indiqué plus haut, pour la formation d'une tige unique.

Une touffe est entièrement formée lorsqu'elle se compose de trois sortes de bras , de pousses de l'année, de tiges de deux ans et de branches en pleine production. Cependant, si la touffe est vigoureuse, on peut en augmenter le nombre de ses membres, et au contraire, le diminuer, si elle est faible.

Groseilliers Noir (fig. 337) et Gr. Epineux (fig. 338)

Ces deux arbrisseaux ayant, avec le précédent, à peu près la même constitution, s'accommodent de la même conduite et des mêmes formes.

Les Groseilliers comptent beaucoup de variétés ; on doit préférer, dans les Groseilliers à grappes : la *Blanche de Hollande*, la *Gondouin à fruits rouges*, la *Hâtive de Berlin*, la *Queen Victoria*, la *Rouge de Hollande*, la *Versaillaise* et la *May's Victoria*.

Parmi les Cassis, la *Gr. Royale de Naples*.

Et dans les Groseilles épineuses : la *Grosse verte ronde*, la *Grosse rouge-clair* et la *Duc Wing*, à la peau lisse et unie, et la *Longue* à couleur de chair, la *Grosse jaune* et la *Grosse ronde* à couleur olive, à peau hérissée ou velue.

Framboisier (fig. 339).

Le Framboisier est plus agreste encore que le Groseillier, on peut l'installer dans les terrains et aux expositions

Planche XXXII Chapitre XIII

ARBRISSEAUX

Groseilliers

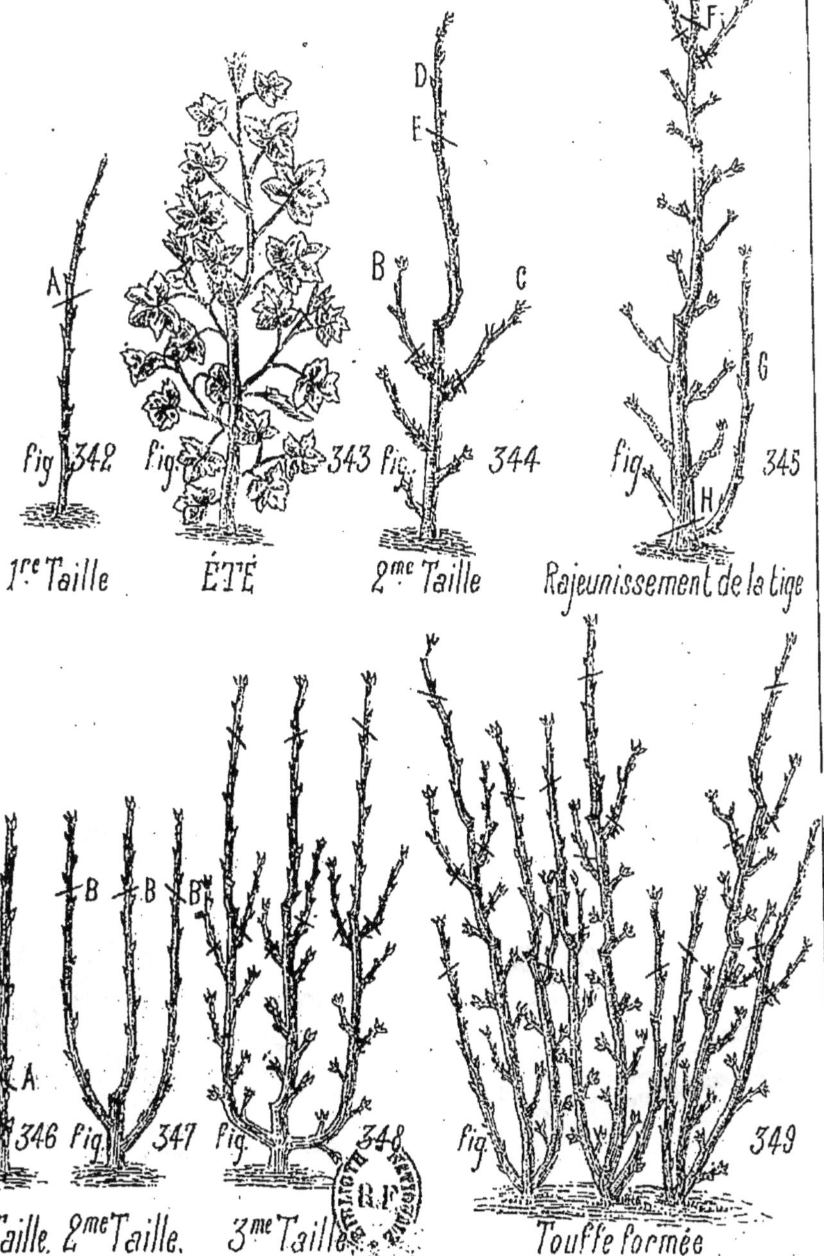

FRUITIERS

Framboisier

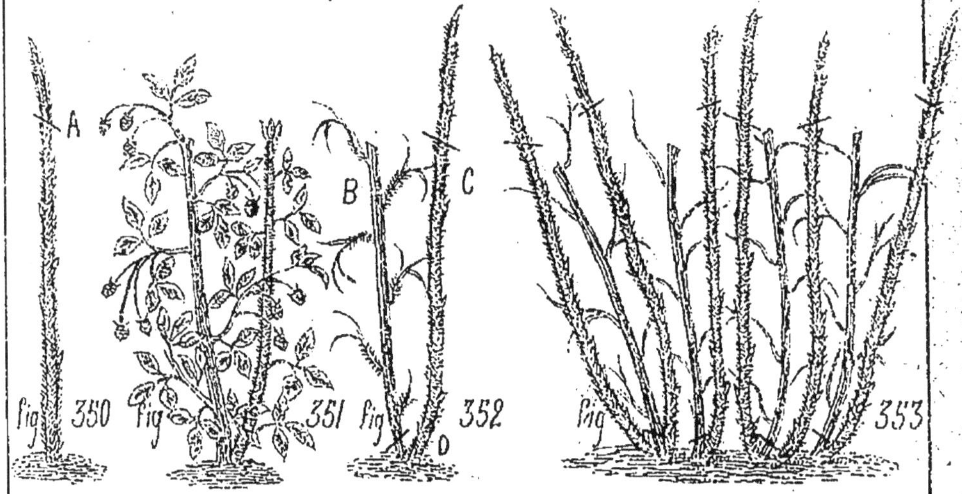

1re Taille — ÉTÉ — 2me Taille — Touffe formée

Eventail

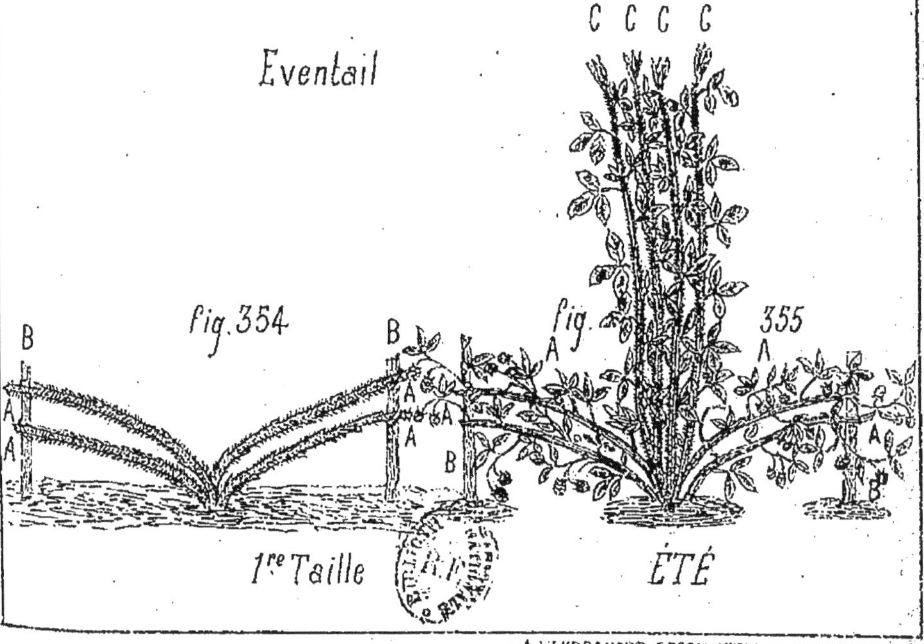

1re Taille — ÉTÉ

A. VENDREVERT. DESSINATEUR A MARSEILLE

les plus défavorables, mais la place qu'il affectionne est un sol frais et à demi insolé.

Le Framboisier a une manière particulière de végéter, et un système de taille des plus simples :

La figure 350 représente un drageon d'un an, dont on enlève un quart de son élongation, au point A.

En été (fig. 351), les boutons conservés par la taille donnent naissance à des bourgeons fructifères qui, aussitôt la récolte opérée, se dessèchent et meurent ; mais, pendant que la tige B produit, il sort de son collet plusieurs bourgeons dont on ne conserve que le plus convenable C, pour servir, l'année suivante, de remplaçant à celui qui vient de fructifier.

Au second hiver (fig. 352), on supprime rez terre la tige B, qui a porté fruit, et le rameau de remplacement C, est taillé comme l'ancienne tige.

On opère d'après les mêmes principes pendant huit ou dix ans. Au bout de ce laps de temps, les pieds étant épuisés, on renouvelle la plantation ou on la remplace par une autre culture.

Touffe (fig. 353). Cette forme est naturelle au Framboisier. Comme pour le groseillier, on plante, après les avoir taillés de $0^m,20$ à $0^m,25$ de longueur, quatre plants par groupe.

Dans le courant de la végétation, on choisit les six bourgeons nécessaires pour commencer l'établissement de la touffe, et l'on détruit les autres.

A chaque taille d'hiver, les rameaux conservés sont ensuite taillés et remplacés, comme il est dit précédemment.

La touffe entièrement établie doit porter six tiges de l'année et six tiges sèches, dont la conduite se résume ainsi : les premières sont taillées à $0^m,80$ en moyenne, et les autres sont supprimées rez terre.

Éventail (*système hollandais*, fig. 354). Les Framboisiers cultivés suivant cette disposition, sont plantés en quinconce et à un mètre en tous sens.

Pendant l'été qui suit la plantation, on ne laisse développer, sur chaque plant, que quatre bourgeons, et, préférablement, les plus rapprochés du collet.

En hiver, les rameaux réservés, A, sont raccourcis à environ $0^m,70$ de longueur, et inclinés deux de chaque côté, parallèlement à la ligne de plantation ; puis on les attache à deux échalas B, plantés dans l'intervalle de chaque cépée.

Ces tiges taillées et courbées, comme le montre la figure 354, produisent, durant la belle saison, une grande quantité de framboises, et de la souche apparaissent plusieurs drageons (fig. 355) ; on laisse intacts les bourgeons fructifères, mais les drageons sont enlevés, à l'exception des quatre de remplacement, C.

A l'époque de la deuxième taille, on débarrasse l'éventail des tiges desséchées, A, et les nouveaux rameaux de remplacement sont traités comme on a taillé, l'année précédente, ceux qu'ils doivent remplacer.

Cette manière de traiter les Framboisiers est la plus convenable, en ce sens qu'elle permet à l'air de pénétrer librement dans toutes les parties du contre-espalier, ce qui favorise autant la santé que la fertilité.

Une précaution qui a toujours d'excellents résultats, surtout pour les Framboisiers élevés en touffes, est celle qui consiste à couvrir d'un paillis le sol, qui conserve alors une fraîcheur salutaire, et les fruits, à leur maturité, ne sont pas salis par les éclaboussures de la terre.

Les variétés de Framboises auxquelles on doit donner la préférence, sont : la *remontante des Alpes*, la *Belle de Châtenay*, la *Falstaff*, la *Jaune d'Anvers* et la *Surprise d'Automne*.

CHAPITRE XIV

Viticulture

La culture de la Vigne, autrefois si facile et si avantageuse, est devenue plus compliquée et d'un revenu moins assuré, depuis que le vigneron est obligé de compter avec le Phylloxera (Ch. XVII) et avec de nouvelles maladies cryptogamiques (Ch. XVI).

Comme les arbres fruitiers de Jardin ou de Verger, la Vigne (fig. 340), est soumise aussi à des lois naturelles, et son organisation en souffre quand on en méconnaît l'importance. Voici celles que l'on doit le mieux connaître et le plus exactement pratiquer :

1° Il faut seconder les allures propres de la vigne, si on veut en tirer tout le parti qu'on est en droit d'en attendre.

2° On doit considérer la Vigne comme un arbre plutôt que comme un arbuste, ainsi que le démontrent des ceps d'une étendue considérable et d'une grande longévité [1].

(1) Nous pouvons citer quelques exemples qui sont spéciaux à la région du Midi de la France.

A Vauvenargues (Bouches-du-Rhône), se trouve, dans l'enclos appartenant à M. le marquis d'Isoard, la treille dite du Cardinal, dont le tronc mesure 0m,25 de diamètre et déploie un branchage capable de rapporter plus de cent kil. de raisins, dans une seule récolte.

Devant la ferme de Joyeuse-Garde (domaine Mimbelli), en territoire de Mouriès (Bouches-du-Rhône), on remarque un pied de vigne en tonnelle qui a donné 400 kil. de grappes, dans une seule cueillette.

A Cornillon (Gard), un cep fort ancien recouvre de ses pampres un grand chêne ; avec le produit de la vendange, on fait plusieurs hectolitres de vin.

Mais, le spécimen de vigne le plus extraordinaire, est celui qui existait encore, il y a une quarantaine d'années, à Castellane (Basses-Alpes); il offrait deux bras, l'un qui mesurait 1m,05, et l'autre 0m,85 de circonférence; une fois, on y a récolté 700 kil. de raisins.

3° A cause de sa constitution, la Vigne, avec ses ramifications flexueuses et munies de vrilles (p. 13), se trouve bien d'un support.

4° Plus la Vigne est plantée superficiellement, plus elle est fertile.

5° On ne doit pas exagérer la quantité des raisins, par cep, pour ne pas nuire à leur qualité.

6° La supériorité d'une variété de raisin réside surtout dans le cépage (*opinion du docteur Jules Guyot, inspecteur général des vignobles français*).

7° La récolte de la Vigne dépend aussi du climat, de la composition du terrain et de l'action des engrais.

8° Plus le raisin est près de la surface du sol, plus il acquiert de la perfection ; cependant il ne faut rien exagérer et ne pas exposer les grappes à être souillées par les impuretés du terrain.

9° La fructification se présente sur le pampre issu directement de la bourre (bouton) qui s'est formée dans le courant de l'année précédente.

10° Les bourres sont d'autant meilleures qu'elles sont plus aoûtées (p. 25) ; on les trouve plus particulièrement vers le milieu du sarment.

11° Plus les bourres sont rapprochées entre elles, plus la vigne est disposée à fructifier.

12° Les sarments aplatis et ceux qui naissent sur le vieux bois ne donnent ordinairement du fruit que la seconde année de leur développement.

13° En général, les cépages à grains ronds sont plus fertiles que ceux à grains longs.

14° L'apparition d'une vrille sur un pampre annonce qu'il n'y viendra plus de raisin au-dessus, à moins qu'on ne provoque l'émission de pampres anticipés.

15° Les tailles amples sont préférables aux tailles restreintes.

16° Il n'est pas d'espèce fruitière plus sûre à restaurer et à rajeunir que la Vigne ; quel que soit sa forme et son état, le cep se rétablit vigoureux et fertile.

La région méridionale de la France offre d'excellentes places à la vigne, ainsi qu'en témoignaient, avant l'invasion phylloxérique : les raisins de table *Chasselas*, de Beaucaire, et les *Jouanens charnus*, de Sauveterre (Gard) ; les *Clairettes*, de Die (Drôme), de Limoux (Aude), de Trans (Var), de Caumont (Vaucluse), et de Meyreuil (Bouches-du-Rhône) ; les *Panses communes*, de Roquevaire, et les *Pascals muscats*, de Cassis (Bouches-du-Rhône) ; ainsi que les raisins à *vins liquoreux*, de Rivesaltes (Pyrénées-Orientales) ; les *vins délicats* de Saint-Georges (Hérault), de la Nerthe-Châteauneuf-du-Pape et de la Chapelle-Châteauneuf-de-Gadagne (Vaucluse), de Lamalgue-Toulon (Var) ; les *vins généreux* de Tavel (Gard), de la Gaude (Alpes-Maritimes) et de la Crau (Bouches-du-Rhône) ; les *vins de coupages* de Bandol et de Pierrefeu (Var) ; les *vins blancs* de Caumont et de Cassis ; les *vins muscats* de Lunel, de Frontignan (Hérault) et de Beaumes-de-Venise (Vaucluse) ; le *vin rosé* de Mazan (Vaucluse) ; les *vins cuits* de Roquevaire, de Langesse et de Palette, aux environs d'Aix-en-Provence, etc., etc.

Le sol propice à la Vigne est celui dont la couche arable est de consistance moyenne et profonde ; elle accepte aussi celui du Diluvium alpin, composé de sable, d'argile et de gravier descendus des Alpes.

La nature du terrain a une influence marquée sur la couleur et la saveur du raisin et du vin : le sol sablonneux, graveleux et siliceux fait le raisin beau et le vin capiteux, mais peu coloré ; tandis que le sol calcaire ou argilo-calcaire donne au vin la nuance, le tannin, le bouquet. Les cailloux, surtout s'ils sont polis, sont précieux, en ce sens qu'ils maintiennent, en même temps, la chaleur et la fraîcheur de la terre.

Vignes Américaines

L'idée de recourir à ces vignes exotiques, pour rétablir le Vignoble, est venue à la suite d'observations et d'expériences nombreuses qui ont prouvé que leurs racines résistaient aux attaques du Phylloxera.

On classe ces cépages en trois groupes : les *Producteurs directs*, les *Porte-greffes* et les *Hybrides* ; ces derniers ont aussi leurs *Producteurs directs* et leurs *Porte-greffes.*

Producteurs directs francs : *Jacquez.* Cépage vigoureux, assez fertile ; raisin allongé, à grains petits, d'un noir-violet, peu juteux, mais très sucrés. Vin d'un rouge pourpre, mais d'une couleur instable, à goût de prune.

Le Jacquez demande les terres nutritives, profondes et fraîches ; il redoute celles qui sont sèches ou humides.

Herbemont. Cépage assez vigoureux, peu fertile ; raisin à grains petits, serrés, d'un noir rougeâtre. Vin d'un beau rouge, solide et franc de goût.

L'Herbemont (fig. 341) exige un sol qui s'échauffe facilement tout en conservant une certaine fraîcheur; les terrains ferrugineux lui sont particulièrement favorables.

Cunningham. Cépage au tempérament de l'Herbemont ; raisin de petite dimension aussi et peu coloré, plutôt rouge que noir ; vin clairet tirant sur le jaune et d'une saveur agréable.

Elvira. Cépage de vigueur ordinaire, fertile ; raisin blanc, d'un goût particulier ; vin parfumé au café.

L'Elvira accepte les terrains argilo-siliceux et argilo-calcaires ; il craint ceux qui sont trop compactes, marneux et tuffiers.

Noah. Cépage moins difficile que le précédent ; raisin gros et court, à grains assez gros, blancs ; vin à goût framboisé.

Le Noah aime les sols forts, mais peu calcaires.

PORTE-GREFFES FRANCS : *Riparia sauvage* (fig. 341 bis). Cépage représenté par beaucoup de sous-variétés, dont la plupart ont les pampres rampants ; les sarments ont le bois glabre ou tomenteux (garnis de poils) ; quelques-uns sont buissonneux ; ceux-ci doivent être rejetés ; les meilleurs sujets sont ceux à larges feuilles, comme le *R. Gloire*, de Montpellier, les *Velus* et ceux à *écorce rouge, violette* ou de *couleur noisette*, tels que le *R. Fabre*, le *R. Géant*, etc.

Le Riparia affectionne les terres légères, profondes et fraîches ; on le greffe, préférablement, avec le *Lignan blanc*, le *Chasselas de Fontainebleau*, les *Ugnis*, la *Clairette*, le *Colombaud*, l'*Olivette blanche*, le *Monestel*, le *Boudalès*, le *Côt*, le *Bouteillan*, la *Petite Syrah*, le *Petit-Bouschet*, etc. Il s'unit mal avec l'*Espar* et les *Hybrides-Bouschet*.

Solonis. Cépage très vigoureux et dont le port se rapproche sensiblement de celui du précédent ; il vient bien dans les sols assez compactes et même lorsqu'ils sont un peu humides ou salés [1].

Le Solonis s'associe volontiers, non seulement avec les variétés de vignes qui sympathisent avec le Riparia, mais encore avec l'*Espar*, la *Conèse*, le *Pinot*, le *Cabernet-Sauvignon*, le *Grand noir de la Calmette*, etc.

(1) Depuis une douzaine d'années, nous nous livrons au semis des pépins de cette espèce de Vigne. Nous avons été assez heureux pour en obtenir des sous-variétés méritantes : *Solonis à feuilles de Riparia ordinaire, et de Rupestris ; à bois tomenteux*, et même *à gros grains*, ce dernier est sorti d'une hybridation avec le *Pinot noir*.

Rupestris. Cépage rustique, reconnaissable à son port particulier, buissonneux ; ses sarments normaux sont cintrés-descendants et ses sarments anticipés, disposés verticalement; ses feuilles sont formées en gouttières et d'un vert spécial. On l'emploie dans les terrains sablonneux, graveleux ou caillouteux, dans ceux dits de Crau surtout.

Le Rupestris s'associe volontiers avec tous les cépages indigènes, auxquels il communique même une vigueur plus grande que ne montrait le sujet, avant sa transformation.

Yorsk's-Madeira. Cépage de force ordinaire, mais robuste ; il accepte les sols argilo-calcaires ou gypseux.

L'Yorck's-Madeira s'accorde facilement avec beaucoup de cépages du genre vinifera ; les soudures sont intimes et les greffons peu disposés à s'affranchir.

Berlandieri. Cépage d'une vigueur commune, que l'on distingue à ses sarments de forme hexagonale ; on le recommande pour les sols très calcaires ; mais il reprend difficilement au bouturage. Pour assurer l'enracinement du plant, le meilleur procédé est le marcottage chinois (p. 55).

Hybrides. On appelle ainsi les cépages obtenus par le croisement de diverses espèces de vignes américaines ou de celles-ci avec des vignes asiatico-européennes. Au nombre des préférés, on reconnaît, dans les Producteurs directs :

Canada. Cépage assez vigoureux et assez fertile ; raisin sous-moyen, à grains noirs ; produit un vin franc de goût et de bonne qualité.

Le Canada désire les terrains substantiels.

Othello. Cépage vigoureux et très fertile ; grappe belle, à grains ovoïdes, noirs et pruinés, à saveur de cassis ou de vanille, qui se communique au vin.

L'Othello ne prospère que dans les endroits frais et les sols riches.

Saint-Sauveur. Cépage obtenu par le sénateur Gaston Bazille ; bois vigoureux, d'une fertilité ordinaire ; raisin gros, à grains moyens, noirs ; donne un vin bon et alcoolique.

Le Saint-Sauveur exige les même sols que le Jacquez.

Herbemont-d'Aurelles. Cépage assez vigoureux et d'une fertilité suffisante ; grappe moyenne ou assez grosse, à grains noirs, d'un volume moyen. Son vin a les qualités de la précédente variété.

Il lui faut le même terrain que son congénère l'Herbemont ordinaire.

Duchess. Cépage vigoureux et assez productif ; raisin à grains jaunâtres ou dorés, savoureux et de longue garde.

On doit le placer dans une bonne terre franche.

Secrétary. Cépage très fort et d'une suffisante fertilité ; raisin magnifique, à grains gros, ovoïdes, noirs et d'une saveur musquée ; on en obtient un bon vin de dessert.

Même sol que pour le plant Duchess.

Koshiou (Yeddo). Cépage vigoureux et d'une bonne production ; raisin moyen, à grains blancs ; produit un vin de table agréable.

La plupart des terrains lui conviennent, pourvu qu'ils ne soient pas trop secs, ni trop humides.

PORTE-GREFFES : *Aramon-Rupestris,* (de Ganzin, n°s 1 et 2). Cépages d'une très grande vigueur et en même temps rustiques ; ils viennent bien dans tous les sols, sans en excepter ceux qui sont passablement calcaires.

Rupestris Paul Giraud. Cépage aussi vigoureux que le précédent et plus résistant encore à la chlorose dans les terrains à base de carbonate de chaux.

Rupestris Monticola. Cépage d'une bonne vigueur et réfractaire à la jaunisse dans les sols secs et très calcaires.

Gamai-Couderc. Cépage doué d'une force satisfaisante dans diverses natures de terrains, ainsi que dans ceux de composition gypseuse.

VIGNES DE JARDIN

L'éducation de la Vigne comprend deux cultures principales, celle qui a trait à la production des raisins destinés à être consommés à l'état frais, et celle qui consiste à obtenir des raisins destinés à faire du vin.

On considère comme *fruit de table* un raisin précoce ou de longue garde, ou celui dont la rafle présente de belles dimensions et avec des grains jolis, espacés, croquants, à suc fin, sucré, juteux et parfumé.

Parmi les nombreuses variétés de raisins de table connues, les plus recherchées sont :

Petit Morillon noir. Cépage assez vigoureux ; grappe sous-moyenne, à grains petits, noirs, de qualité ordinaire ; sa maturité arrive dans le courant du mois de juillet. Préfère la taille demi-longue.

Précoce de Saumur. Cépage de vigueur ordinaire ; grappe moyenne, à grains d'un jaune verdâtre, assez bons ; mûrit fin juillet. Exige une taille assez longue.

Malingre. Cépage peu vigoureux, mais très fertile ; grappe sous-moyenne ou ordinaire, à grains dorés, très sucrés; mûrit au commencement du mois d'août. S'accommode de la taille courte.

Lignan blanc (Jouanen charnu). Cépage vigoureux; grappe sur moyenne, à grains jaunâtres, sucrés ; mûrit vers le milieu du mois d'août. Réclame la taille demi-longue.

Muscat Talabot. Cépage assez vigoureux et fertile, grappe moyenne, à grains peu sucrés, ovoïdes, croquants, juteux, musqués, fondants, excellents ; mûrit vers la mi-août. Accepte la taille courte.

Portugais bleu. Cépage assez vigoureux, à grains peu serrés, noirs bleuâtres, assez sucrés, moëlleux ; mûrit dans la seconde quinzaine d'août. Accepte la taille courte ou demi-longue, suivant la force du cep.

Chasselas de Fontainebleau. Cépage de vigueur ordinaire, très productif ; grappe moyenne, à grains clair-semés, sphériques, de couleur ambrée, croquants, sucrés, excellents ; mûrit à la fin du mois d'août. Supporte la taille courte.

Chasselas rose de Falloux. Cépage assez vigoureux, assez fertile ; grappe sur moyenne, à grains assez gros, roses, très bons ; mûrit à la même époque que le précédent. Demande la taille demi-longue.

Chasselas musqué. Cépage vigoureux, d'une fertilité commune ; grappe moyenne, à grains d'un jaune brûlé, à goût de musc prononcé ; mûrit au commencement de septembre. Préfère la taille demi-longue.

Muscat noir de Hambourg. Cépage rustique et productif ; grappe moyenne, à grains assez gros, ovales, pruinés, à chair juteuse, musquée, très fine ; mûrit en septembre. S'accommode de la taille ordinaire.

Frankental, cépage vigoureux, assez fertile ; grappe magnifique, à grains gros, noirs, de qualité supérieure ; mûrit fin septembre. Exige la taille demi-longue.

De Calabre. Cépage très vigoureux, de fertilité ordinaire ; grappe superbe, à grains très gros, ronds, d'un jaune obscur, excellents ; mûrit au commencement d'octobre. Veut la taille longue.

Panse commune. Cépage très vigoureux, assez fertile ; grappe énorme, à grains gros, croquants, bons, d'une longue conservation ; mûrit en octobre. Préfère la taille demi-longue.

Panse musquée. Cépage vigoureux ; grappe grande, mais

sujette à la coulure (Ch. XVI), à grains ovoïdes, d'un jaune-foncé, croquants, musqués; mûrit en octobre et quelquefois en septembre. Demande la taille demi-longue

Parc de Versailles. Cépage fort, assez fertile; grappe superbe, à grains gros, noirs, bons; mûrit fin septembre. Réclame la taille demi-longue.

Sultanieh. Cépage très vigoureux, à gros bois, peu fertile; grappe longue, lâche, à grains ovoïdes, à peine moyens, d'un jaune ambré, croquants, d'une grande finesse et dépourvus de pépins; mûrit fin septembre. Exige la taille très longue.

Rosaki. Cépage vigoureux, assez fertile; belle grappe à grains gros, ovoïdes, d'un jaune doré, à peau ferme, épaisse, à chair assez fondante, sucrée; mûrit au commencement d'octobre. Accepte la taille longue.

Razaki. Cépage très vigoureux et très fertile, à condition de le soumettre à la taille longue; grappe allongée, lâche, à grains allongés, obtus aux deux bouts, noir-violacé, peau croquante, chair délicate et juteuse; mûrit en été, mais se conserve longtemps.

Œillade blanche. Cépage vigoureux et fertile; grappe assez grosse, d'un aspect appétissant, à grains gros, ovoïdes, à peau ferme et à chair fine et juteuse; mûrit dans le courant de l'automne. Accepte la taille demi-longue.

Cornichon blanc. Cépage très vigoureux, peu productif; grains très allongés, parfois crochus, d'autres fois renflés par le milieu, à peau épaisse et à chair cassante, de qualité ordinaire, mais d'une longue conservation; mûrit dans le courant de l'hiver. Exige une taille très longue.

Cornichon violet. Ne diffère du précédent que par la couleur de ses grains.

Chaouch. Cépage assez vigoureux, assez fertile; grappe moyenne, à grains assez serrés, ovoïdes, d'un beau jaune, à peau épaisse, à chair ferme, juteuse et agréable ; se conserve longtemps.

Olivette noire. Cépage vigoureux, assez fertile ; grappe longue, à grains allongés, croquants, de qualité suffisante, et d'une conservation qui permet d'en jouir jusqu'au printemps suivant.

L'*Olivette blanche* ne diffère de la précédente que par la couleur de ses grains, et elle serait de plus longue garde encore que la noire..

Raisin-prune (de la St-Martin). Cépage remarquable par le volume énorme de ses grappes, qui atteignent, parfois, le poids de 5 à 6 kil. et plus ; grains très gros, arrondis, à peau épaisse, d'un noir-rougeâtre ; chair un peu sèche ; sa conservation est, pour ainsi dire, illimitée.

Cordon vertical

Cette forme s'obtient en plaçant les vignes contre un mur ou un treillage disposé comme pour recevoir des arbres fruitiers, avec cette différence seulement qu'il suffit de trois liteaux longitudinaux par cep : un central, pour dresser la tige, et deux latéraux, un de chaque côté, pour y palisser les pampres ; on réserve entre eux environ $0^m,25$ d'intervalle.

Les porte-greffes ou les producteurs directs, boutures ou enracinés, sont plantés à $1^m,50$ environ les uns des autres ; les boutures sont mises en place comme il a été dit précédemment à l'article *Pépinière* (Ch V) ; puis, en temps opportun, on les *greffe* (p. 69). Si on se sert de producteurs directs, on les emploie de suite à demeure, en réservant un certain intervalle entre les ceps et le mur, afin de permettre aux racines de se développer de ce côté.

Quand on a recours aux porte-greffes, on les traite différemment, suivant qu'on les transforme en Pépinière ou en place à demeure. Dans tous les cas, on attend toujours que le plant ait bien pris possession du sol avant de lui commencer sa charpente.

D'habitude, la première année de la plantation, on ne conserve que le sarment le plus inférieur et on le réduit au-dessus de deux boutons francs.

Mais le résultat du greffage amène, généralement, la poussée d'un ou deux pampres vigoureux, qui permettent la première taille de la forme du cep (fig. 356), laquelle consiste à ne conserver que le meilleur sarment et à le raccourcir à 0m,50 environ au-dessus du sol et sur trois bourres ou boutons les mieux assis pour obtenir, par leur développement, un nouveau terminal et le premier étage de coursons.

Aussitôt après la coupe, on dresse la jeune tige sur le liteau qui doit lui servir de chef de file, afin de l'obtenir aussi droite que possible.

Soins en vert (fig. 357). Pendant le printemps et l'été suivants, on choisit les trois pampres les mieux placés : deux latéraux, BB, pour organiser les futurs coursons, et l'autre, A, au-dessus et, si faire se peut, devant, pour continuer le cordon ; on enlève les pampres en excès, même s'ils portent des raisins. Quand les pampres utiles ont une longueur de 0m,30 à 0m,40, on les palisse, le plus haut, verticalement, et, les plus inférieurs, obliquement, suivant l'angle de 45° ; enfin, on pince ces derniers lorsqu'ils se rencontrent avec leurs voisins, c'est-à-dire à la dimension d'environ 0m,75, afin de prévenir la confusion et de faire grossir les grappes placées au-dessous. Si cet épointage provoque la venue de pampres anticipés, on les rogne sur leur deuxième feuille et autant de fois que cela est nécessaire. Quant aux vrilles et aux vrillons (p. 19), on les détruit au fur et à mesure de leur apparition, pour économiser la sève.

Planche XXXIII. Chapitre XIV.

Cordon Vertical — VIGNES DE JARDIN

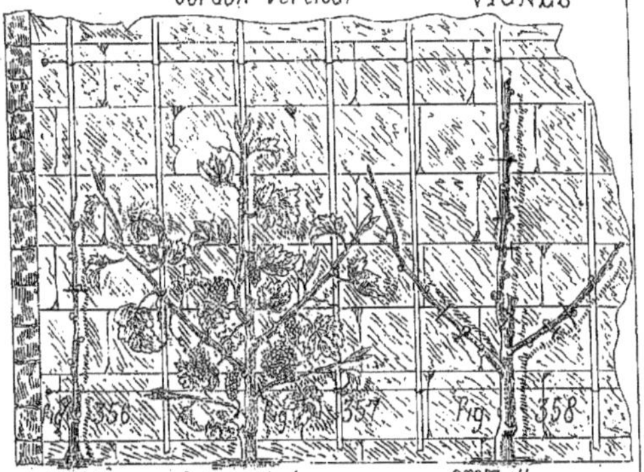

1re Taille. Soins en Vert. 2me Taille

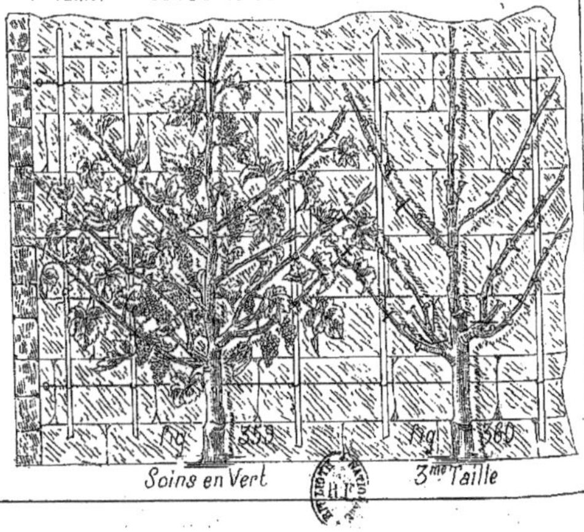

Soins en Vert — 3me Taille

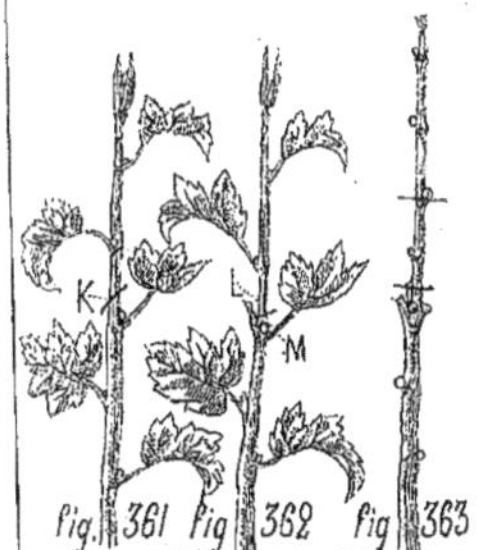

Fig. 361 Fig. 362 Fig. 363

Procédé pour obtenir les coursons vis-à-vis

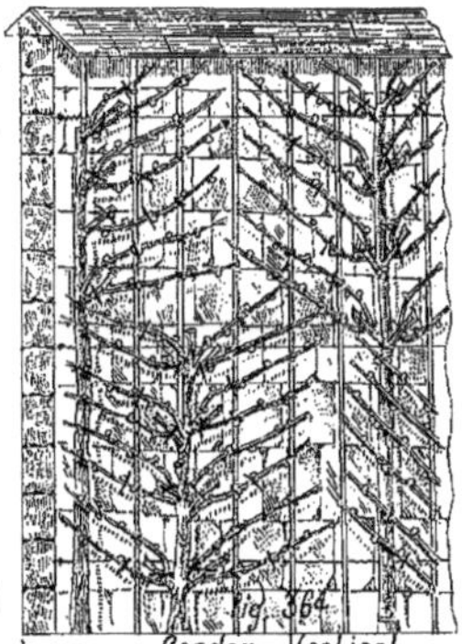

Cordon Vertical, pour mur élevé.

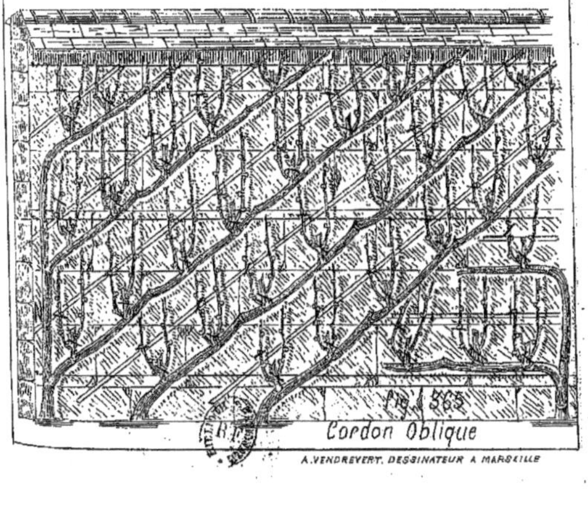

Cordon Oblique

A. VENDREVERT, DESSINATEUR A MARSEILLE

Deuxième taille (fig. 358). Après le dépalissge de la forme, on réduit le sarment de la tige, A, à 0m,35 ou 0m,40, pour créer le deuxième étage de coursons, et les sarments, BB, réservés comme coursons, sont rabattus à deux ou trois bourres franches, suivant le cépage et la force du sujet. Ensuite, on recommence l'accolage.

Soins en vert (fig. 359). Sur le sarment de prolongement, on réitère les mêmes soins que durant la végétation précédente.

Sur les coursons issus de la taille dernière on ne garde, à chacun, que deux pampres et on les traite comme un pampre latéral unique ; puis, en outre de ces soins indispensables, on exerce le *Cisellement* [1] et le *Bassinage* (p. 42), quand le besoin s'en fait sentir.

Troisième taille (fig. 360). Cette taille est semblable à la deuxième, pour ce qui regarde le prolongement du cordon et les sarments de la deuxième série de coursons. Quant aux premiers coursons, on les rabat sur leurs sarments supérieurs, et leurs sarments inférieurs sont coupés à quelques bourres seulement.

Désormais, tous les ans on ajoute, à la tige, une nouvelle paire de coursons et jusqu'à ce que le cordon soit arrivé à son complet développement ; alors on taille le terminal à deux bourres, le prolongement étant devenu inutile.

Si la vigne était très vigoureuse, on pourrait, sans nuire à l'avenir de l'espalier, établir deux séries de coursons dans la même période de végétation. Pour cela, il n'y aurait qu'à allonger la taille du sarment principal et à la porter à 0m,70 au lieu de 0m,35, comme on l'opère d'usage. Par cette com-

(1) Cette opération consiste, dans les grappes à grains serrés, à retrancher ceux qui sont restés petits ou qui se touchent, ne conservant que les plus gros et les mieux espacés, seul moyen d'avoir des raisins irréprochables, comme beauté et comme bonté.

binaison, on avancerait la formation de la treille et on augmenterait le volume de la fructification.

Il est possible aussi de faire naître les coursons opposés, au lieu de les avoir à une certaine distance l'un de l'autre. A cet effet, lorsque le pampre servant de flèche (fig. 361) s'est allongé d'environ 0m,40, on le taille en vert, au point K, sur une feuille, avec œil bien constitué, placée devant et au niveau de l'étage à créer, ou un peu au-dessous, jamais au-dessus. Quelque temps après, il sort de ce point un pampre anticipé, L (fig. 362), et quand celui-ci a 0m,10 ou 0m,15 de longueur, on le réduit sur son talon, M, ce qui oblige alors l'œil normal à débourrer, et ce second pampre pousse toujours muni, à sa base, de deux boutons vis-à-vis. L'hiver suivant (fig. 363), on taille ce sarment anticipé sur une bourre dominant les deux qui sont dos à dos et, par leur végétation, elles donnent le résultat désiré. Ce moyen, qui satisfait l'amateur, plaît moins à la vigne que le système ordinaire, plus favorable à la véritable marche du fluide séveux, à la condition cependant d'établir les coursons régulièrement espacés.

Peu de formes sont aussi productives que celle en cordon vertical. En supposant, à chaque vigne, une longueur de 2m,50, ce qui permet l'installation de seize coursons, huit de chaque côté de la tige, on assure, pour ainsi dire, la récolte annuelle de soixante-quatre grappes.

Pour les murs qui dépassent la hauteur habituelle et qui atteignent 4 et même 5 mètres d'élévation, on modifie la disposition des ceps. D'abord, on les met plus rapprochés les uns des autres, on établit les cordons de manière qu'ils garnissent alternativement, les uns, la moitié inférieure, et les autres, la moitié supérieure, ainsi que l'indique la figure 364.

La conduite des premiers est en tout conforme à ce qui vient d'être enseigné plus haut. Quant aux derniers, on

Planche XXXIV. Chapitre. XIV.

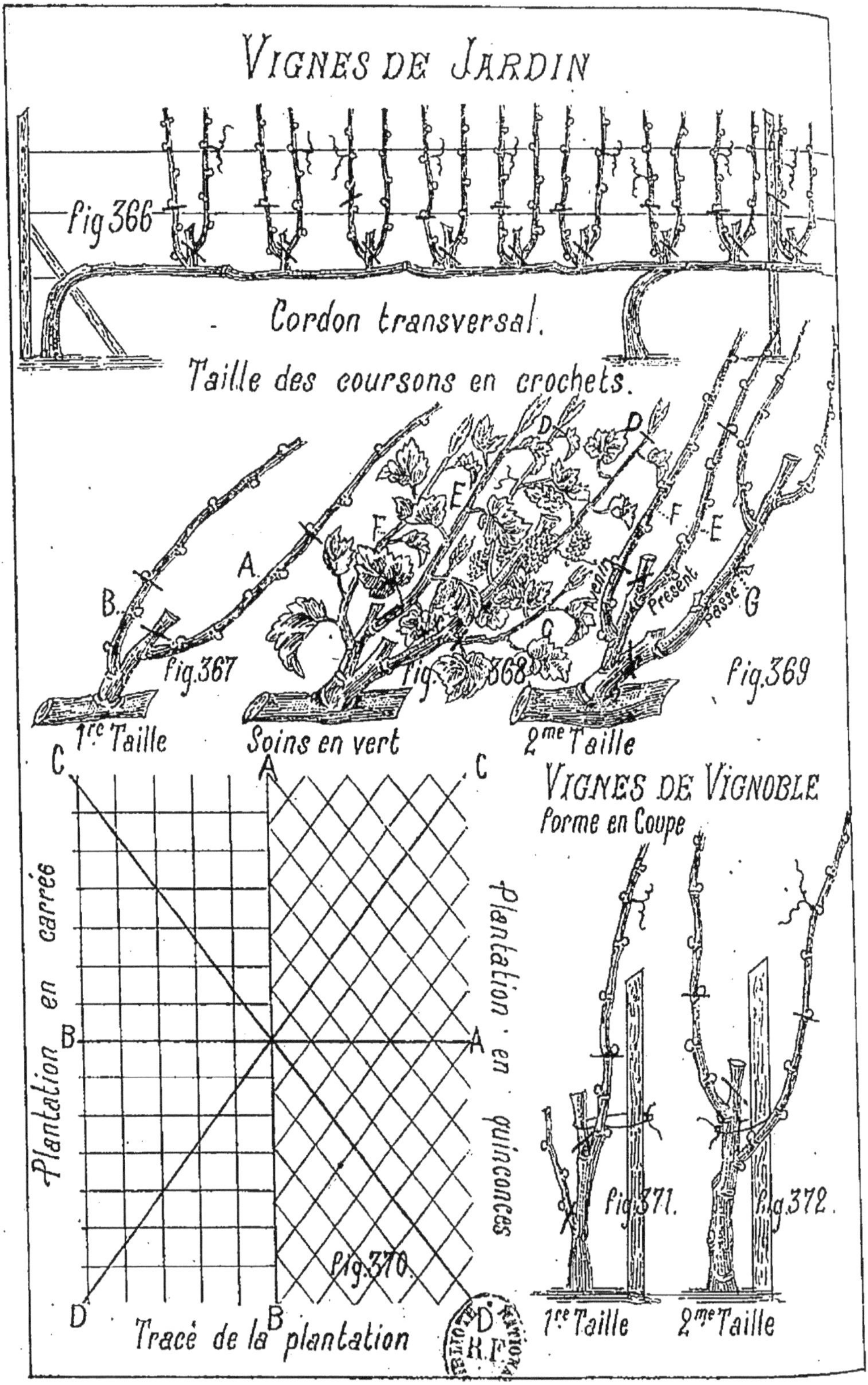
VIGNES DE JARDIN
fig 366
Cordon transversal.
Taille des coursons en crochets.
B.
A.
fig.367
1re Taille
F
E
D
C
fig. 368
Soins en vert
Avenir
Présent
Passé
G
fig.369
2me Taille
C
A
C
B
A
D
B
D
Plantation en carrés
Plantation en quinconces
fig.370.
Tracé de la plantation
VIGNES DE VIGNOBLE
Forme en Coupe
fig.371.
fig.372.
1re Taille
2me Taille

FORME EN COUPE

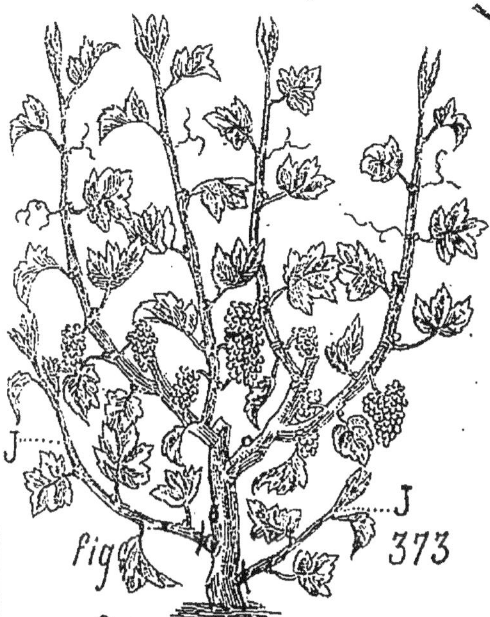

Fig. 373

Soins en Vert

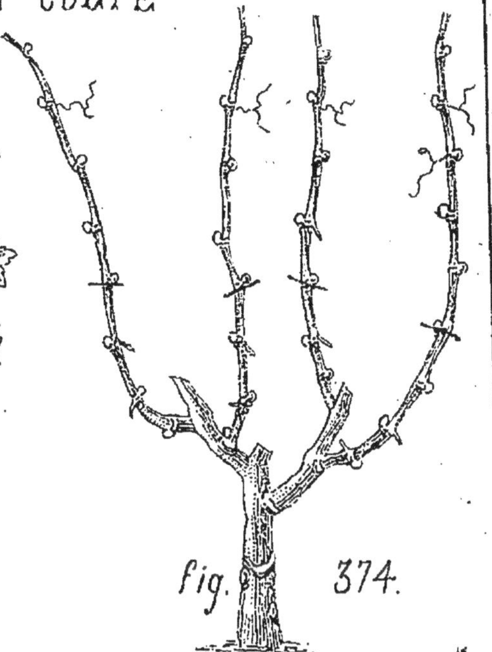

Fig. 374.

3me Taille

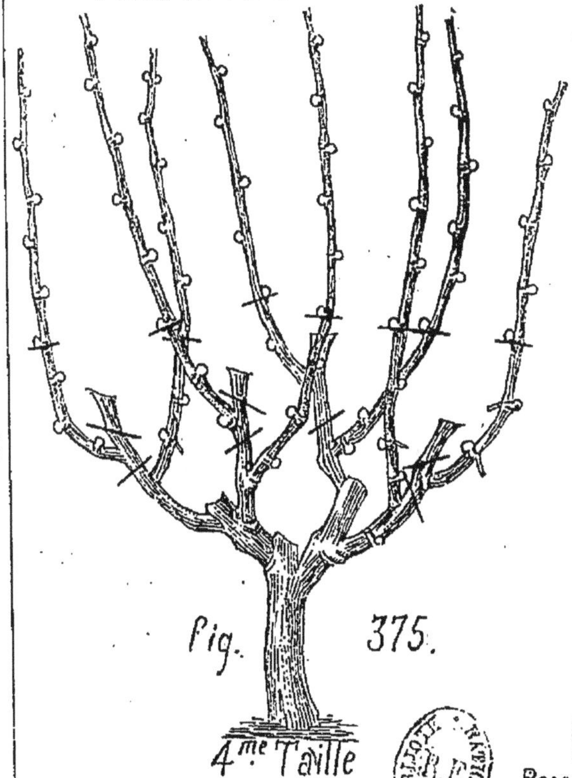

Fig. 375.

4me Taille

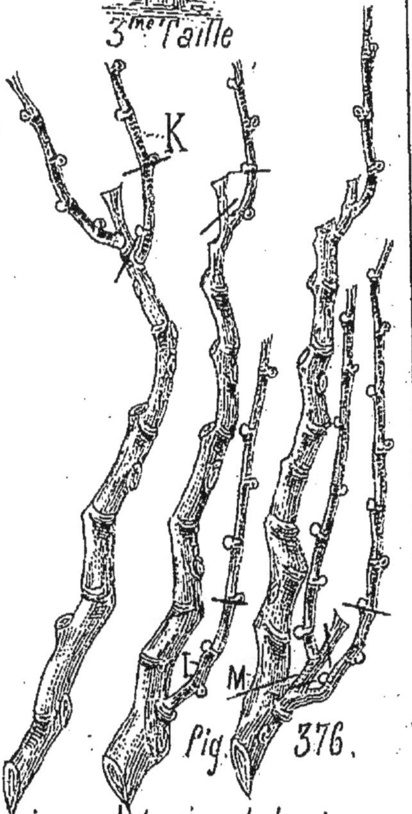

Fig. 376.

Rajeunissement des bras de la vigne

A. VENDREVERT. DESSINATEUR. A. MARSEILLE.

attendant que leurs tiges arrivent à l'endroit où elles doivent se garnir de coursonnes, on les taille, chaque hiver, à la longueur d'environ un mètre, pour en faire grossir les pieds, auxquels on laisse quelques coursons dans l'intérêt de la fructification ; ensuite ces derniers sont enlevés quand on a obtenu le premier étage de ceux qui sont utiles. Si on arrivait d'un seul coup à la formation des coursons supérieurs, ou si l'on employait des coupes d'une longueur démesurée, on n'obtiendrait que des cordons mal constitués.

Cordon oblique (fig. 365).

Cette disposition est applicable aux espaliers et aux contre-espaliers qui n'atteignent pas 2m,50 de hauteur, et pour les plantations en terrain penché. L'inclinaison à donner aux tiges dépend du plus ou moins de longueur qu'on peut leur laisser acquérir, laquelle doit atteindre toujours environ 3 mètres ; les coursons sont placés seulement sur le dessus des bras.

La charpente des ceps s'obtient en taillant, chaque année, le prolongement de la tige à 0m,55 environ, sur une bourre placée au-dessous, de manière que parmi celles qui la précèdent, il s'en trouve deux assises au-dessus et éloignées d'environ 0m,25 l'une de l'autre. Ce point excepté, on soumet ces cordons au traitement prescrit pour les cordons verticaux.

Afin que ces treilles occupent totalement la surface qui leur est réservée, on les commence par une demi palmette à tige verticale et à bras obliques, N, et on les finit par une autre, à tige verticale et à bras transversaux, O.

Cordon transversal (fig. 366).

Ce système s'obtient en courbant les ceps de vignes contre un mur ou sur un treillage d'environ 1m,50 de hauteur au-dessus du sol et en garnissant, avec des coursons, la partie transversale des tiges.

La conduite de la charpente et de ses coursonnes fruitières est identique à celle de la forme en cordon oblique; il n'y a qu'une légère différence dans le dressage du bras, qui est incliné parallèlement au terrain et dans celui des coursons, qui sont fixés verticalement.

A l'endroit de la courbure, on empêche la sève de s'y accumuler, en ne tolérant aucun pampre jusqu'à une distance d'environ 0m,30, sur la portion transversale; on favorise ainsi le développement de la végétation et on réserve la force pour les parties utiles du cep.

Quand les bras s'entrecroisent, on taille le prolongement sur une bourre de dessus et de façon à en obtenir un courson situé au milieu de l'intervalle compris entre le dernier courson du cep précédent et le premier du cep suivant.

On a recours également à la greffe pour consolider les pieds de vignes (p. 63).

Système Cazenave. Cette méthode, du nom de son inventeur, un habile viticulteur de La Réole (Gironde), n'est autre qu'un cordon transversal; seulement on le forme d'une manière plus rapide et on l'occupe avec des coursons taillés demi-longs et en crochets.

La première année de la courbure de la tige, dont on coupe le sarment à 1m,50 environ de longueur, on laisse pousser tous les pampres qui se développent, à l'exception de ceux qui naissent sur la partie verticale et sur le dessous du bras.

A la deuxième taille, on commence par faire disparaître la moitié environ des sarments à fruit conservés; puis ceux qui restent sont taillés, le terminal à 1 mètre ou 1m,50, suivant sa vigueur, et les autres sarments, réservés pour coursons, à deux ou trois bourres franches.

Dans le courant de la végétation, on applique les soins en vert ordinaires.

Quand la vigne est vigoureuse, à la troisième taille, le cordon est terminé, c'est-à-dire que les prolongements arrivent sur le coude du cep suivant ; leur raccourcissement se fait alors à 0m,10 ou 0m,15 au-delà de ce point, et sur une bourre de dessus, qui est appelée à constituer le dernier courson. Ensuite, on termine le traitement du cordon en laissant à chaque courson un sarment à bois et un sarment à fruit (p. 203).

Pour donner au cordon plus de régularité et ainsi le rendre plus gracieux, on palisse les longs-bois, que l'on fixe, par leurs extrémités, à un fil de fer.

Le sytème Cazenave a le précieux mérite de convenir à toutes sortes de cépages et de les rendre abondamment fertiles.

Taille particulière a certaines variétés de Vignes

Tous les cépages ne se soumettent pas avantageusement à la taille courte ; plusieurs variétés de raisins, telles que le *Lignan blanc*, le *Frankental*, le *Sultanieh*, etc., ne fructifient pas ou peu, leurs bourres n'étant fertiles qu'à partir de la troisième ou de la quatrième. Dans ces conditions spéciales, on modifie le traitement des coursons de la manière suivante :

Quelle que soit la forme imposée au cep, on le plante plus espacé que d'habitude (environ un tiers plus loin), et ses coursons aussi sont mis à une distance plus grande (de 0m,40 à 0m,50 les uns des autres).

La première taille du sarment pour courson ne diffère en rien de celle d'une vigne ordinaire, le traitement est modifié seulement à partir de la deuxième année.

A dater de ce moment (fig. 367), le sarment le plus haut, A, est raccourci à quatre ou cinq bourres, et le plus bas, B, est coupé à deux bourres ; le supérieur est conservé pour le fruit, et l'inférieur, pour le bois.

Pendant la végétation suivante (fig. 368), on ébourgeonne les pampres infertiles, C, excepté les deux, E et F, dits sarments de la base, nécessaires au remplacement ; les pampres fertiles, D, sont pincés à trois feuilles au-dessus de la grappe la plus élevée. Quant aux pampres de réserve, E et F, on ne les épointe qu'à la longueur de $1^m,25$.

La deuxième taille et les suivantes (fig. 369), consistent à retrancher la partie, G, qui a fructifié, et les deux sarments de remplacement, E et F, sont encore taillés, l'un long et l'autre court.

Ces trois coupes principales ont reçu trois qualifications que nous croyons utiles de reproduire ici, parce qu'elles gravent, dans la mémoire, avec la théorie de ce système, le rôle de chacune des parties du courson ; la branche, G, qui a produit la récolte, reçoit le coup de sécateur du *Passé* ; le sarment, E, ou le nouveau sarment à fruit, le coup de sécateur du *Présent*, et le sarment, F, qui doit renouveler le remplacement, le coup de sécateur de l'*Avenir* [1].

Culture des Vignes à Vins

Création d'un Vignoble

De même qu'un Jardin fruitier, ou un Verger, le Vignoble exige, pour réussir, une installation spéciale.

Voici d'abord les frais approximatifs d'achat, d'organisation et d'entretien d'un hectare de vignes :

(1) Ces appellations ont été prononcées, pour la première fois, par M. d'Abnour, juge à Chartres, et amateur passionné d'Horticulture.

Prix du terrain........................Fr.	1000
Frais d'acquisition..........................	150
Intérêts à 4 % pendant trois ans................	142

PREMIÈRE ANNÉE

Défoncement à la charrue..................Fr.	350
Nivellement et ameublissement du sol..........	60
Fumure......................................	200
Frais de transport, d'épandage et d'enfouissement.	50
Achat des plants (3,500 enracinés)............	175
Tracé de la plantation ; deux journées d'homme..	6
Plantation..................................	50
3,500 piquets en bois de châtaignier...........	60
Deux journées d'homme à 3 fr., pour les planter.	6
Quatre binages à 26 fr. l'un..................	104
Soufrage : 100 kil. à 10 fr.; emploi trois journées à 2 fr. 50 l'une........................	18
Pulvérisation à la bouillie bordelaise...........	20
Intérêts composés de cette somme (2,391 fr.) pendant trois ans..............................	350

DEUXIÈME ANNÉE

Labour d'hiver..........................Fr.	30
Greffage : vingt journées d'homme, greffons.....	100
Remplacement des plants qui ont manqué.......	50
Soins en vert (enlèvement des drageons, des racines d'affranchissement et palissage)............	20
Binages....................................	100
Soufrage....................................	20
Sulfatage : trois applications.................	30
Taille et sarmentage..........................	10
Frais occasionnés jusqu'à la troisième année de plantation.............................Fr.	3401

Troisième année

Dépenses pour toutes les opérations viticoles. . Fr.	600
Produit : 40 hectolitres à 25 fr. l'hectolitre......	1000

Quatrième année et suivantes

Dépenses maximum..................... Fr.	800
Produit : 50 hectolitres à 25 fr. l'hectolitre.....	1250

Bénéfice net.......Fr. 450

Le choix des cépages à vins est aussi important que celui des cépages pour la table ; en effet, malgré des soins rationnels, on n'obtiendrait que des produits imparfaits si on ne confectionnait son vignoble qu'avec des variétés de raisins communes ou médiocres ou mal appropriées au sol et au climat sous lesquels on se trouve. Nous répétons ici ce que nous avons dit plus haut ; d'après le docteur J. Guyot, inspecteur général de la viticulture française « Le génie du vin, est dans le cépage ».

Une pratique condamnable est celle qui consiste à mélanger les variétés de raisins dans le même champ et surtout dans les mêmes rangées de ceps ; chaque sorte de vigne ayant un mode propre de végéter, de fructifier et de mûrir ses produits, le vignoble n'offre jamais un aspect régulier, les travaux d'entretien sont plus coûteux et la vendange plus difficile. Il vaut mieux séparer les plants, en donnant à leurs sujets ou tout ou une partie distincte de l'emplacement.

On observera encore de mettre les cépages à bois érigés de préférence dans les situations et les sols exposés à une trop grande fraîcheur, et les plants à bois rampants, dans les endroits plutôt secs qu'humides.

Le vigneron doit savoir également s'il lui convient de préférer les variétés de raisins à grand rendement, mais à vin passable, ou bien celles d'un produit moindre comme quantité, mais qui donnent la qualité. Lorsqu'on dispose d'un terrain bien composé et bien situé (p. 189), il faut viser à la bonté de la vendange; mais si on se trouve dans un milieu commun, il faut chercher à obtenir un bon vin ordinaire.

Cépages pour vins rouges ordinaires

Espar (Catalan, Mourved, etc.). Cépage rustique, à sarments raides et ordinairement recourbés à leurs sommets; grappes moyennes, à grains ronds, noirs, très serrés; mûrit fin septembre. Donne un vin rouge foncé, solide et corsé. Fertilité ordinaire. Demande la taille demi-longue.

Mataro, sous-variété d'*Espar*, d'aussi bonne qualité que le type, et plus productif.

Carignan (Monestel). Cépage fort, à bois dur, droit; grappes grosses, à grains un peu ovoïdes, noirs, pressés; mûrit à la même époque que le précédent; produit un vin coloré, alcoolique, mais avec une certaine âpreté qui disparait la deuxième année; demanderait l'éraflage. Fructification abondante qui lui permet d'accepter la taille courte.

Grenache (Roussillon, Tinto). Cépage assez vigoureux, à bois jaune; grappes moyennes, à grains noirs, ovoïdes. Fait un vin souple, doux, spiritueux; il vieillit vite en prenant le goût rancio. Très fertile et favorable à la taille courte.

Aramon (Ugni noir). Cépage très vigoureux et d'une fertilité extraordinaire; sarments rampants, grappes grandes, à grains gros, ronds, très juteux, mais peu alcooliques. Se soumet à la taille courte.

Mourastel Floura (Brun Fourca). Cépage vigoureux; grappe sur moyenne, à grains ronds, petits, d'un noir poudré ou pruiné. Donne un joli vin. Accepte la taille ordinaire.

Terrets. On en connaît plusieurs sous-variétés, dont la meilleure est le *T. noir*, de vigueur normale ; grappe grosse, allongée ; grains gros, oblongs, rouge-violacés, croquants, juteux. Bon vin. Fertilité suffisante, même avec la taille commune.

Cinsaut (peut-être *Saint-Saud. Boudalès)*. Cépage de force ordinaire ; grappe moyenne ou assez grosse, à grains olivoïdes, croquants ; produit un vin moëlleux, d'une belle couleur et fruité ; c'est aussi un bon raisin de table. Mûrit fin septembre. Réclame la taille demi-longue.

Portugais bleu. Produit un vin souple, réchauffant, limpide et bon à boire peu de temps après sa confection. (Voir à la série des Raisins de table, (p. 194).

Castet. Cépage assez vigoureux, mais d'une fertilité ordinaire ; bois raide ; débourre tardivement, ce qui le met souvent à l'abri de gelées printanières ; grappes moyennes, à grains très serrés, noirs ; mûrit fin septembre ; produit un excellent vin. Exige la taille demi-longue.

Conèse (Counoïse). Cépage rustique et vigoureux, bois étalé ; grappe assez grande, à grains noirs, ronds, souvent entremêlés de grains petits, verdâtres ; donne un vin agréable, spiritueux, clairet. Mûrit fin septembre. Préfère la taille demi-longue.

Hybrides-Bouschet

Le type de ces variétés de raisins est dû à M. Bouschet, père, viticulteur distingué, à Clermont-l'Hérault, qui l'a obtenu en fécondant l'*Aramon* avec le *Teinturier* (du Cher) ; ensuite, ce sujet, hybridé avec les principaux cépages indigènes, a donné d'autres gains, dont les plus estimés sont : l'*Alicante-Henri-Bouschet*, le *Carignan-Bouschet*, le *Muscat-Bouschet*, l'*Aspiran-Teinturier-Bouschet* et le *Grand noir de la Calmette*.

Petit Bouschet. Cépage robuste et fertile ; grappes

moyennes ou assez grosses, à grains moyens, noirs, juteux ; produit un vin d'un rouge foncé, mais acidulé et peu alcoolique. S'accommode de la taille courte.

Il existe une sous-variété de *Petit Bouschet*, résultat d'une sélection, qui est plus avantageuse, en ce sens que son raisin et ses grains sont plus volumineux ; mûrit au commencement de septembre.

Alicante-Henri-Bouschet. Cépage vigoureux et très fertile ; grappes grosses, belles et à grains rouge-vif-grenat, alcoolique et très recherché par le commerce. Maturité fin septembre. Accepte la taille ordinaire.

Carignan-Bouschet. Cépage d'une vigueur ordinaire et fertile ; grappes sur-moyennes, à grains gros, très juteux et qui ont les qualités du *Carignan* ordinaire, avec une forte coloration en plus. Présente cette particularité que les sarments cassent net lorsqu'on les coupe entre les doigts. Mûrit à la même époque que le précédent, et se soumet à la taille courte.

Muscat-Bouschet. Cépage assez vigoureux, très productif ; grappes ordinaires, à grains ronds, moyens, d'une saveur musquée très prononcée ; bon à la fois comme raisin de table et pour vin de dessert. Mûrit en août. Accepte la taille courte.

Aspiran-Teinturier-Bouschet. Cépage vigoureux et assez fertile ; grappes assez développées, à grains d'une coloration rouge intense et alcoolique. Maturité, septembre. Même taille qu'au précédent.

Grand noir de la Calmette. Cépage très fort et suffisamment fertile ; grappes grosses, à grains serrés, bien noirs ; vigne reconnaissable à ses grandes et solides vrilles. Mûrit fin septembre et produit un vin riche en couleur et alcoolique. Préfère la taille demi-longue.

Cépages pour Vins blancs ordinaires [1]

Clairette. Cépage vigoureux et très fertile, à bois semi-érigé ; grappes sous-moyennes, à grains petits, ovoïdes, d'un jaune doré et translucides, délicieux raisin de table et à vin ; celui-ci est doux et sec tout à la fois. Mûrit fin septembre, et accepte la taille à court-bois.

Colombaud (Aubier). Cépage très vigoureux, assez fertile ; grappes sur-moyennes, à grains assez gros, ronds, d'un vert-jaunâtre, sujets à la moisissure ; produit un vin sec, peu coloré, agréable. Maturité fin septembre. Demande la taille demi-longue.

Ugni blanc. Cépage à grande végétation, fertile ; bois étalé ; grappe longue, lâche, grains sous-moyens, ronds, roux et quelquefois rosés ; vin généreux. Mûrit fin septembre et commencement d'octobre. Accepte indistinctement la taille courte et la taille demi-longue.

Picpoul gris. Cépage fort et d'une fertilité ordinaire, à pampres semi-érigés ; raisins assez gros, allongés, à grains petits, oblongs, juteux et à longs pédicelles. Produit un vin blanc, limpide, sec et très agréable. Maturité fin septembre.

Barbaroux (Grecs). Cépage d'une grande rusticité et très productif ; grappe sur-moyenne, à grains serrés, ronds, rougeâtres, juteux. Fait un vin rosé, léger et d'un goût réjouissant. Mûrit fin septembre.

Cépages pour Vins rouges fins

Pinot noir. Cépage peu vigoureux, peu fertile ; grappes petites, à grains petits, serrés, d'un noir foncé. Mûrit vers la mi-août. Il forme la base des vrais vins dits de Bourgo-

(1) Cette dénomination n'est pas très exacte ; au sens propre du mot, c'est *Vin jaune* ou *rosé* qu'il faut dire.

gne. Exige la taille longue ou demi-longue, suivant la vigueur des ceps.

Petite Syrah. Cépage assez vigoureux, peu fertile; grappes moyennes, à grains moyens, d'un noir-gris. Mûrit fin août. Demande la taille du *Pinot*. Cette variété de raisin, qui produit le vin renommé de l'Hermitage (Drôme), est une de celles qui acceptent le mieux la greffe sur vigne américaine.

Serine noire. Cépage assez vigoureux; grappe ordinaire, à grains ovoïdes, d'un beau noir; mûrit en septembre. Préfère la taille demi-longue. Avec cette variété on obtient les vins remarquables de Côtes-Rôties (Rhône).

Mondeuse. Cépage très vigoureux, fertile; grappes moyennes, à grains ronds, noirs; mûrit en septembre. Il donne les vins délicats de la Savoie. S'accommode de la taille longue.

Côt (Grosse Syrah). Cépage vigoureux, fertile; grappes assez grosses, à grains oblongs, d'un beau noir; il faut préférer la variété à pédicelles rouges. Dans le département du Cher, on en obtient les meilleurs vins de la contrée. On peut tailler à bois court.

Cabernet-Sauvignon. Cépage assez vigoureux et assez fertile; grappes moyennes, à grains ronds, d'un noir foncé et avec un goût particulier; mûrit en septembre. Exige la taille demi-longue. Il constitue les bons vins dits de Bordeaux.

Etraire de l'Adhuy. Cépage vigoureux, fertile et d'une certaine résistance contre le Phylloxera; grappe sur-moyenne, à grains bien distribués, ovoïdes, d'un beau noir pruiné; vin alcoolique, corsé et avec du bouquet, de garde. Mûrit dans la première quinzaine de septembre. S'accommode de la taille courte, mais préfère la taille demi-longue.

Cépages pour Vins blancs fins

Pinot blanc de Chardonay. Cépage peu vigoureux, peu fertile ; grappes petites, grains petits, d'un vert clair doré ; mûrit en août. Il donne les vins distingués de Champagne.

Viognier. Cépage d'une vigueur ordinaire, assez fertile ; grappe moyenne, à grains moyens, dorés ; mûrit fin août. On en tire les vins blancs estimés de Condrieux (Rhône).

Roussanne. Cépage vigoureux, assez fertile ; grappes moyennes, à grains moyens, sphériques, d'une couleur roussâtre ; mûrit en août. Les vins blancs réputés de Saint-Peray (Ardèche), proviennent de cette variété de raisin.

Sémillon. Cépage assez vigoureux, assez fertile ; grappes grosses, à grains gros, sphériques, d'une belle couleur dorée ; mûrit fin août. Il produit les agréables vins de Sauterne (Gironde).

Riesling. Cépage faible, peu productif ; grappes petites, compactes, à grains petits, sphériques, d'un jaune clair ou dorés, aromatiques ; mûrit en octobre. On en obtient les vins renommés des bords du Rhin, entre-autres le Johannisberg.

Furmint. Cépage vigoureux, peu fertile ; grappe moyenne ou petite, à grains moyens, entremêlés de grains sans pépins, d'un jaune doré ; mûrit en septembre. On en retire le vin distingué, dit de Tokay (Hongrie).

Cépages pour Vins Muscats

Avec le cépage *Muscat - Bouschet*, il y a encore les *M. Blanc* et *Noir*.

Muscat blanc. Cépage de vigueur ordinaire, assez fertile ; grappes moyennes, à grains moyens, sphériques, serrés, croquants, d'un jaune ambré ou roussâtre ; mûrit en septembre. Il s'accommode de la taille courte, mais la taille demi-longue est préférable. C'est avec cette variété de raisin que l'on fait les délicieux vins muscats de Frontignan, Lunel (Hérault), Rivesaltes (Pyrennées-Orientales) etc. Mélangé à l'*Espar*, il donne le vin muscat de Cassis (Bouches-du-Rhône).

Muscat noir. Ne diffère du précédent que par la couleur de ses grains.

Cépages pour Eau-de-Vie

Folle blanche. Cépage robuste et très fertile ; grappes grosses, à grains gros, serrés, sphériques, d'un vert jaunâtre ; mûrit en septembre. On le cultive surtout dans les Charentes où ses raisins produisent les eaux-de-vie renommées de ces pays. On peut soumettre le cep à la taille courte et à la taille demi-longue.

Forme en Coupe

Plantation. Après s'être procuré de bons ceps et les avoir préparés convenablement (p. 52), on les met en terre à la distance de $1^{m},50$ à 2 mètres en tous sens, et en *Carrés* ou en *Quinconce*.

Le tracé de la plantation (fig. 370), s'exécute à l'aide d'un *Cordeau* et d'un *Rayonneur* (p. 3). On commence d'abord par déterminer le milieu du champ ; puis, suivant que l'on veut les pieds de vignes en carrés ou en quinconces, on tire deux lignes perpendiculaires entre elles, A et B, ou deux lignes obliques, suivant l'angle de 45°, C et D ; ensuite, on tient compte de l'espace à laisser entre chaque cep et on règle le rayonneur en conséquence ; après on met l'un des socs dans un des principaux rayons et l'on tire, en dehors, des lignes parallèles, jusqu'à la limite du champ. Après avoir opéré dans un sens, on agit dans l'autre, et il en résulte alors ou des carrés ou des losanges dont les lignes, à leurs points d'intersections, marquent les places à donner aux sujets.

Un hectare, en vignes, avec les ceps en carrés, à 1^{m},50 les uns des autres, demande 4,444 pieds ; à 1^{m},75, 3,600, et à 2^{m}, 2,500. Sur la même surface de terrain, avec les sujets en quinconces, à 1^{m},50 les uns des autres, on en place 5,204, à 1^{m},75, 4,260, et à 2^{m}, 2,890.

La disposition en quinconce est préférable à celle en carré, non seulement parce qu'on fait entrer un plus grand nombre de ceps sur une même étendue de terrain, mais encore les racines s'équilibrent mieux, ce qui se traduit par une plus grande végétation et une plus abondante fructification.

Quand on établit un Vignoble avec de simples boutures, la mise en place la plus rapide est celle qu'on exécute à l'aide d'un plantoir, *birone* ou *taravelle* (p. 4). Les sarments seront disposés verticalement, pour le développement régulier de l'appareil radiculaire ; la plantation couchée n'est préférable que dans les terrains secs et peu profonds.

Lorsqu'on a recours aux sujets enracinés, on marque leurs places avec des jalons ; puis, à l'endroit désigné pour le plant, on ouvre, avec la bêche, un trou à fond un peu convexe, pour la bonne direction des racines ; ensuite, on recouvre ces dernières suivant les indications données pour la mise en terre des arbres fruitiers (p. 80).

Sous un climat chaud et sec comme le nôtre, il est utile de butter les ceps, ce qui en favorise la reprise ; il est prudent aussi d'y accoler un piquet d'une longueur de 0^{m},75 à un mètre, non seulement pour obtenir les tiges droites, mais encore pour consolider leurs têtes.

Lors de la période végétative, on aide à la création de la charpente de la vigne : sur les enracinés-greffés, on ne laisse pousser que les pampres du greffon, et quand ils ont une longueur suffisante, on les palisse ; afin de concentrer la sève sur le futur support de la forme, on soumet aussi le pampre du bas au pincement court.

Dans les plantations greffées en place à demeure, si les ceps ont poussé vigoureusement (fig. 371), au premier hiver, on commence la forme ; à cet effet, on supprime le sarment le plus inférieur, H ; puis l'onglet, I, et le sarment terminal est raccourci de façon à pouvoir établir la tête de la vigne à une hauteur d'environ 0m,30 au-dessus du sol.

Hiver. *2me taille* (fig. 372). On réduit les deux sarments que porte le cep, au-dessus des deux bourres franches les plus rapprochées de la base.

Durant le printemps suivant (fig. 373), on retranche encore tout ce qui peut contrarier la construction de la forme, comme les pampres, J ; ensuite, on se contente d'équilibrer la végétation en pinçant ceux qui s'emportent, à la longueur d'environ 1m,25. Cette année, on peut récolter déjà de 6 à 8 grappes.

Hiver. *3me taille* (fig. 374). Les quatre sarments qui concourent à l'établissement de la charpente de la tête, sont coupés, comme leurs devanciers, encore à deux bonnes bourres, afin de provoquer l'émission de huit pampres, qui peuvent porter seize raisins.

Les soins en vert sont toujours les mêmes, et on en répète l'exécution intelligente, pendant toute la durée de la vigne.

Hiver. *4me taille* (fig. 375). Le Gobelet est terminé. A partir de cette époque, la taille reste à peu près invariable ; le vigneron doit, chaque année, rabattre les coursons, qui terminent les bras, sur leurs sarments inférieurs, et réduire ces derniers à deux bourres.

Dans les sols riches, où les ceps ont une vigueur luxuriante, on peut augmenter encore le nombre des coursons, afin de modérer la végétation et d'en faire profiter la fructification ; on peut également recourir à la *Taille en cro-*

chets, ainsi que nous l'exposons ci-après, pour les cépages producteurs de vins fins.

Si, au contraire, on cultive en terrain pauvre, on maintient et même on diminue le nombre des coursons, pour faire accorder toujours la santé avec la fertilité de l'arbuste. On ne doit pas hésiter, quand la constitution du cep en dépend, de diminuer et même d'annuler la fructification.

Lorsque par suite de tailles réitérées les ceps portent des bras trop longs, sinueux, il faut songer à en restreindre les dimensions, ou plus exactement les reconstituer. Dans ce but (fig. 376), en hiver, on taille les sarments de remplacement, K, à une bourre seulement ; cette coupe extra-courte fait surgir des pampres dans la partie inférieure des bras ; on choisit, sur chacun d'eux, le mieux constitué et le mieux placé, et l'on supprime les autres. L'hiver suivant, on réduit de nouveau, court, le sarment terminal, et le sarment de réserve, L, est raccourci à deux bourres. On ne ravale, en M, que la seconde année, quand les coursons adventices (p. 20) sont devenus fertiles. Ce mode viticole de rajeunissement est des plus heureux, en ce sens qu'il vivifie l'arbuste, sans interrompre sa récolte.

Gobelet avec crochets

L'éducation de cette forme se confond avec celle du Gobelet ordinaire, jusqu'à la troisième ou quatrième année de plantation du cep, ou plutôt lorsque sa tête présente ou six ou huit sarments.

Hiver. *1re taille de la charpente* (fig. 377). Les sarments les plus hauts, A, sont coupés au-dessus de leur quatrième ou cinquième bourre [1], et les plus bas, B, sont

(1) Suivant les localités, les longs-bois sont appelés : *Astes*, *Courgées*, *Pissevins*, etc.

VIGNES DE VIGNOBLE, EN GOBELET

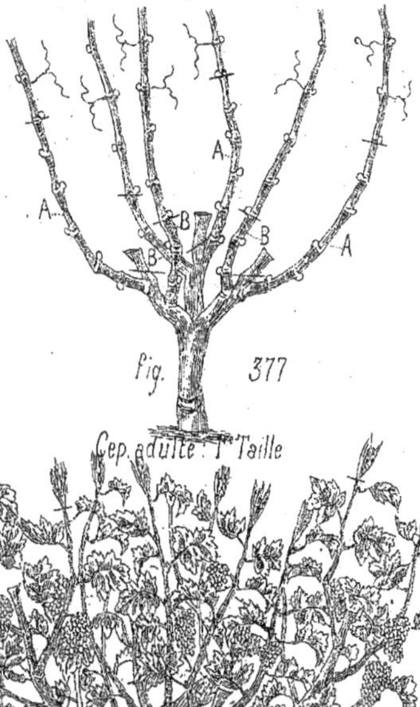

Fig. 377

Cep adulte : 1re Taille

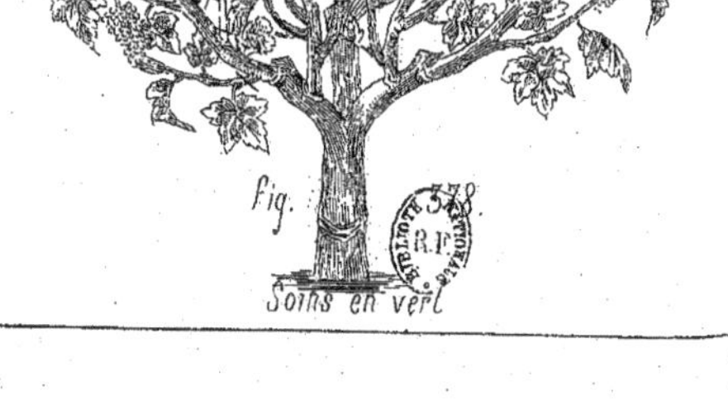

Fig. 378.

Soins en vert

AVEC CROCHETS

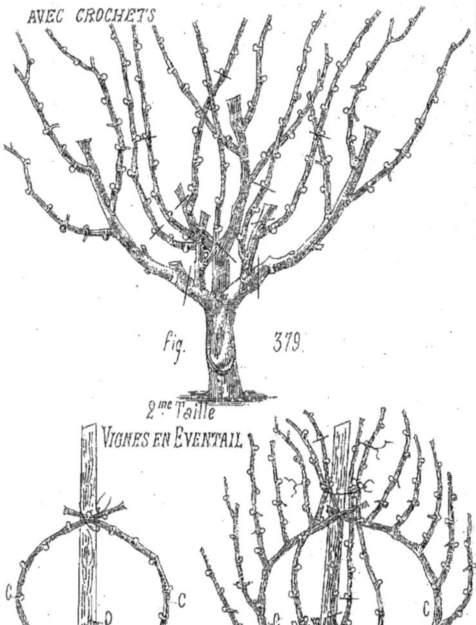

fig. 379.

2me Taille

VIGNES EN EVENTAIL

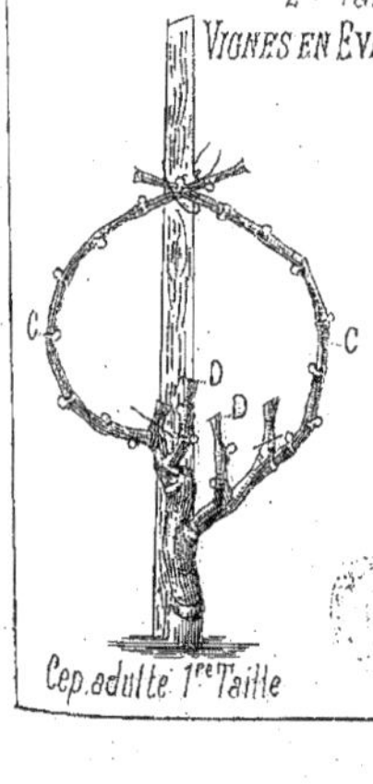

Cep. adulte 1re Taille

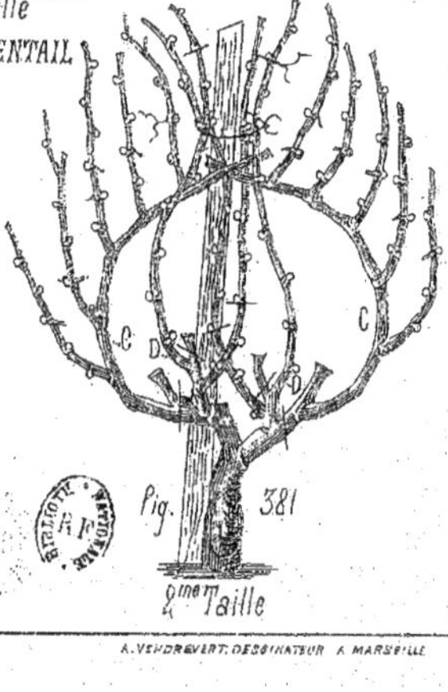

Fig. 381

2me Taille

A. VENDREVERT. DESSINATEUR A MARSEILLE

réduits à deux bourres ; les premiers sont gardés pour produire les raisins, et les autres, pour fournir le bois.

Au printemps (fig. 378), quand les pampres montrent leurs grappes, on enlève ceux qui en sont dépourvus, excepté ceux qui sont destinés à pourvoir au remplacement ; les pampres fertiles sont pincés court ; tandis que les sarments de réserve ne sont arrêtés qu'à la longueur de $1^m,25$. En somme, on conduit ces bras dans le sens indiqué pour les coursons des cépages à raisins de table et énoncé à la page 199.

HIVER. *2me taille* (fig. 379). On rabat les branches sur leurs nouveaux sarments vigoureux, et ceux-ci sont retaillés en crochets.

Quand, par suite d'une cause quelconque, les sarments d'avenir font défaut, on les remplace par d'autres, pris sur les longs-bois, et le plus près possible du tronc, puis, au retour de la végétation, par des pincements réitérés, on refoule la sève sur le corps de la souche, ce qui provoque toujours la sortie de quelques pampres dont on profite pour reconstruire la forme.

Nous conseillons vivement l'essai de ce système si simple d'exécution et si productif, persuadé qu'une fois connu par ses résultats, il aura beaucoup de partisans.

ÉVENTAIL

Dans les régions où la chaleur atmosphérique est à peine suffisante pour amener la complète maturité du raisin, une forme à adopter est celle en Éventail.

Pour faire prendre à la vigne cette charpente (fig. 380), on accole, au pied de chaque cep, un échalas d'environ $1^m,50$ de longueur et on le fait servir, à la fois, et de point d'appui aux sarments à fruit, et de support aux pampres de remplacement.

Cette disposition ne diffère du Gobelet en crochets, que par la direction des bras, qui est latérale et dans le sens de la rangée des ceps. Quant à la taille, elle consiste à raccourcir les sarments à fruit, C, de 0m,50 à 0m,60 de longueur, et les sarments à bois, D, à deux bourres ; ensuite les longs bois sont recourbés en dedans et reliés en cercle ; puis fixés au tuteur, pour les consolider.

Les soins nécessités pour la conduite des branches à fruit, C, et des branches à bois, D (fig. 384), sont identiques à ceux enseignés précédemment (p. 303).

Cordon transversal

L'établissement de cette sorte de cordon, tel que nous l'avons exposé pour la culture des raisins de table (p. 201), convient parfaitement aussi pour la production des raisins à vin.

Ici, on dresse les ceps sur un treillage que l'on établit de la manière suivante :

On emploie indifféremment ou des tringles en fer ou des poteaux en bois, et on les relie soit avec des fils de fer galvanisés n° 16, soit avec des liteaux, soit même avec des cannes de Provence, avec lesquels on dispose trois lignes parallèles : la première à 0m,50 au-dessus du sol, et les seconde et troisième à 0m,25 l'une de l'autre. En outre des supports principaux que l'on place à 5 ou 6 mètres d'intervalle, on met un échalas auprès de chaque cep et on les y laisse jusqu'à la formation complète du cordon.

On peut économiser la troisième ligne de fil de fer ; dans ce cas, la plus basse reçoit le bras du cordon, et l'autre, qui est placée à 0m,25 au-dessus, sert au palissage des pampres des coursons et quand ces derniers prennent trop de développement, on les courbe à une élévation d'environ 0m,60 et on enroule leurs extrémités les unes avec les autres, ou on les pince à la longueur d'environ un mètre.

Lorsque les lignes de ceps s'allongent sur une trop grande étendue, il est bon de ménager, tous les 100 mètres de distance, au plus, une coupure d'environ deux mètres de largeur pour faciliter l'exécution des travaux viticoles.

Les vignes soumises à cette méthode offrent un aspect agréable et rapportent considérablement. N'étaient les frais d'achat et d'installation du contre-espalier, ce système devrait avoir la préférence sur tous ceux spéciaux au vignoble.

Forme arborée

Une disposition rarement employée en viticulture, et qui néanmoins s'adapte bien avec les caractères anatomiques de la vigne, est celle en *Vase avec coursons superposés.*

Avant de procéder à la plantation des ceps, on place d'abord les supports, sujets secs ou vivants représentant des charpentes de gobelets ou d'éventails, que l'on espace d'environ six mètres en tous sens.

Préalablement à leur mise en terre, on goudronne ou on sulfate le tronc des arbres-tuteurs, afin de les protéger contre la pourriture et par ce moyen en prolonger la durée (p. 8).

Le cep, A, destiné à devenir arboré (fig. 382), est placé à $0^m,30$ environ de son point d'appui, afin de faciliter sa reprise; on choisit de préférence un bon enraciné greffé et d'une variété vigoureuse, qui permette de réaliser le plus tôt possible la forme.

Pour créer la charpente de la vigne, on attend que le cep offre un sarment robuste, B, et on le taille à la hauteur de la tête du support, c'est-à-dire à un mètre environ d'élévation, au-dessus de trois bourres bien placées pour établir la forme (fig. 382). S'il existe d'autre sarment, comme A, on l'annule.

2me *Taille* (fig. 383). Les sarments conservés, C, sont

raccourcis à la longueur de $0^m,30$ à $0^m,35$, pour obtenir, sur chacun d'eux, trois nouveaux sarments, dont un de prolongement et les autres pour coursons.

3me *Taille* (fig. 384). On opère les sarments terminaux, D, comme à la taille précédente, afin d'en obtenir les mêmes résultats. Quant aux autres sarments, E, on les traite comme de futurs coursons.

4me *Taille* (fig. 385). Si le cep pousse toujours vigoureusement, on vise encore à l'obtention d'une nouvelle série de coursons ; mais si la végétation est modérée, on coupe les terminaux en F, sur deux bourres seulement. Quant aux autres sarments ou coursons, on leur applique la conduite ordinaire.

Cette méthode nous paraît avantageuse, en ce sens qu'elle amène une grande fructification tout en favorisant la végétation ; en outre, dans les climats chauds, elle s'oppose à l'échaudage des grappes ; enfin, elle est, jusqu'à un certain degré, anti-phylloxérique, comme nous l'expliquons au Chapitre XVII, en parlant des *Ennemis* de la Vigne.

Soins d'entretien du sol

Les fumures et les labours sont le complément obligé de la culture viticole.

Si on a recours au *fumier de ferme*, on l'emploie à raison de 15,000 à 20,000 kil. à l'hectare, et tous les deux ou trois ans. On se trouve bien également de l'application des *chiffons de laine*, *rognures de cuir*, etc., dans les proportions de 3,000 kil. ; des *Tourteaux*, à la dose de 3,000 à 4,000 kil., etc.

Aujourd'hui, on se sert souvent aussi des *engrais chimiques* ; l'un des meilleurs est le suivant : nitrate de soude, 400 kil., sulfate de potasse, 200 kil., et superphosphate de chaux, 400 kil. ; on peut remplacer le superphosphate par 500 kil. de phosphate minéral, finement pulvérisé, ou par

VIGNES DE VIGNOBLE EN FORME ARBORÉE

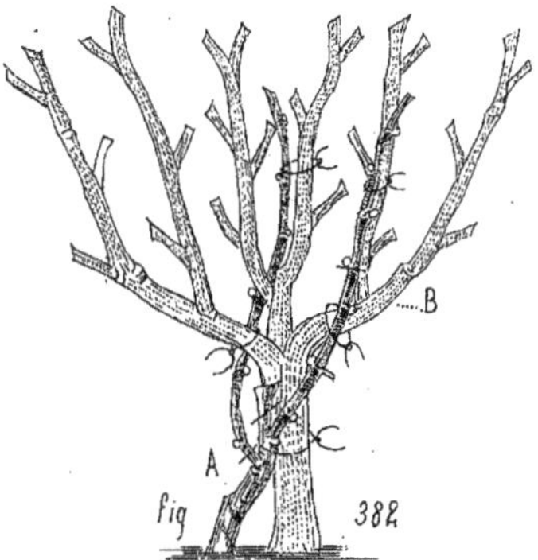

Fig 382
1re Taille

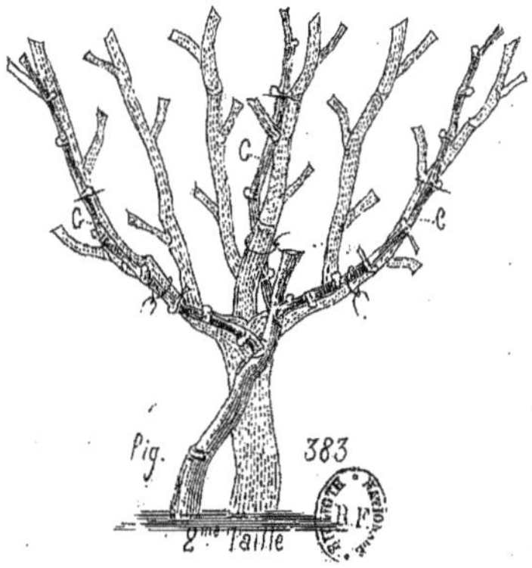

Fig. 383
2me Taille

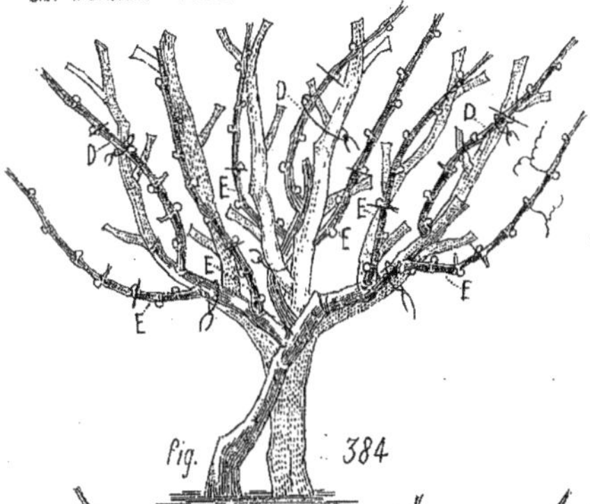

Fig. 384
3me Taille

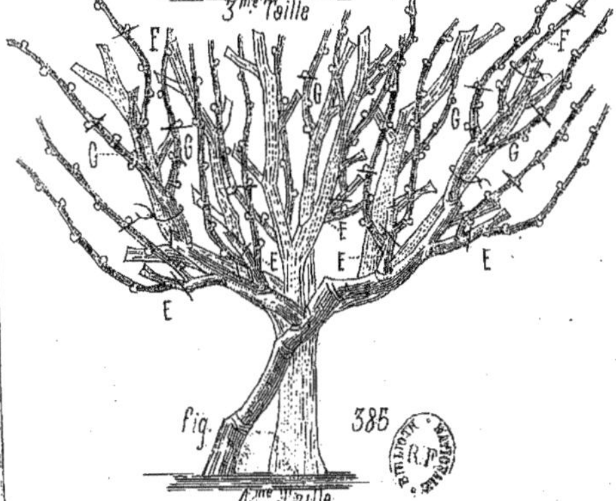

Fig. 385
4me Taille

A. VENDREVERT. DESSINATEUR À MARSEILLE.

500 kil. de scories de déphosphoration, pour rendre la fumure plus économique.

Dans les premières années du vignoble. on place les fumures à peu de distance du pied des ceps ; ensuite, quand les racines ont pris toute leur extension, on distribue les substances alimentaires sur toute la surface du sol.

L'usage simultané ou successif des engrais animaux et des engrais industriels est celui qui donne le plus de satisfaction, au point de vue de la santé et de la fertilité de l'arbuste.

Quant aux *Labours*, on doit les donner aussi nombreux que possible ; les uns, ceux d'hiver, seront exécutés à la bêche (p. 2) ou à la charrue ; ils auront une profondeur de $0^m,15$ à $0^m,20$ au maximum ; leur action est d'ameublir la terre et d'enfouir les engrais pour les placer à la portée des racines ; le premier se pratique dans le courant de l'automne et le second vers la fin de l'hiver.

Les labours d'été consistent en des binages que l'on pratique à la houe (p. 2) ou avec la bineuse à cheval ; ceux-ci, très superficiels, doivent se borner à gratter le sol et à détruire les mauvaises herbes ; on les commence avec le mois de mai, et on les renouvelle mensuellement ; de cette façon, on entretient la terre dans un état de fraîcheur constante, et malgré la chaleur et la sécheresse du climat.

Culture de la Vigne sous verre

En Provence, la Vigne cultivée à l'air libre ne peut guère mûrir ses grappes qu'à partir du mois d'août et ne peut avantageusement les garder que jusqu'en octobre ; tandis qu'avec le secours des abris, on pourrait vendanger à partir du mois de juin et conserver les grappes, après les ceps, pendant tout l'hiver et même une partie du printemps, et ainsi jouir de cet excellent fruit, pour ainsi dire toute l'année. Ce serait un moyen également de faire concurrence aux raisins qui nous viennent d'Espagne ou d'Italie, et de se créer une source importante de bénéfices.

Après avoir vu expérimenter et avoir étudié les différents systèmes de cultures hâtives ou tardives de la Vigne, nous conseillons, comme les plus simples et les plus économiques, pour l'espalier, la *Serre mobile* (fig. 386 et 387), et, pour les ceps en plein champ, les coffres avec châssis (fig. 388 et 389).

SERRE MOBILE. On se borne à dresser obliquement, devant les treilles, des châssis que l'on place à côté les uns des autres, sur toute l'étendue de l'espalier, et on les maintient dans leur position au moyen de charnières fixées sur une traverse en bois appuyée immédiatement au-dessous du chaperon du mur. La partie inférieure des châssis doit reposer sur une planche posée à plat sur le terrain et retenue par des piquets. A défaut de planches, on peut se servir également de la mousse sèche, dont l'élasticité s'oppose mieux à l'introduction de l'air froid dans la serre.

Au lieu de châssis *ad hoc*, on peut utiliser aussi des fenêtres avec leurs encadrements et leurs contrevents ; ces derniers auraient l'avantage en outre de dispenser de l'emploi des paillassons.

La pente à donner à cette sorte de serre doit être d'environ un mètre pour un mur de 2m,50 d'élévation, ce qui permet, en même temps, d'y cultiver des fraisiers et des arbres fruitiers élevés en pots, afin de tirer tout le parti possible de l'emplacement.

Les vitrages se placent à la fin de l'hiver, c'est-à-dire fin février ou au commencement de mars, un mois environ avant le débourrage. En même temps on installe contre le mur, un thermomètre pour savoir l'état de la température intérieure de la serre, qui sera celui que réclame la vigne quand elle accomplit, naturellement, les phases diverses de ses fonctions physiologiques (entre 10° et 25°).

Avant de créer la serre, on taille le ceps et on épand sur la plate-bande de l'espalier une couche de fumier bien décomposé, ou bien on la saupoudre avec de l'engrais chimique (p. 220), que l'on enterre par un léger labour. Les déjections des animaux et les purins, additionnés de leur volume d'eau, constituent surtout un puissant aliment végétal.

A partir du moment où l'on abrite les treilles, tous les soirs on convre les châssis avec des paillassons et on les enlève tous les matins lorsque la température est supérieure à plusieurs degrés au-dessus de zéro. On profite des belles journées pour renouveler l'air dans l'intérieur de la serre en ouvrant les châssis, ou les portes d'entrée ou de sortie établies dans les cloisons qui ferment les vitrages.

Au mois d'avril, pendant le jour, on aère autant et aussi longtemps que possible, afin de faire profiter la vigne de l'action directe des agents atmosphériques, indispensables à la santé et à la fécondité des ceps.

En mai, lorsqu'on n'a plus à craindre l'action pernicieuse des gelées blanches, on enlève les châssis pour faire participer complètement les vignes à la libre influence de l'air extérieur, et ensuite la Nature se charge d'elle-même d'amener la maturité du raisin et l'aoûtement du bois.

Les autres soins culturaux : ébourgeonnement, pincement, palissage, etc. (p. 198), et les traitements contre les Maladies et les Ennemis de la Vigne (Ch. XVI et XVII), sont les mêmes que pour les méthodes ordinaires.

Les variétés de raisins les plus avantageuses pour la culture de primeurs, sont, évidemment, celles qui, dans les conditions normales, arrivent les premières à maturité : *Vert de Madère*, *Précoce de Saumur*, *Blanc de Kientsheim*, *Malingre*, *Lignan blanc*, *Portugais bleu*, *Madeleine Angevine*, *Noir de Hongrie*, *Chasselas de Fontainebleau*, etc.

Vignes en plein champ, sous châssis. Dans le Vignoble aussi, on peut soumettre les ceps à une culture accélérée ; à cet effet, on se sert de coffres qui mesurent $1^m,50$ à 4 mètres de long, sur un mètre de large, et que l'on recouvre de panneaux de $1^m,33$ de long et de la même largeur que celle des coffres.

Dans les deux genres de cultures, le feuillage devra être aussi rapproché que possible du verre, mais sans le toucher, afin de ne pas l'exposer à être désorganisé par l'action du froid ou de la chaleur, qui pourraient nuire également aux jeunes grappes.

Dans le courant de la végétation, on palisse les pampres dans une direction transversale sur un treillage disposé de même, au moyen de liteaux ou de cannes maintenus à $0^m,30$ environ au-dessus du sol par d'autres liteaux ou roseaux fixés sur les parois intérieurs de la caisse.

Quant aux soins d'entretien complémentaires, ils sont les mêmes que ceux précédemment indiqués.

Ces modes d'éducation de la vigne sont les plus logiques, en ce sens qu'ils *facilitent* plutôt qu'ils ne *forcent*, dans le sens vulgaire du mot, la végétation et la fructification. Aussi peut-on y recourir, annuellement, sur les mêmes ceps, et sans fatiguer l'arbuste.

Récolte prolongée des raisins. S'il est rémunérateur de vendanger de bonne heure, il n'est pas moins profitable de faire durer la cueillette des raisins.

Dans ce but, on choisit exclusivement des cépages dont les grappes se prêtent à une longue conservation, tels que : les *Olivettes blanche* et *noire*, les *Cornichons blanc* et *violet*, le *Malvazia de Sitges*, le *Chasselas violet*, le *R. de Calabre*, la *Panse commune*, le *Rosaki*, etc., et en octobre, avant l'arrivée des pluies et du froid, on protège les ceps comme pour la culture hâtée.

En attendant la récolte, on surveille les raisins et on les

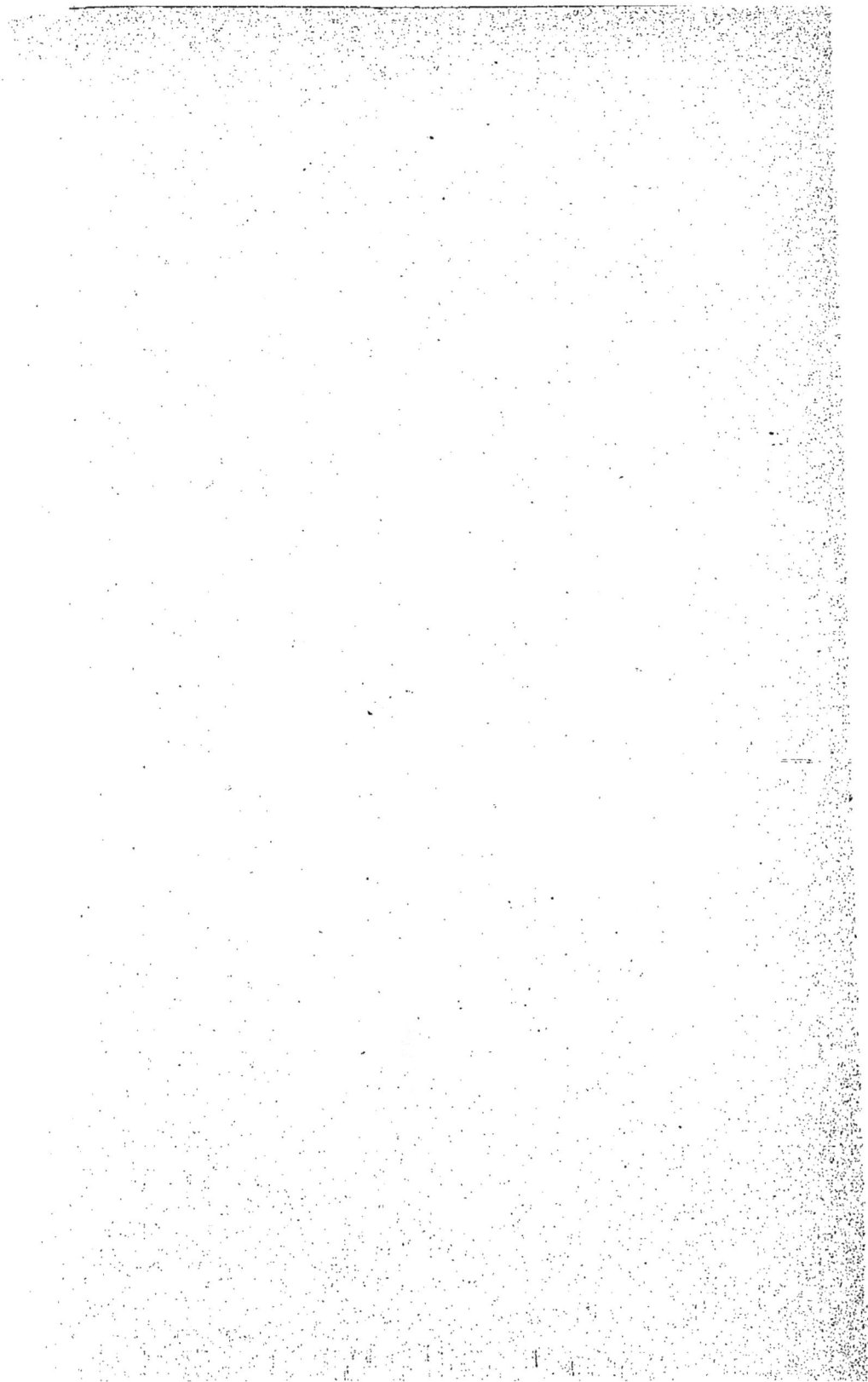

CULTURE DE LA VIGNE SOUS VERRE

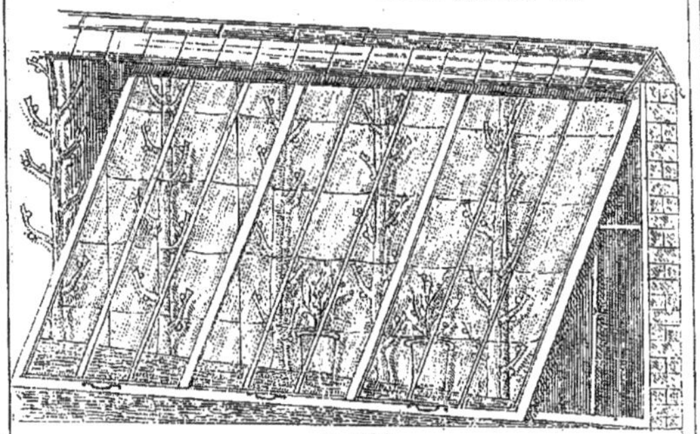

Fig. 386
Vignes en espalier. Serre mobile
(Hiver)

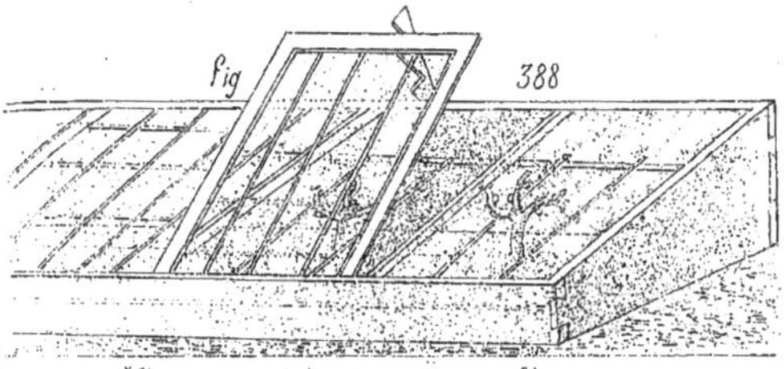

Fig. 388
Vignes en plein Champ sous Chassis
(Hiver)

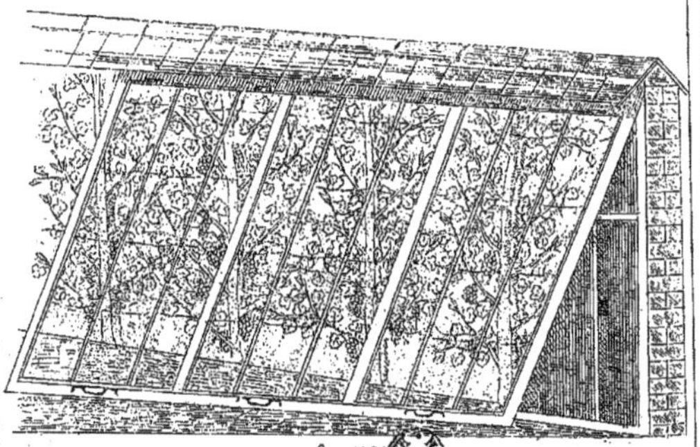

Fig. 38
Vignes en espalier. Serre mobile
(Eté)

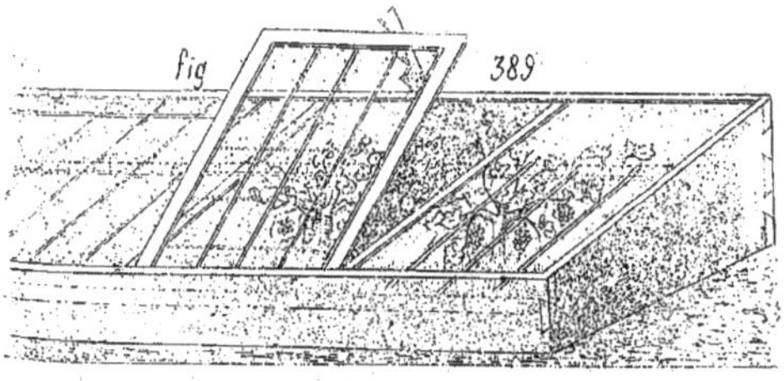

Fig. 389
Vignes en plien champ sous chassis
(Eté)

dépouille de leurs grains altérés, et on les protège contre leurs Ravageurs (Ch. XVII). De cette manière, on peut laisser les grappes, sur la vigne, jusqu'en février, au moment où l'on taille pour une nouvelle production de fruits.

Mais les grappes cueillies peuvent être maintenues fraîches pendant un ou deux mois encore avec le système Bouvery (Ch. XIX).

Par cette combinaison, la Vigne donne, sans le secours de la chaleur artificielle, des produits de bonne qualité et presque en permanence [1].

(1) Pour plus de renseignements à ce sujet, consulter le *Manuel théorique et pratique*, de M. Ed. Pynaert, de Gand (Belgique).

CHAPITRE XV

Mûrier (fig. 390)

Le Mûrier est cultivé pour sa feuille, qui constitue la nourriture exclusive du ver-à-soie.

Cet arbre n'est pas difficile sur la nature du terrain ; il vient partout, excepté dans les endroits arides ou marécageux.

La multiplication du sujet s'opère avec tous les procédés spéciaux aux espèces fruitières (p. 50). Pour le semis, on choisit les fruits (mûres) les plus gros et les mieux fécondés, ce que l'on reconnaît aux graines bien nourries qui se présentent, lorsqu'on écrase la baie ; on les reçoit dans un baquet plein d'eau, afin de séparer les semences d'avec la pulpe ; ensuite on les fait sécher à l'air et à l'ombre.

Au printemps, on répand les graines à la volée, mais en lignes, dans des plates-bandes bien préparées ; les semences doivent être à peine recouvertes de terreau ou de terre fine. Ensuite, on donne aux plants les soins propres à un semis ordinaire (p. 51).

La deuxième ou la troisième année, c'est-à-dire quand les plants ou *pourrettes* sont assez forts pour être replantés, on les repique au plantoir, en faisant précéder ce travail du raccourcissement d'une certaine partie du pivot et de la tige. L'année suivante, ces plantules doivent recevoir la greffe en écusson à œil dormant (p. 65).

Après, les soins relatifs à la formation de la tige sont conformes à ceux prescrits pour l'obtention des arbres de Verger (p. 147).

Pour l'application des autres procédés de reproduction,

nous renvoyons au Chapitre V, spécial à cette partie de l'arboriculture.

Année de la plantation. — Première taille (fig 391). Quand la tige est constituée, à l'automne ou dans le courant de l'hiver suivant, on plante à demeure. Cette année, la taille est opérée en vue d'établir la tête de l'arbre ; on coupe le rameau terminal à un mètre de hauteur pour les demi-tiges et à 1^{m},50 ou 2^{m} d'élévation pour les hautes tiges.

Pendant l'été suivant, on active le développement des bourgeons de la tête, en pinçant court les autres ; au lieu de supprimer ceux inutiles à la charpente, on les conserve jusqu'à l'hiver suivant, pour prévenir le dessèchement de l'écorce du tronc, qui, dans le mûrier, perd facilement son élasticité, si elle est surprise par les rayons solaires.

Deuxième taille (fig. 392). L'hiver qui suit la plantation, on ne conserve que les rameaux utiles à la constitution de la tête ; ensuite on les réduit à la longueur d'environ 0^{m},25, sur deux boutons latéraux, comme pour la formation du Gobelet (p. 111).

Durant la végétation, pour donner plus de force aux bourgeons nécessaires à la construction de la charpente, on affaiblit les autres par les moyens ordinaires (p. 112). Ce traitement rend alors la structure du sujet plus agréable et permet de surveiller plus facilement l'élongation des bourgeons utiles.

On supprime les bourgeons de la tige au fur et à mesure qu'ils se montrent, pour ne pas entraver la libre circulation de la sève.

Troisième taille (fig. 393). On commence par débarrasser les branches charpentières de leurs rameaux latéraux pincés et reconnus inutiles ; puis on coupe les rameaux terminaux des branches principales et les rameaux pour sous-mères à peu près à la même longueur qu'à la précédente taille. Quant aux rameaux pour coursons à bois, on les raccourcit sur deux boutons de la base.

Lorsque l'arbre reprend encore sa végétation, on lui fait subir, de nouveau, l'enlèvement des bourgeons qui sortent depuis le collet jusqu'aux premiers coursons, ne respectant que ces derniers; ceux qui doivent constituer la deuxième série de coursons, et les membres de la charpente, au nombre de douze.

QUATRIÈME TAILLE (fig. 394). L'arbre réclame un traitement à peu près semblable à celui de la taille dernière; seulement, on donne un peu moins de longueur aux rameaux de la forme, dont on cherche encore à augmenter le nombre. Les derniers coursons obtenus sont coupés à deux boutons, et les premiers sont réduits sur le rameau du bas que l'on coupe à deux boutons.

Les soins d'été aussi sont conformes à ceux prescrits après la troisième taille.

Les tailles ultérieures sont exécutées toujours en vue de développer la tête de l'arbre. Ensuite, on n'a plus qu'à assurer la conservation des coursons et à faire disparaître les ramifications inutiles.

Jusqu'à l'âge de quatre ans, dans l'intérêt de la santé du Mûrier, on ne doit pas profiter de la feuille, et, annuellement, tailler en mars. On crée ainsi des arbres qui offrent, au bout de quelques années, une belle tête fournie, à chaque végétation nouvelle, d'une série de bourgeons de plus en plus abondants et feuillus.

La cueillette de la feuille s'opère ordinairement en mai. Cette récolte, pour être faite dans de bonnes conditions, doit être complète et être exécutée le plus promptement possible. Il convient aussi d'effeuiller par un beau temps et quand la rosée est entièrement dissipée; mais surtout avant ou après la pluie.

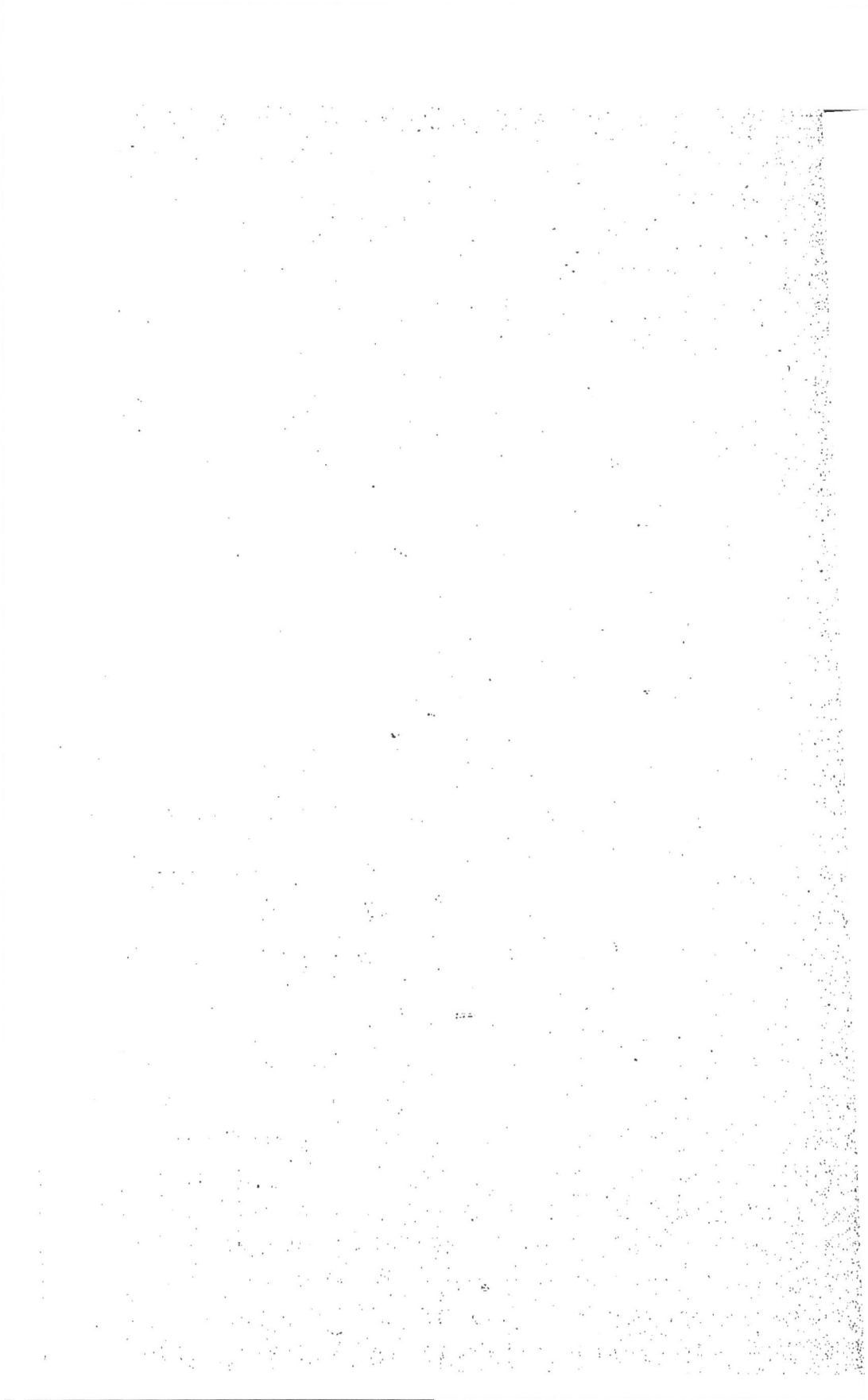

Planche XXXVIII Chapitre XV

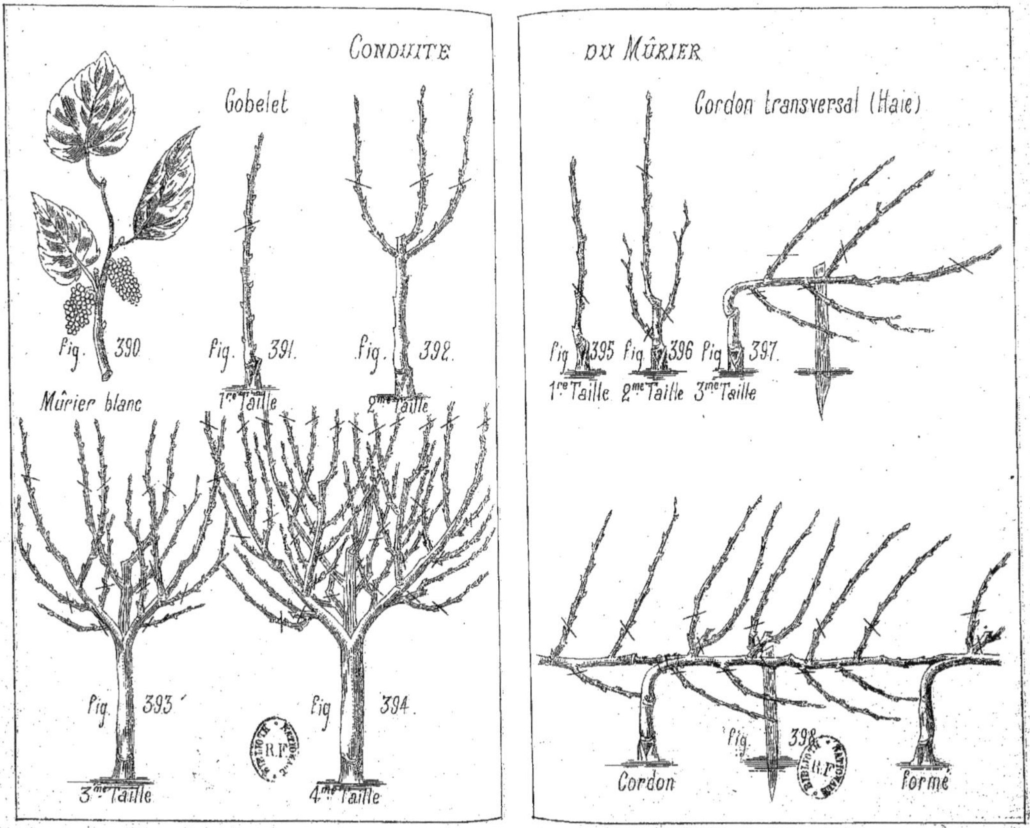

On doit éviter autant que possible de monter sur les jeunes mûriers pour ne pas les blesser, car leur jeune écorce est très tendre, principalement au moment de l'effeuillage. Cependant, on peut monter sur les gros arbres, mais en prenant la précaution de s'empaqueter les souliers avec des chiffons.

C'est une pratique vicieuse que d'effeuiller le mûrier, à l'automne ; l'arbre, fatigué déjà par l'effeuillage du printemps, souffre beaucoup. Il est préférable, si on tient à utiliser cette dernière feuillaison, de secouer doucement les branches pour hâter la tombée des feuilles qui sont prêtes à se détacher.

Dans quelques contrées, on a une excellente habitude qu'il serait utile de voir se généraliser. Les plantations de mûriers sont soumises à la loi de la rotation ; on divise la Mûreraie en trois ou quatre soles et on en laisse, alternativement se reposer une, chaque année. Par cette combinaison, on obtient au moins autant de feuilles que toutes les autres parts ensembles, traitées par la taille d'été, et les arbres deviennent de plus en plus vigoureux et productifs.

Quand le mûrier faiblit et ne donne plus naissance qu'à des pousses malades et languissantes, le moyen le plus sûr pour le guérir est de le tailler en mars et de ne pas cueillir sa feuille à la saison suivante.

Cordon transversal

On élève le mûrier sous cette forme pour lui faire donner une feuille plus précoce et avancer ainsi le moment de la récolte du cocon du ver à soie.

Dans cette situation, on prend des sujets d'un an de greffe que l'on plante à un mètre les uns des autres.

Quand les arbres sont en place (fig. 395), on les raccourcit à 0m,15 environ au-dessus du sol, sur deux ou trois boutons bien constitués, pour y trouver la nouvelle élongation de la tige.

A l'origine de la végétation, on choisit le bourgeon le plus convenable pour faire le cordon, et l'on pince court les autres.

La taille suivante (fig. 396), consiste à retrancher les rameaux inutiles, et à raccourcir celui qui est utile à la longueur de 0m,50 à 0m,60 ; ensuite, on le palisse sur un treillage disposé à 0m,50 environ au-dessus du sol.

En été, les soins se bornent à incliner obliquement le bourgeon de prolongement, et à annuler ceux qui s'emportent en gourmands (p. 18).

A la troisième taille (fig. 397), on opère le terminal suivant sa vigueur; puis on supprime les rameaux existants sur le dessous du bras, et les autres, assis sur le dessus, sont réduits à deux ou trois boutons.

Ordinairement, à l'âge de quatre ans, le cordon (fig. 398), est créé ; si le terminal est suffisamment long pour atteindre le sujet suivant, on le greffe par approche (p. 63 et 64), pour unir tous les arbres du contre-espalier, afin de les consolider et de faciliter l'équilibre de la sève.

Les rameaux, pour coursons, sont toujours rabattus à deux ou trois boutons, et sur les coursons constitués, on ne garde que le rameau de la base, lequel est réduit à 0m,10 de longueur.

Par l'adoption de ce système, on obtient une sorte de clôture qui assure aux mûriers ainsi traités une vigueur suffisante pour leur conserver une existence convenable et leur faire donner, relativement, une grande quantité de feuilles.

Les variétés de Mûriers à cultiver sont : pour haute-tige, le *M. blanc* ou *à feuilles doubles* ; le *M. d'Italie* ou *à feuilles roses*, et, pour Haie, le *M. sauvage*.

CHAPITRE XVI

Maladies arboricoles

La profession d'arboriculteur serait incomplète si, avec la connaissance des principes de la végétation et de la fructification, on ne savait, en même temps, prévenir ou guérir les affections auxquelles sont sujettes les espèces fruitières.

Les principales Maladies des arbres sont : la *Jaunisse*, le *Chancre*, *la Gomme*, la *Cloque*, le *Noir* (de l'Olivier), le *Blanc* (des feuilles), le *Blanc* (des racines), le *Gui*, les *Mousses* et les *Lichens*, le *Fusicladium pirinum*, le *Puccinia*, le *Gymnosporangium*, le *Cycloconium oleaginum*, le *Couturea Elœanema*, les *Tumeurs*, la *Roulure*, la *Cadranure*, l'*Empoisonnement*, l'*Asphyxie* et l'*Assassinat*.

Jaunisse ou Chlorose. Cette altération, dans la couleur des feuilles, nuit à tous les arbres, sans exception ; bien des causes peuvent la provoquer :

1° Un sol défavorable, ou trop sec ou trop humide.

Remède : *Dans le premier cas, on emploie l'irrigation, ou on laboure fréquemment la terre et l'on met un paillis, ou bien encore, si le sujet est à racines traçantes, on le fait affranchir* (p. 36), *et, dans le second cas, on a recours au Drainage.*

2° Un terrain d'une épaisseur insuffisante et assis sur un sous-sol de mauvaise qualité, ou imperméable.

Remède : *Augmenter l'épaisseur de la couche arable.*

3° Une température anormale trop prolongée.

Remède : *Stimuler la végétation par l'emploi du sulfate de fer mis à l'état naturel, au pied des arbres, à la dose de 100 à 800 grammes, par sujet, ou sur les feuilles, à l'aide d'un Pulvérisateur* (p. 5), *dans la propor-*

tion de 5 à 6 grammes par litre d'eau, ou de bouillie ferreuse à la dose d'un kil. de chaux éteinte et de trois kil. de sulfate de fer, par hectolitre d'eau.

4° Une position mal éclairée, ou trop insolée.

Remède : *Déplacer les sujets et les mettre dans leurs milieux normaux.*

5° Une plantation trop profonde.

Remède : *Déplanter l'arbre et exhausser les racines jusqu'au point convenable* (p. 83), *et si le sujet est trop gros, recourir à l'affranchissement* (p. 36).

6° Un excès de fertilité.

Remède : *Réduire en conséquence la fructification, et alimenter les racines avec des fumures liquides et toniques.*

7° La greffe qui ne s'accorde pas avec le sujet.

Remède : *Regreffer avec une espèce ou une variété sympathique.*

8° Un greffon mal soudé à l'arbre.

Remèdes : *Refaire la greffe, ou recourir aux incisions longitudinales* (p. 36), *ou remplacer le sujet par un autre mieux associé au greffon.*

9° Des cryptogames aériens ou souterrains.

Remèdes : *Traiter les premiers avec une solution ferreuse, comme dans le troisième cas, et les autres, avec une dissolution de sulfocarbonate de potassium, à la dose de 3 grammes par litre d'eau et à la quantité de dix litres d'eau sulfocarbonatée, par arbre, que l'on répand sur les racines.*

10° Le défaut d'espacement entre les sujets, et la taille trop courte.

Remède : *Eduquer les arbres suivant leurs dispositions naturelles.*

11° De trop grandes plaies opérées sur la tige ou sur les racines.

Remède : *Approprier les blessures et les recouvrir avec un engluement* (p. 15).

12° La présence, sur la tête ou sur les racines de l'arbre, de certains insectes (Ch. XVII).

Remèdes : Voir, au dit Chapitre, *les moyens à opposer à ces divers destructeurs du bois, des feuilles, des fleurs et des fruits.*

Chancre (fig. 399). Ce mal est caractérisé par des plaques d'écorce brunes, fendues et desséchées, où l'on remarque parfois un champignon, le *Nectria ditissima.*

Les arbres à pépins seuls prennent des chancres, qui se montrent à la suite des mêmes cas que pour la jaunisse, et on leur applique le même traitement. Quand la maladie est accidentelle, c'est-à-dire lorsqu'elle est due à une excoriation, on la fait disparaître assez facilement, en enlevant la partie décomposée avec un outil tranchant et ensuite en recouvrant la cicatrice avec une couche de goudron ou de mastic à greffer (p. 15).

Si la dessication a pris trop de développement et qu'elle menace de cerner la tige, le meilleur parti à prendre est de rabattre au-dessous du point détérioré. On peut tenter aussi la greffe par approche (p. 63), avec un rameau sorti au-dessous de la plaie et que l'on applique immédiatement au-dessus ; ensuite, quand la soudure est parfaite et assez solide pour soutenir la portion supérieure du tronc, on fait disparaître l'entre-deux qui contient le chancre.

Quelquefois le chancre dégénère en une sorte de suintement, de couleur brune et d'une odeur forte ; on le qualifie alors du nom d'*Ulcère* ; celui-ci provient surtout des amputations faites transversalement, ce qui laisse séjourner l'humidité sur les plaies et engendre les viscosités en question, pernicieuses pour la santé des arbres.

L'Ulcère négligé produit la *Carie* ; le bois alors pourrit et laisse un creux à la place. Quand le mal n'est encore qu'à l'état d'ulcère, après avoir approprié la blessure, et avant de la mastiquer, on la laisse sécher pendant quelques jours. Si la cavité résultant de la carie est profonde et qu'elle nécessite trop de mastic pour être comblée, on le remplace par du ciment ou du mortier ou du plâtre, et même, à la rigueur, avec de l'argile pétrie. Avant de combler le trou, il est essentiel de le bien nettoyer et d'en cautériser les bords, pour en favoriser le recouvrement.

Gomme (fig. 400). Cette maladie est spéciale aux arbres à noyaux ; elle est la conséquence de la plupart des cas qui amènent aussi la *Chlorose* et le *Chancre* ; l'écorce transude une matière gluante, jaunâtre, transparente, qui durcit au contact de l'air.

Pour arrêter ces écoulements et en empêcher le retour, on supprime d'abord les causes du mal, et après on enlève les parties visqueuses ; puis, on lave la plaie avec une éponge ou un linge trempé dans de l'eau vinaigrée ; on peut se servir aussi de feuilles d'oseille fraîche, pour cautériser la blessure, que l'on masque ensuite avec du goudron ou du mastic à greffer.

Pour compléter l'efficacité du remède, on opère des incisions longitudinales (p. 36) au-dessus, au-dessous et derrière la cicatrice, afin d'aider à la bonne circulation de la sève.

Cloque (fig. 401). Cette désorganisation du parenchyme de la feuille est particulière au Pêcher ; on croit qu'elle est due à un cryptogame, le *Taphrina deformans* ; elle apparaît au début de la végétation et après un refroidissement subit de température.

Quand on veut éviter à l'arbre cette fâcheuse maladie, on le place en espalier (p. 7), et, au printemps, on abrite sa végétation avec des paillassons (p. 7).

Pour les sujets en plein vent, on ne connaît encore aucun procédé de guérison bien efficace, le seul qui donne des résultats un peu satisfaisants, ce sont les bouillies cupriques (p. 24) et ferreuses (p. 232), que l'on applique à plusieurs reprises différentes et à huit jours d'intervalle, mais surtout préventivement.

Dans le courant de l'été, lorsque la végétation a repris son cours normal, on approprie le sujet, c'est-à-dire qu'on le dépouille de toutes ses feuilles boursoufflées, crispées, et de ses bourgeons altérés ; ces derniers sont raccourcis sur leurs œils de la base, afin d'en obtenir de bons bourgeons de remplacement.

MORPHÉE OU NOIR *(de l'Ollivier)*. Suivant les uns, cette maladie est attribuée à un champignon, le *Mucor minimus niger*, et, d'après les autres, à une croûte noire qui provient de la sève extraite de l'arbre par une sorte de kermès ou *Cochenille* (p. 253).

Ce qui est certain, c'est que le mal disparaît à la suite d'un hiver rigoureux. Quand la température ne combat pas en faveur du cultivateur, celui-ci doit recourir à une ou plusieurs pulvérisations à la Bouillie bordelaise (p. 241), ou bien encore à quelques saupoudrages à la chaux vive, en profitant, pour l'emploi de ce dernier moyen, du moment où les feuilles sont mouillées de la pluie ou des brouillards.

On conseille également d'asperger les feuilles et l'écorce avec une dissolution de carbonate de potasse ou de carbonate de soude, à la dose de 5 à 10 grammes par litre d'eau. Préalablement, à l'exécution de tout procédé, on émonde, pour bien aérer la tête de l'arbre, et on donne aux racines une nourriture abondante et tonique, avec une forte addition de sulfate de fer.

BLANC OU LÈPRE. On désigne aussi cette maladie sous le nom de *Meunier* ; elle est due à un champignon pulvérulent qui ne vient que sur les bourgeons du Pêcher ; dès qu'on le voit se montrer, il faut se hâter de le traiter avec un saupoudrage au soufre sublimé ou trituré ; on se trouve bien également d'une aspersion au sulfate de fer (p. 231).

Blanc, des racines, *Mycelia, Byssus*. Cette affection se reconnaît à des filaments blanchâtres qui se développent sur les organes souterrains de l'arbre ; les sujets attaqués dépérissent rapidement ; on attribue la cause du mal à la présence, dans le sol, de racines pourries et appartenant à la même espèce fruitière. Ce mal peut être amené aussi par un revirement brusque de température qui, en troublant la végétation, réagit sur l'appareil radiculaire, ou bien encore à un excès d'humidité.

On obtient un bon résultat en mélangeant des cendres, de la chaux vive ou du plâtre et du sulfate de fer, dans les proportions suivantes : 3 litres de cendres, 6 litres de plâtre ou 1/2 litre de chaux vive et 300 grammes de sulfate de fer, par arbre. On complète ce procédé avec des aspersions ferreuses (p. 231), ou par le drainage, suivant le cas.

Rouge. Le Pêcher seul également prend cette affection ; les bourgeons malades sont colorés de carmin ou de pourpre ; on fait disparaître cette teinte nuisible à la végétation, avec des solutions ferrifères (p. 23).

Gui (fig. 402). Ce parasite est un véritable arbrisseau dont les radicelles s'implantent sous l'écorce des arbres, pour en sucer la sève. Cette sorte de vampire végétal est apporté sur les branches par les grives principalement ; ces oiseaux s'emparent de ses graines et les frottent contre les aspérités de l'écorce, qui les retiennent à cause de leur enduit gluant ; cela suffit pour que ces semences germent et poussent des ramifications. Aussitôt que l'on constate la présence de ces touffes épuisantes, on les retranche le plus près possible de leur base, et pour en rendre la repousse sinon impossible, du moins très difficile, on cautérise et on mastique la plaie.

Planche. XXXIX. Chapitre XVI.

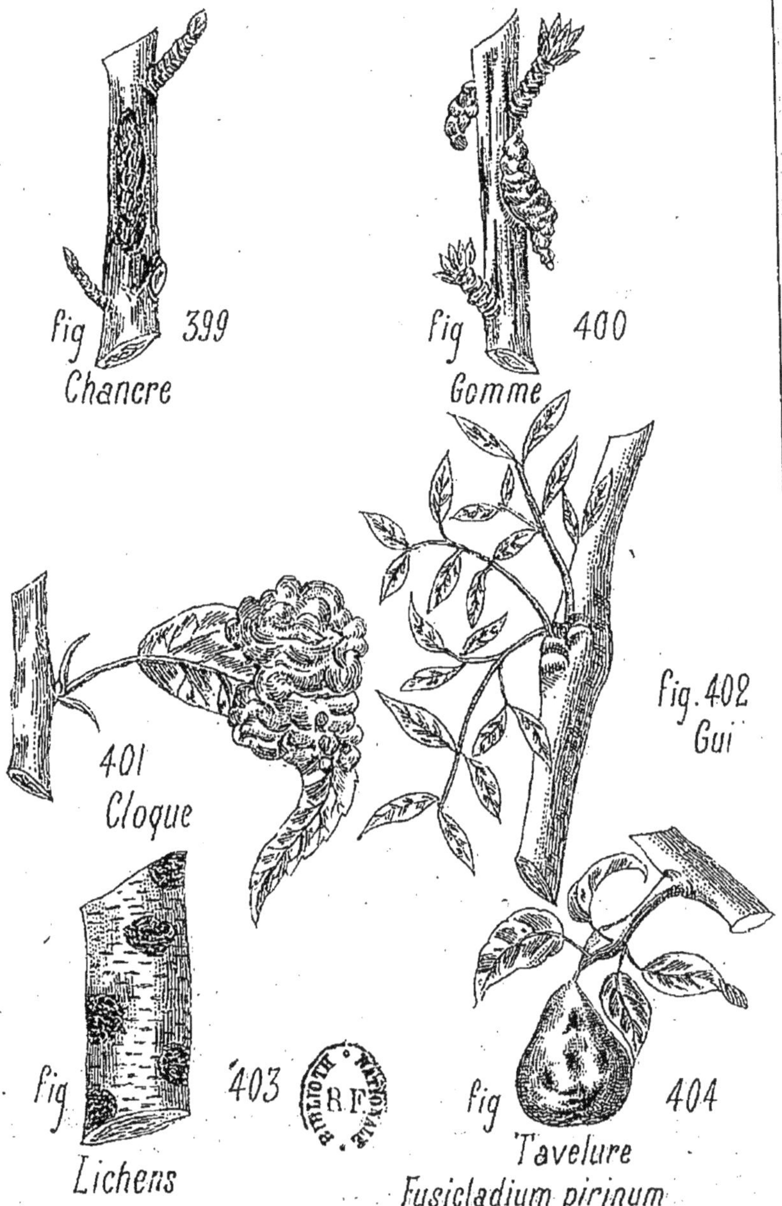

fig 399 Chancre

fig 400 Gomme

fig 401 Cloque

fig. 402 Gui

fig 403 Lichens

fig 404 Tavelure Fusicladium pirinum

fig 405
Gymnosporangium

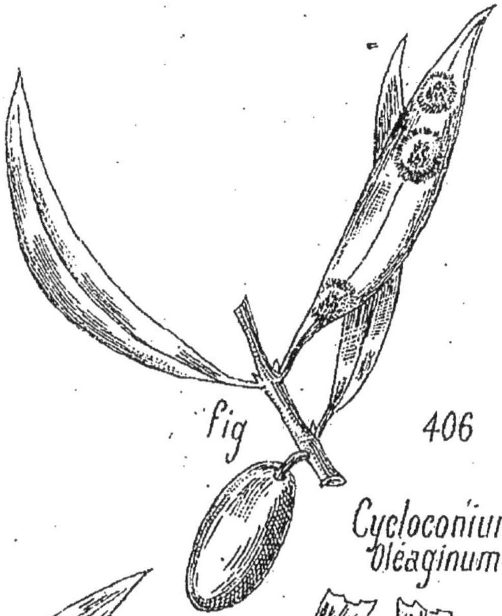

fig 406
Cycloconium Oléaginum

fig 407
Couturea Elœanema

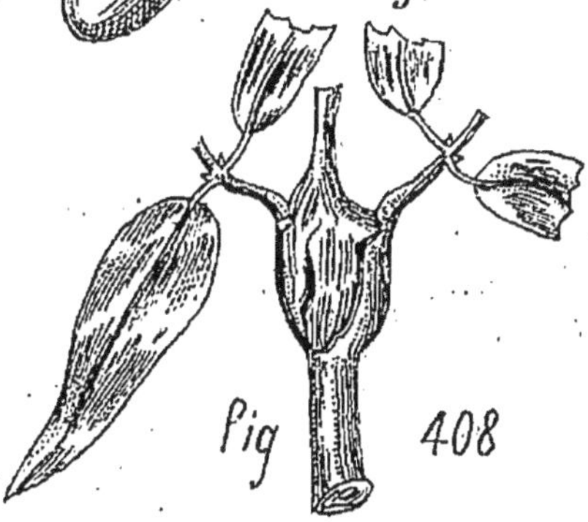

fig 408
Tumeurs

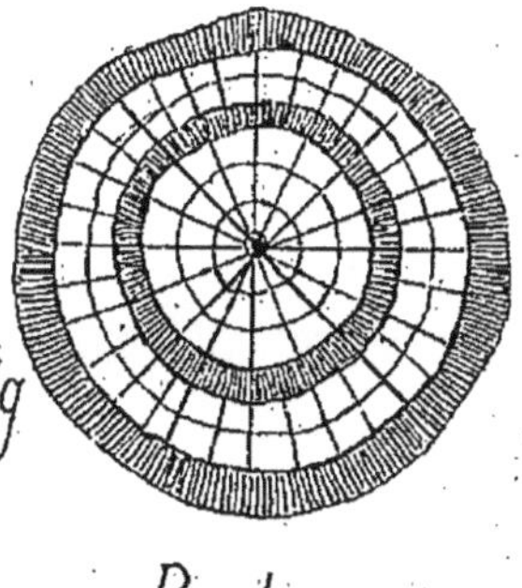

fig 409
Roulure

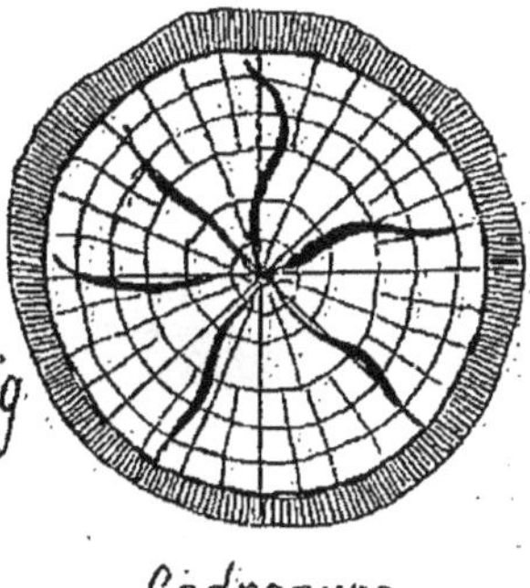

fig 410
Cadranure

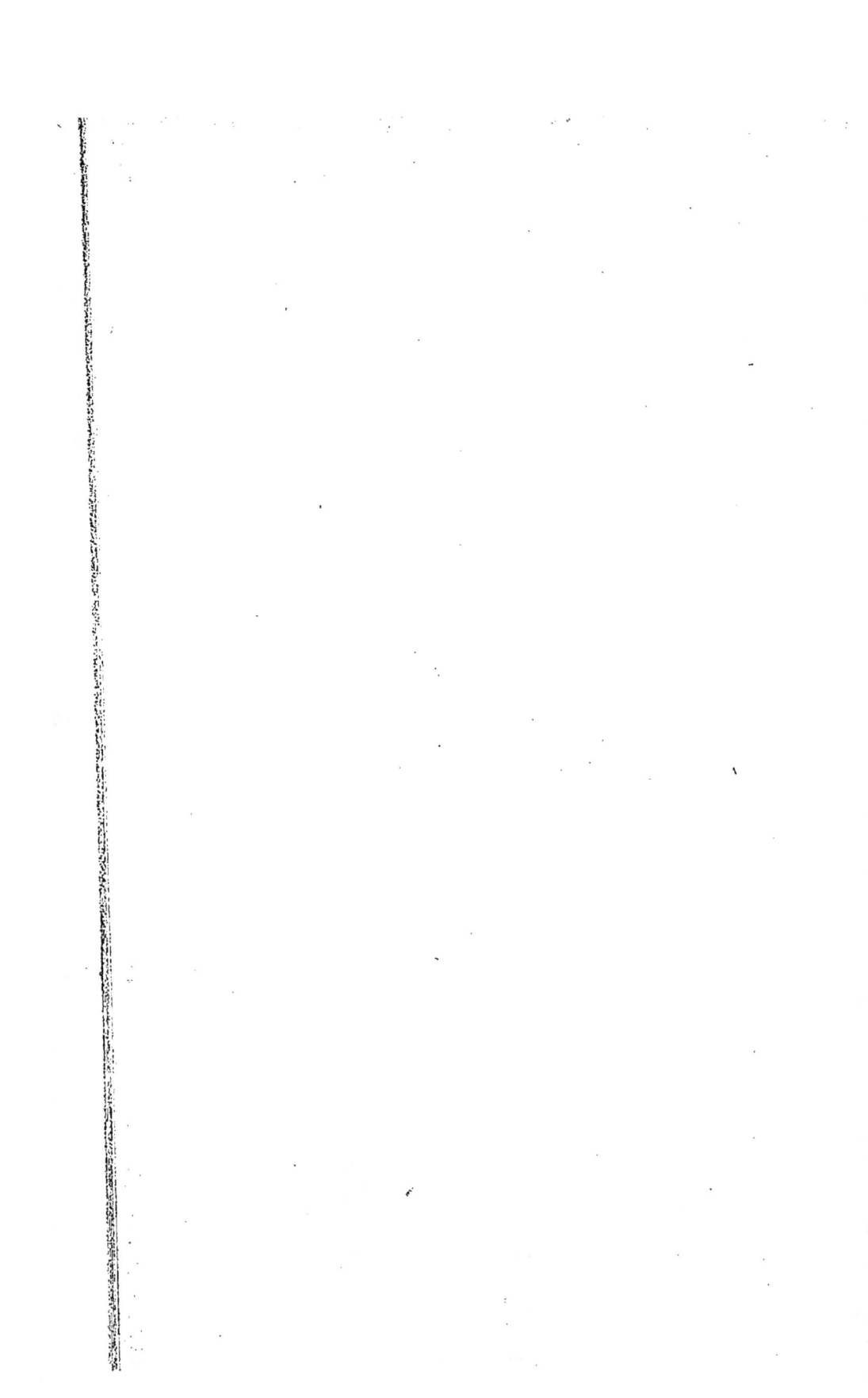

MOUSSES et LICHENS (fig. 403). Ces champignons sont des plaques vertes, jaunes ou grises qui envahissent les plantations négligées ou établies en terrain frais ou sous un climat humide ; ce parasitisme est nuisible par la compression qu'il exerce sur l'écorce, et par l'absorption, à son profit, d'une partie du suc séveux ; en outre, il sert d'asile à certains insectes nuisibles.

Pour faire disparaître ces croûtes végétales, on gratte les points où elles adhèrent, avec une brosse de chiendent ou un linge grossier ; puis on badigeonne les parties nettoyées avec un lait de chaux éteinte un peu épais et additionné de soufre ce qui achève d'approprier les endroits envahis. On se sert également avec avantage d'une bouillie ferreuse (p. 232).

TAVELURE DES FRUITS (fig. 404). On en rend responsable un champignon appelé *Fusicladium pirnum* ou *denditricum*, suivant qu'il s'adresse à la poire ou à la pomme ; il se montre sous forme de taches brunes qui font contracter l'épiderme et le déchirent, entâment même la chair du fruit et y engendrent des concrétions pierreuses. On s'oppose à ces dégâts avec des aspersions cupriques ou ferreuses ; mais préférablement avec celles-ci qui, avec leurs propriétés anti-cryptogamiques, favorisent également les qualités fructifères.

Les Fusicladiums se développent d'habitude sur les anciennes variétés de fruits, surtout quand elles viennent dans des situations froides ou ombragées. Une bonne précaution consisterait donc à planter les arbres dans des expositions bien aérées et éclairées.

Puccinia Cette cryptogame se propage sur les feuilles et sur les parties herbacées des bourgeons. Dans le Prunier, le parenchyme se couvre, à sa surface supérieure, de taches fauves, et sur le revers, d'une espèce d'efflorescence noirâtre. On dénonce l'Epine-Vinette (p. 179) de répandre ce parasite; c'est donc par la destruction de cet arbrisseau qu'il faudrait commencer pour restreindre le mal; mais on agira plus sagement et non moins utilement avec des pulvérisations au sulfate fer (232).

GYMNOSPORANGIUM (fig. 405). Ce Champignon attaque les feuilles et les pousses jeunes du poirier; on le distingue à des pustules de couleur rouge-orange qui font dessécher les tissus sur lesquelles on les trouve. Il se propage surtout dans le voisinage du Genévrier; on doit donc en agir vis-à-vis de cet arbrisseau comme avec le précédent; à défaut, on a recours aux solutions anti-cryptogamiques (p. 232 et 241).

CYCLOCONIUM OLEAGINUM (fig. 406). On ne le rencontre que sur l'Olivier; il se montre à l'état de taches circulaires qui désorganisent le limbe des feuilles. Les moyens qui ont action sur les parasites, en général, sont ceux qui doivent être employés aussi contre ce champignon.

COUTUREA ELOEANEMA (fig. 407). C'est un autre parasite des feuilles de l'Olivier, et que l'on combat également par les mêmes moyens que le précédent.

TUMEURS (fig. 408). Elles sont fréquentes aussi sur l'Olivier; ce sont des Bacilles, dit-on, qui font gonfler les points atteints. En hiver, on agit avec les dissolutions de sulfate de fer ou de sulfate de cuivre, et au printemps on effectue des incisions longitudinales (p. 36).

ROULURE (fig. 409). Cette maladie vient à la suite d'une forte gelée tardive, lorsque l'arbre est déjà entré en végétation et que les couches génératrices ont commencé à se former. Il en résulte alors une désorganisation intérieure et extérieure de la structure du végétal, et les tissus brunissent. On emploie les moyens préventifs usités en pareil cas (p. 154), et si le mal se déclare quand même, on ravale sur les membres sains et l'on enduit les coupes.

QUADRAMURE ou GÉLIVURE (fig. 410). Les arbres incomplètement acclimatés, tels que l'Olivier, l'Oranger, etc., redoutent cette affection après un hiver trop rigoureux, leur bois se fondille, et par les ouvertures sortent des sécrétions; on s'oppose à ces conséquences funestes pour la vie végétale en effectuant les opérations indiquées pour la précédente maladie.

EMPOISONNEMENT. Cet accident survient à la suite de la pénétration, par les racines ou par les feuilles, de substances âcres, acides ou caustiques provenant des vapeurs ou des résidus qui sortent des fabriques de produits chimiques ou des usines à gaz. Il faut s'abstenir de planter dans un milieu exposé à cette sorte d'infection, ou bien placer les arbres de façon à les mettre le moins possible en contact avec ces pernicieuses émanations.

ASPHYXIE. Elle se produit après une surcharge de terre sur les racines, ou lorsque les feuilles couvertes de fumée ou de poussière, ne peuvent plus respirer. Dans le premier cas, on s'empresse de déchausser l'appareil radiculaire, et si ce moyen n'est pas pratique, on emploie l'affranchissement (p. 36), et, dans l'autre cas, on opère de fréquents bassinages (p. 42).

ASSASSINAT. On attente à la vie d'un arbre lorsque, comme dans le Cerisier, on enfonce un clou dans le tronc ou les branches, surtout si on entame la moëlle. Pour sauver le sujet, il n'y a d'autre moyen que de retirer au plus tôt l'objet perforateur, et de boucher le trou avec un engluement (p. 15).

MALADIES VITICOLES

Parmi les affections particulières à la Vigne, on distingue : la *Chlorose*, l'*Oïdium*, le *Peronospora*, le *Coniothyrium diplodiella*, l'*Anthracnose*, le *Black-rot*, le

Pourridié, la *Mélanose*, le *Cottis*, la *Cuscute*, le *Folletage*, le *Millerand*, l'*Echaudage*, le *Grillage*, la *Coulure* et le *Broussin*.

Chlorose. La plupart des causes qui font survenir cette maladie aux arbres fruitiers l'amènent aussi à la Vigne; cependant il faut y ajouter encore les suivantes :

1° Le greffon livré à ses racines d'affranchissement.

Remèdes : *Enlever ces racines au plus tôt, afin d'obliger le greffon à tirer toute sa sève du sujet, car les racines de celui-ci, seules, peuvent le substanter convenablement et le rendre vigoureux, fertile et durable.*

2° Un sol trop calcaire.

Remèdes : *Choisir des cépages appropriés au terrain, tels que le Berlandier, le Cinerea, le Rupestris Paul Giraud (de Girard), l'Aramon Rupestris-Ganzin, n°s 1 et 2, et le Rupestris-Monticola. Pour les vignobles créés, l'emploi du sulfate de fer, dans les proportions déjà indiquées, ou à la dose de 1,000 à 1,200 kil. à l'hectare.*

Oïdium (fig. 111). Ce parasite, de couleur cendrée, nuit autant à la végétation qu'à la fructification; on le combat efficacement avec le soufre à l'état sublimé ou trituré; trois applications sont nécessaires : la première se pratique quand les pampres montrent leurs grappes; la seconde, la veille ou le lendemain de la floraison des raisins, et la dernière, lorsque les grains ont pris leur entier développement.

Pour projeter le soufre, sur les pampres, on se sert d'appareils divers; un des meilleurs est le *Soufflet avec réservoir* (fig. 41). On peut aussi soufrer à la main et obtenir de bons résultats. Il faut, en moyenne, par hectare, 10 journées d'ouvriers et 90 kil. de soufre.

Dans les pays où le climat froid et humide est défavorable à l'action certaine du soufre en poudre, ou encore quand la disposition des ceps (Cordons vertical, oblique, etc.) rend travail presque impraticable, on fait usage des eaux sulfureuses, que l'on obtient en faisant dissoudre du sulfure de potasse, à la dose d'un gramme environ par litre d'eau et on en donne une injection sur les parties malades.

Peronospora *(Mildew)* (fig. 112). Ce champignon est reconnaissable aux taches blanchâtres et brillantes qu'il forme sur le revers des feuilles et que révèle, sur le dessus du parenchyme, une teinte jaune, puis rousse et enfin brune et sèche ; les conséquences de cette maladie sont une rapide défeuillaison, qui empêche le bois de se lignifier et le raisin de mûrir.

Le Mildew se propage par ses spores (graines) qui germent et se développent sous l'influence d'une chaleur humide, lorsque après de fortes chaleurs succèdent des pluies ou seulement des brouillards ; c'est ce qui explique pourquoi ce parasite est peu à craindre durant les années sèches ; on a remarqué également qu'il ne nuit pas aux vignes placées sous les arbres touffus. Le même fait se reproduit sur les ceps en espalier, lorsque le mur porte un chaperon. Ce dernier moyen, les viticulteurs du Nord l'ont heureusement complété en se servant de châssis vitrés.

Pour arrêter ce fléau, ou mieux encore, pour en prévenir l'arrivée, on a recours à la Bouillie bordelaise ou à l'*eau céleste*. On prépare ces deux compositions de la manière suivante : dans la première, on prend 10 litres d'eau chaude, où l'on fait fondre 2 ou 3 kil. de sulfate de cuivre pur ; puis on laisse refroidir ; après on éteint 1 ou 2 kil. de chaux vive passée au tamis pour la débarrasser de ses parties grossières et on la mêle à la solution cuprique. Quant le mélange est obtenu, on le verse dans un hectolitre d'eau ordinaire.

Il est bon de savoir que la composition doit être placée dans un récipient en cuivre ou en bois, dans l'intérêt de la durée de cet ustensile.

La seconde préparation s'obtient avec 1 kil. de sulfate de cuivre, 3 litres d'eau ordinaire et 1 litre et demi d'ammoniaque à 22° Baumé. On fait chauffer l'eau, puis on la verse sur le sulfate de cuivre placé préalablement dans un récipient en grès ou en bois ; ensuite, on agite le mélange jusqu'à la dissolution complète du sel chimique. Quand la composition est refroidie, on y ajoute l'ammoniaque et on remue de nouveau ; elle se trouble d'abord, après elle devient d'un beau bleu de ciel. Cette eau-mère suffit pour deux hectolitres d'eau.

Le traitement complet de la vigne réclame trois applications que l'on fait aux mêmes époques que le soufrage (p. 240), On emploie chaque fois de 250 à 300 et même 400 litres, à l'hectare, de cette préparation.

On conseille également certaines Poudres à base de cuivre ; parmi les meilleures, on distingue surtout la *Sulfostéatite*, d'une adhérence parfaite sur les organes de la vigne.

Pour les treilles en espalier, on utilise avantageusement les châssis-abris, au sommet du mur, à l'endroit où l'on place d'habitude les paillassons, pour garantir les vignes contre les gelées printanières ; ce dernier moyen s'oppose non seulement aux dégâts du Mildew, mais encore il favorise la maturité du raisin.

Enfin, il faut donner la préférence, dans les plantations, aux cépages qui offrent le plus de résistance à la maladie : comme porte-greffes, on désigne : le *Riparia sauvage*, le *Solonis*, le *Rupestris*, etc., et comme producteurs directs : le *Cunningham*, l'*Herbemont*, le *Saint-Sauveur*, l'*Aubun*, la *Conèse*, l'*Ugni blanc*, le *Petit Bouschet*, l'*Aramon*, le *Portugais bleu*, le *Pinot*, le *Cabernet-Sauvignon*, l'*Etraire de l'Adhuy*.

BLACK-ROT ou POURRITURE NOIRE (fig. 117). Ce parasite se développe sur les feuilles, où il produit des taches de couleur jaune pâle ou jaune foncé, avec de petits points d'un noir brillant et desséchés. Sur les autres organes de la vigne : pampres, pétioles, grappes, etc., le Rot amène les mêmes effets nuisibles ; les grains de raisins montrent d'abord un point d'une nuance terne, puis les tissus s'affaissent et peu à peu deviennent violacés ; la partie malade s'étend jusqu'à ce que la baie soit altérée ; son épiderme devient brun, se colle sur les pépins et se recouvre de pustules noires (Docteur P. Vialla).

On prévient ou on arrête cette maladie avec les mêmes moyens que ceux conseillés contre le Mildew (p. 241), mais avec une dose cuprique plus forte ; on peut augmenter la quantité de sulfate de cuivre jusqu'à 6 0/0 et celle de la chaux jusqu'à 4 kil.

Coniothyrium diplodiella (fig. 413). C'est une sorte de Rot qui s'attaque principalement aux raisins ; les parties atteintes se décomposent en prenant une nuance fauve ; le mal apparaît d'abord sur la rafle autour du pédoncule et des pédicelles, ce qui explique pourquoi des portions de grappe et la grappe elle-même se détachent de la vigne. Les grains altérés prennent d'abord une teinte livide, puis ils se rident et se dessèchent, en se couvrant de petites saillies échancrées et d'une couleur gris-plomb (Docteur P. Viala).

Les mêmes compositions cupriques et ferreuses enseignées pour la maladie précédente sont celles qui agissent aussi contre le Coniothyrium.

Anthracnose. Cette maladie se présente sous trois aspects différents : l'*A. cariée*, l'*A. ponctuée*, et l'*A. déformante* ; la première (fig. 414), se reconnaît aux cavités rugueuses qu'elle fait à l'écorce et au bois dont elle corrode les tissus ; la seconde (fig. 415), montre de petites pustules à pointes saillantes dont les cavités renferment des spores qui sortent par un ostiole du sommet (J.-E. Planchon) ; quant à la troisième (fig. 416), elle offre des taches brun pâle ou grisâtres et elle fait contracter les nervures et le parenchyme des feuilles ; l'extrémité des pampres aussi se crispe avec un mouvement de torsion.

Pour avoir raison de ces parasites, il faut les attaquer aussitôt qu'on s'aperçoit de leur présence. En hiver, on badigeonne les ceps avec un pinceau ou à l'aide d'un Pulvérisateur (p. 5), avec une dissolution de sulfate de fer ou de sulfate de cuivre, celle-ci à la dose d'un kil. par cinq ou six litres d'eau, et celle-là à la dose d'un kil. par deux litres d'eau. En été, l'on fait usage de la Bouillie bordelaise ou de la Bouillie ferreuse, ou on saupoudre avec composition par moitié ou aux deux tiers de chaux vive et de soufre.

Sclerotinia Fuckeliana. Suivant M. le Docteur P. Viala, ce champignon produit ces nodules noires que l'on remarque autour des coupes et des greffes-boutures stratifiées dans le sable.

On s'oppose au développement du mal en renouvelant le sable, ou en y mélangeant du soufre en poudre.

Pourridié *(Rœsleria hypogea)*. Ce champignon radiculaire amène une rapide décomposition des tissus et leur communique une odeur infecte ; on s'en préserve par le Drainage, qui enlève l'humidité du terrain, cause provocatrice de la maladie ; puis on fait une application de sulfocarbonate de potassium (p. 232) ; mais le moyen le plus sûr de s'opposer à l'action du parasite, c'est de planter le cépage Solonis, qui s'accommode des sols humides et qui, en même temps, est réfractaire au Rœsleria.

Blanc *(des racines) (Dematophora necatrix)*. Ce parasite a beaucoup d'analogie avec celui qui fatigue les arbres à fruits ; on le trouve non seulement dans les endroits bas, mais aussi dans les sols occupés par des bois de chênes récemment défrichés, ou à la suite d'une plantation de mûriers ; les tuteurs qu'on accole au pied des ceps peuvent également donner le mal, par contagion.

Planche XL. Chapitre XVI

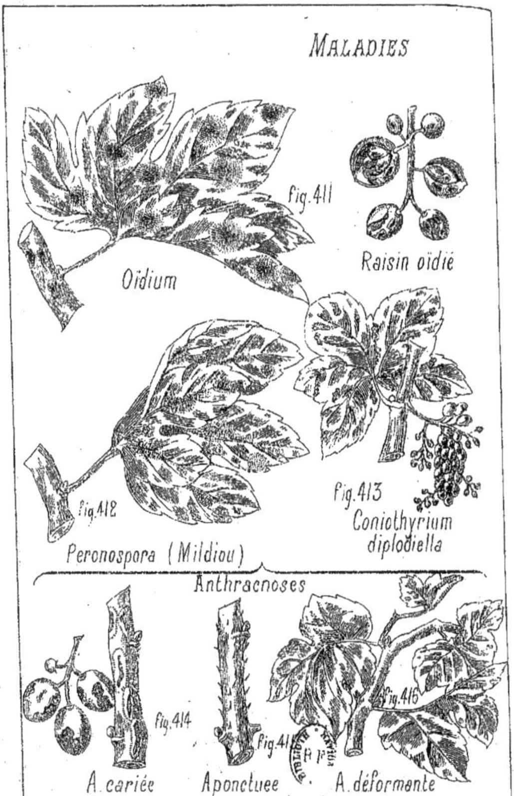
MALADIES
fig. 411
Oïdium
Raisin oïdié
fig. 412
Peronospora (Mildiou)
fig. 413
Coniothyrium diplodiella
Anthracnoses
fig. 414
A. cariée
fig. 41
Aponctuee
fig. 416
A. déformante

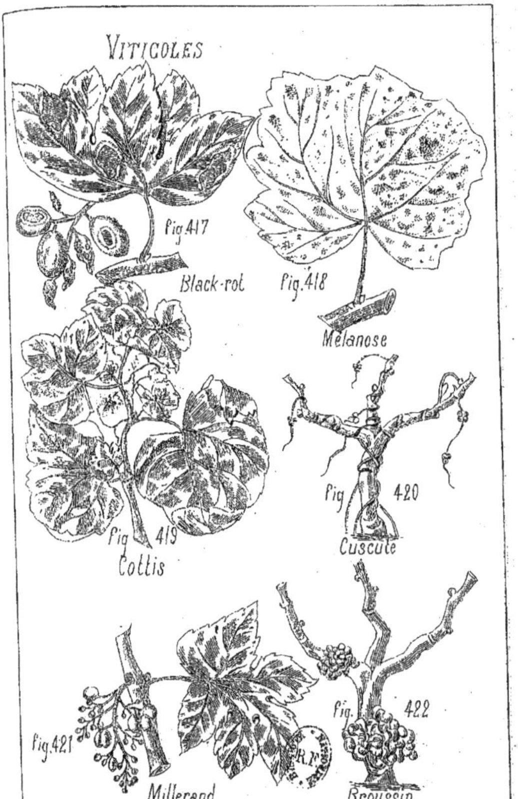
VITICOLES
fig. 417
Black-rot
fig. 418
Mélanose
Fig 419
Cottis
Fig 420
Cuscute
fig. 421
Millerand
Fig. 422
Broussin

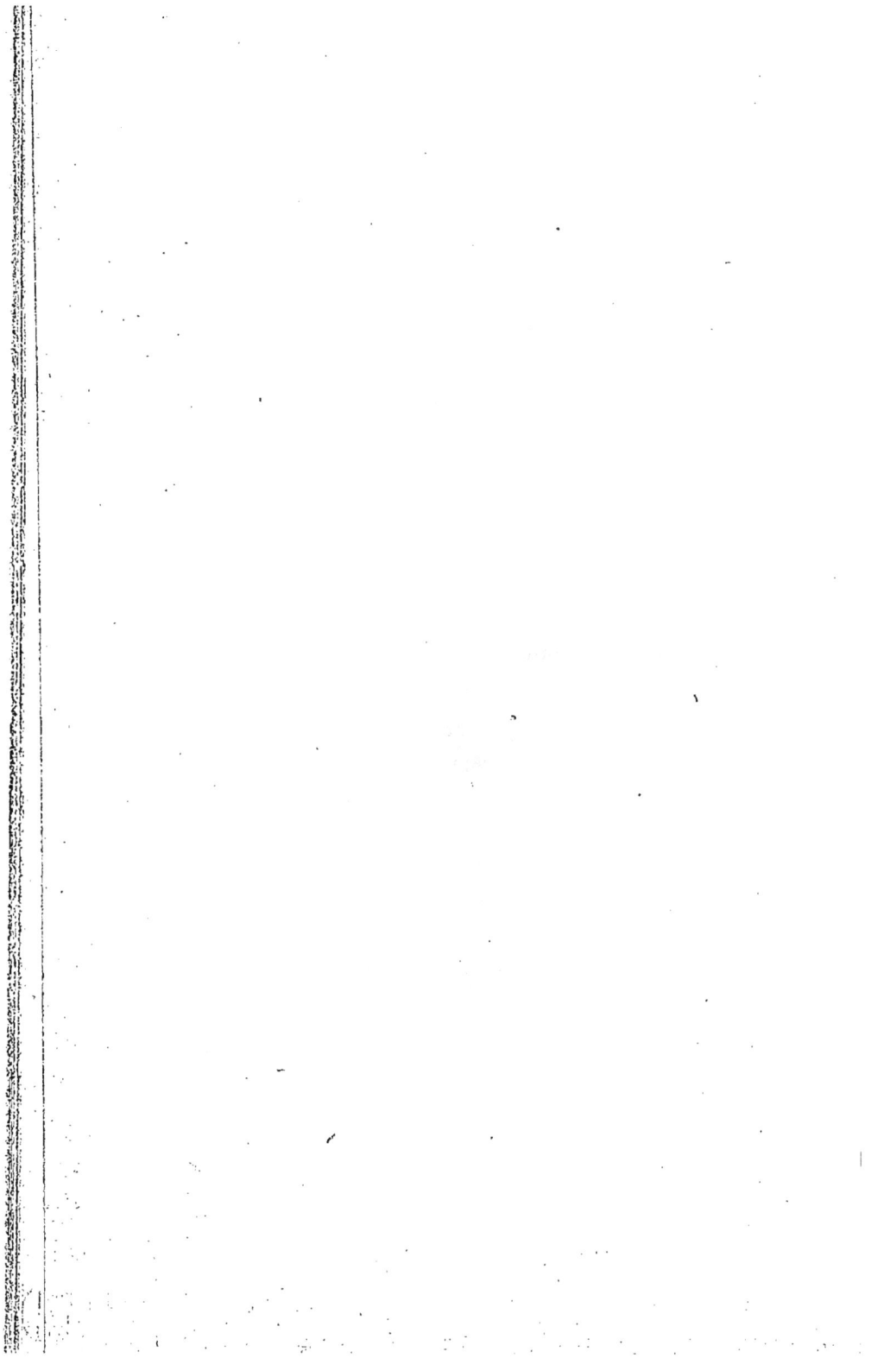

Les moyens de guérison consistent, suivant les cas, à utiliser ceux qui agissent contre le Pourridié, et, pour les cas spéciaux, à purger la terre des racines nuisibles, et à n'employer que des échalas goudronnés ou sulfatés (p. 8).

Mélanose (fig. 418). On reconnaît cette maladie spéciale aux feuilles, à des points noirs, comparables à des ordures de mouches, qui en se multipliant finissent quelquefois par tacher tout le parenchyme. On arrête l'extension de ce parasitisme avec les aspersions cuivriques ou ferrifères (p. 241 et 232).

Cottis *(Cladomanie, Pousse en ortie)* (fig. 419). Cette maladie fait pousser aux pampres de nombreuses ramilles, chétives, avec des feuilles rétrécies et qui se dessèchent sur les bords. On attribue ce rabougrissement à une élaboration incomplète de la sève provenant de la nature défectueuse du terrain occupé par la vigne. On combat cette affection avec les remèdes indiqués contre la Chlorose (p. 231).

Mal nèro *(mal noir)*. C'est une maladie mal définie encore et qui exerce des ravages dans le genre de ceux provoqués par le Cottis ; elle est caractérisée par des plaques sombres formant des filets et des lignes brisées ; la moëlle est atteinte avant le bois.

Le mal noir se déclare dans les terres humides, de préférence, et à la suite des brusques refroidissements atmosphériques.

Les moyens qui paraissent produire le plus d'effets sont : le drainage et l'engluage des plaies, avec le goudron, aussitôt après la taille.

Cuscute (fig. 420). Ce parasite enlace, de ses tiges rougeâtres, les pampres et les raisins, et par ses suçoirs, il les épuise et les fait sécher.

On s'en débarrasse par de fréquents binages et par l'emploi de 250 grammes de sulfate de fer en poudre répandue au pied de chaque cep.

En hiver, après la taille, des lavages au sulfate de fer ou au sulfate de cuivre donnent aussi d'excellents résultats (p. 244).

Folletage ou Champelure. Cette maladie est attribuée à l'action du froid ; elle entraîne la dessication des pampres et même des bras de la vigne.

On l'observe surtout dans les vignobles soumis à la submersion, ou dans les endroits froids. Pour prévenir cet inconvénient, on conseille, avant l'arrivée des fortes gelées, de butter la tige et même une partie des bras des ceps.

Milleraud ou Millerand (fig. 121). C'est une affection qui s'oppose au grossissement normal des baies de la grappe, lesquelles restent vertes ; mais quelquefois elles mûrissent ; les pépins avortent ou sont atrophiés.

Ce fait paraît provenir d'une déviation de la sève qui, dans les ceps vigoureux, délaisse les fruits pour porter la plus grande partie de son action sur le bois ; il peut être la conséquence aussi d'un effet inverse, tel que l'épuisement du cep, ou bien encore, il peut résulter d'un refroidissement, ou d'une trop grande fraîcheur, dans la température, qui s'opposent à la fécondation complète du raisin. Dans le premier cas, on a recours à la taille longue (p. 203); dans le second cas, on taille court, au contraire, et même on réduit le nombre des coursons (p. 199), et, en dernier lieu, on a recours aux abris : auvents, paillassons, etc., ou bien on emploie les poudres antiseptiques : chaux vive, plâtre, ciment, etc.

Échaudage ou Grillage de la grappe. Les raisins se dessèchent lorsqu'ils sont brusquement surpris par les rayons brûlants du soleil ; cette altération est ordinairement provoquée par un effeuillage exagéré, ou par un palissage mal compris ou fait trop tardivement.

On ne doit découvrir les grappes qu'à partir de la véraison et encore n'opérer qu'avec beaucoup de prudence, laissant toujours quelques feuilles au-devant des raisins pour leur servir de parasol.

Brulure des feuilles. Cette désorganisation du parenchyme se déclare lorsque les feuilles, complètement à l'ombre, sont tout à coup exposées à l'ardeur des rayons solaires.

. Pour prévenir cet inconvénient, on pratique le palissage de bonne heure, ou par un temps couvert.

Coulure, Avalidouire. Cette cause d'infertilité a les mêmes origines que celles du Millerand (p. 246).

L'avortement de la grappe provient encore de l'absence d'un des organes sexuels des fleurs et principalement du pistil (p. 21).

Suivant le cas, on varie le traitement; mais les procédés qui donnent le plus de satisfaction sont: le greffage avec des variétés saines et fertiles; le pincement des pampres et des grappes, et la décortication annullaire (p. 41).

Broussin (fig. 422). On nomme ainsi les excroissances spongieuses qui sortent du tronc ou des bras de la vigne; elles se montrent ordinairement à la suite d'un retour de sève provoqué par une forte gelée tardive; les ceps plantés en terrains de bas-fonds et frais sont les plus exposés à ce désordre des couches corticales. On atténue le mal par la taille tardive. Quand les exostoses se sont produites, on les enlève aussi nettement que possible et on recouvre les plaies avec un engluement (p. 15).

Si le Broussin avait cerné entièrement les branches ou la tige du cep, au lieu de chercher à guérir les points affectés, on rabattrait immédiatement au-dessous, et sur une place capable de reconstituer la portion supprimée.

CHAPITRE XVII

Animaux et Insectes nuisibles

Comme pour les maladies, nous distinguerons, les *Ennemis* des arbres fruitiers, de *ceux* de la vigne.

Au nombre des premiers, on comprend : divers *Rongeurs*, certains *Oiseaux*, la *Taupe*, la *Courtillière*, les *Pucerons*, le *Kermès*, le *Tigre*, les *Fourmis*, des *Mollusques*, des *Coléoptères*, des *Diptères*, des *Lepidoptères*, des *Hyménoptères*, des *Orthoptères*, etc.

Rongeurs. Le Lièvre et le Lapin exercent quelquefois de grands ravages dans les vergers ; en hiver, lorsque la neige couvre le sol et qu'ils ne trouvent plus d'herbes bonnes à brouter, ils dévorent l'écorce des arbres, ce qui affaiblit la végétation et peut même tuer les sujets. On prévient les dégâts causés par ces rongeurs, en entourant le tronc, de branchages d'arbrisseaux épineux : Paliure, Aubépine, Genêt, etc., ou simplement on le badigeonne avec un brouet composé de chaux éteinte et dans laquelle on a délayé de la suie, du soufre, etc.

En été, pour protéger les feuilles, on se sert, avec avantage, de la Bouillie bordelaise.

Quand on ne s'aperçoit des morsures que lorsque le mal est produit, on le répare avec une couche de goudron ou de mastic étendue sur toute la surface occupée par les plaies.

Les *Rats* (fig. 423), *Loirs*, *Mulots*, etc., se nourrissent des semences que l'on confie au sol, pour la reproduction de l'espèce ; ils mangent aussi les fruits. On les prend avec des pièges que tout le monde connaît ; on a recours également aux appâts empoisonnés, tels que : morceaux de lard

ANIMAUX ET INSECTES NUISIBLES.
fig. 423
Rat.
fig. 424
Ecureuil.
fig. 425
Blaireau.
fig. 426
Pie.
fig. 427
Etourneau.
fig. 428
Taupe.
fig. 429
Courtillière.
fig. 430
Puceron lanigère.
fig. 431
Kermès.
fig. 432
Tigre.
fig. 433
Escargot.
fig. 434
Limace.

rôti, croûtes de pain ou de fromage, etc., que l'on enduit de pâte phosphorée. On protège les grains en les laissant séjourner, pendant quelques jours, dans de l'eau de suie, ou dans une solution d'aloès (1gr,5 par litre d'eau), qui agissent par leur amertume.

Dans le Fruitier (Ch. XIX), un moyen efficace de le purger des rongeurs, c'est de mettre deux assiettes, l'une avec un mélange d'un tiers de farine et deux tiers de plâtre, et l'autre remplie d'eau ; les rats, mangent d'abord le mélange poudreux, qui les altère profondément ; puis ils vont se désaltérer et meurent d'indigestion.

Pour les Mulots particulièrement, le cultivateur doit appeler à son secours le sulfure de carbone, que l'on introduit dans les trous à l'aide d'un pal injecteur (p. 13 et 14).

Les Loirs et les Lérots s'adressent, de préférence, aux fruits des espaliers ; ce sont des maraudeurs nocturnes ; on les détruit en plaçant, sur la crête du mur, des objets empoisonnés, ou on bâtit, à fleur du faîtage, des vases ou des cloches en verre que l'on remplit d'eau ; ces rongeurs courent étourdiment et se laissent tomber dans ces récipients, où ils trouvent la mort.

L'Écureuil (fig. 424), est très friand de bien des fruits et surtout des amandes et des noix ; ce gracieux animal se fait remarquer par sa grande agilité. Pour l'atteindre, on le chasse au fusil, et pour l'empêcher de grimper sur les arbres, on entoure la tige avec des branches armées de piquants.

Le Blaireau (fig. 425), est aussi un grand mangeur de fruits. On en réduit le nombre avec des morceaux de viande empoisonnée, des pièges ou des fragments de tourteau de ricin.

Oiseaux. La plupart des Oiseaux sont utiles ; mais quelques-uns sont réellement nuisibles. Dans nos contrées, il faut citer :

La *Pie* (fig. 426), elle vole les semences et les fruits ; on la tue à coups de fusil ou on l'empoisonne comme les précédents animaux.

Le *Moineau* s'adresse surtout aux cerises et aux figues, au moment où elles commencent à mûrir. Il est bien difficile de se débarrasser de ces voleurs ailés ; pour les éloigner des arbres qu'on veut protéger, on se sert d'un mannequin avec tête-girouette et portant deux masques opposés, une sorte de Janus. On réussit également à les effrayer avec des miroirs ou des morceaux de fer blanc que l'on suspend, à l'aide de ficelles, à des rameaux flexibles. Un autre moyen excellent est celui qui consiste à tendre, sur l'ensemble de la charpente du sujet, comme un réseau de petites cordes ; que l'on relie à une clochette ; les oiseaux, en venant se poser sur les fils, la font sonner et ses tintements les mettent en fuite.

L'*Etourneau* (fig. 427), en veut aux olives ; mais il n'y a pas lieu de s'en trop préoccuper, à cause du nombre toujours croissant des chasseurs.

La *Taupe* (fig. 628), est insectivore ; toutefois, dans les pépinières, elle est plus nuisible qu'utile, par les galeries qu'elle se creuse dans les plates-bandes et qui éventent ou même coupent les radicelles des jeunes plants. On s'empare de ces animaux fouisseurs avec des pièges spéciaux ; on les empoisonne aussi avec de la noix vomique dont on saupoudre des *lombrics* (vers de terre) et que l'on place ensuite à l'entrée des passages. Les fumures en tourteaux de ricin et surtout en *Fulguène* sont pernicieuses à ces ravageurs.

La *Courtilière* ou *Taupe-Grillon* (fig. 429), déchire les jeunes sujets au collet et en compromet l'existence ; pour s'en défaire, on attire l'insecte dans un endroit où on puisse facilement l'atteindre, en déposant dans le voisinage, un tas de fumier chaud ; au bout de quelques jours, les courtilières s'y sont réunies, et là on leur fait subir le châtiment qu'elles méritent. Un autre mode de destruction consiste à découvrir la retraite de cet ennemi, ce que dénonce un petit mamelon de terre qui en cache l'entrée ; après l'avoir découverte, on y verse quelques gouttes d'huile, puis un peu d'eau qui l'entraîne jusqu'au fond de la galerie, l'animal se trouve ainsi asphyxié. On arrive au même résultat avec du sulfure de carbone, plus expéditif encore par ses effets mortels.

Pucerons. Il est peu d'espèces fruitières qui soient exemptes des visites épuisantes de ces insectes ; leur destruction n'est pas aisée, à cause de leur petitesse et de l'effrayante rapidité avec laquelle ils pullulent ; on en trouve de verts, de noirs, de gris, de blancs, etc. ; ils s'établissent ordinairement sur le dessous des feuilles et en sucent la sève au détriment de la santé de l'arbre.

Le meilleur moyen d'expulser ces hôtes malfaisants, est de les pulvériser avec une eau nicotinée, obtenue avec un dixième ou un douzième de jus de tabac provenant des manufactures de l'Etat.

A défaut de nicotine à 15°, on peut se servir également d'une lotion de tabac obtenue en faisant bouillir des bouts de cigares, des côtes de feuilles, ou des racines de la plante dans la proportion de 3 grammes par litre d'eau. On emploie aussi la fumée de tabac ; à cet effet, on commence par envelopper l'arbre avec un ballon en papier ou à défaut avec une pièce de toile assez grande pour couvrir le sujet ; puis on introduit dessous un récipient avec quelques charbons allumés sur lesquels on dépose une bonne pincée de tabac humide, afin de produire le plus de fumée possible. Au bout de quelques heures, les insectes se trouvent tous asphyxiés. Après, on donne une énergique pulvérisation ferreuse pour laver l'arbre.

On se sert avantageusement aussi de l'acide phénique, dans la proportion d'un verre à liqueur par sept à huit litres d'eau.

Quand on rencontre des Fourmis en compagnie des Pucerons, elles viennent leur enlever une part de la nourriture qu'ils prennent aux arbres.

Le Puceron blanc (fig. 340) est mieux connu sous le nom de *P. lanigère*, à cause de la matière duveteuse, laineuse qui le recouvre ; sa destruction s'obtient difficilement. Le Pommier seul est exposé aux ravages de cet insecte et il est attaqué aussi bien sur ses racines que sur ses branches, où il forme des exostoses, qui lui servent d'abri dans les hivers rigoureux.

Pour atteindre cet ennemi, on supprime d'abord les boursouflures, puis on traite les points puceronnés, soit avec de la nicotine, soit avec de l'alcool méthylique ou de bois, ou mieux encore avec de l'alcool amylique au savon hydrocarburé que l'on emploie pur, à l'aide d'un pinceau ; une ou deux applications au plus suffisent pour détruire ce dangereux dévastateur ; on termine la médication par le goudronnage ou le masticage des plaies.

Dans le traitement des racines, on déchausse pour mettre à nu les endroits envahis et on les saupoudre avec de la chaux vive, ou on les lave avec une solution de sulfate de fer ou de sulfocarbonate de potassium (p. 232).

Psylle *(de l'Olivier)*. Ce Puceron s'établit à l'aisselle des feuilles et à la base et dans les divisions des grappes florales de l'Olivier. Comme celui du Pommier, il est cotonneux et en outre visqueux. Par ses piqûres, l'insecte pompe la sève, ce qui fait avorter les fleurs ; la santé de l'arbre s'en ressent défavorablement. Les saupoudrages à la chaux vive, et les aspersions cupriques et ferreuses (p. 232 et 241) sont souvent efficaces contre cet ennemi de la végétation et de la fructification.

Kermès (fig. 431). Cette espèce de punaise vit sur l'écorce des arbres et la couvre d'une croûte grise ; les places infestées se dépriment et les pousses deviennent languissantes. On fait disparaître ce parasitisme animal en brossant les parties envahies et ensuite en les lavant au jus de tabac (p. 251), ou encore avec des compositions cuivriques ou ferrifères (p. 232 et 241).

Tigres *(Tingis)* (fig. 342). On appelle ainsi de petits insectes ailés (0m,0035), de couleur cendrée, qui vivent sur les arbres à fruits à pépins ; leurs dégâts s'exercent seulement sur les feuilles, dont ils dévorent le parenchyme, ne respectant que les nervures. Les remèdes qui agissent contre les Pucerons sont ceux qu'il faut employer également contre les Tigres.

Après la défeuillaison des arbres malades, il est utile de ramasser les feuilles et de les brûler, pour détruire les œufs de Tigres qu'elles peuvent contenir.

Fourmis. Ces bestioles qui, d'habitude, trahissent la présence des Pucerons sur les arbres, sont nuisibles, elles aussi, en ce sens qu'elles dévorent les feuilles, les fleurs et même les fruits.

On empêche les Fourmis de grimper en entourant les tiges d'un collier de coton imbibé, extérieurement, de crasse d'huile ou de pétrole. Dans les espaliers, où le mur peut permettre aux insectes d'en arriver aux branches, sans passer par le tronc, on se sert de petites bouteilles remplies, à moitié, d'eau miellée ou sucrée, que l'on suspend aux branches ou au treillage ; les Fourmis, attirées par la douceur, viennent se noyer dans le sirop ; on renouvelle de temps en temps la liqueur, car dès qu'elle est devenue acide, les insectes ne l'aiment plus.

Mollusques. Sous cette dénomination, on désigne les Escargots (fig. 433) et les Limaces (fig. 434) ; ces mollusques détériorent les feuilles et les fruits et les souillent de leurs baves répugnantes. On s'en rend maître en les ramassant, le matin, quand le temps est frais, ou après une pluie. Un autre procédé, plus pratique, consiste à cerner les arbres avec une traînée de sulfate de fer, de sel-marin, de chaux vive, etc., qui tient les escargots éloignés des sujets.

Coléoptères. L'un des plus redoutables est le Hanneton, aussi nuisible à létat de larve (ver blanc), qu'à l'état d'insecte parfait (fig. 435) ; la première, attaque les racines, et l'autre, dévore les feuilles.

Contre le ver blanc, on se trouve bien de l'emploi du sulfure de carbone (p. 13); du tourteau de ricin (p. 250), et du sulfocarbonate de potassium (p. 232). Des expériences récentes semblent prouver aussi qu'on peut innoculer à cette larve le *Botrytis tenella* (muscardine du ver à soie), un parasite qui serait contagieux et mortel pour ce coléoptère, comme il l'est pour ce lépidoptère.

On garantit quelquefois les arbres des ravages des vers blancs en plantant non loin de leurs tiges, des fraisiers ou des laitues ; les racines de ces légumes étant plus délicates, les larves les préfèrent ; aussitôt qu'on en voit flétrir les feuilles, on les arrache et on trouve l'ennemi sur le fait.

Pour détruire l'insecte complet, on le surprend le matin, lorsqu'il est encore engourdi par la fraîcheur de la nuit; c'est le moment alors de secouer violemment les branches envahies par ces dévastateurs, et ceux-ci se laissent tomber comme des corps inertes ; après quoi on les écrase ou on les brûle ; on peut aussi les utiliser comme engrais.

La Cantharide (fig. 436) est un insecte d'un vert doré et brillant, qui exhale une odeur repoussante; il attaque l'Olivier, dont il ronge les feuilles et les bourgeons. On le rencontre d'habitude fin mai ou au commencement de juin. Pour s'en emparer, on s'y prend comme pour le Hanneton, et on les reçoit sur une toile ; puis on les ramasse et on les met dans un bocal contenant du vinaigre ; après, on peut les vendre aux pharmaciens, qui les recherchent à cause de leurs propriétés vésicantes.

Les Cétoines sont de gros insectes aux élytres (couvercle des ailes), à reflets rougeâtres, verdâtres ou noirâtres ; elles affectionnent surtout les fruits. On les détruit de la même manière que les précédents coléoptères.

L'Hylésine (fig. 437), appelée également *Ciron*, exerce ses ravages sur l'Olivier, particulièrement sur les jeunes pousses et à leur insertion sur les branches.

Ce petit insecte ($0^m,0025$), brun, passe l'hiver en terre ; au printemps, il s'accouple ; le mâle meurt aussitôt, et la femelle va déposer ses œufs dans les broussailles ; les larves qui en résultent se creusent des galeries dans l'écorce, et au bout de quelques semaines deviennent des insectes parfaits.

Pour s'opposer à la trop grande propagation de ces dévastateurs et les mettre dans l'impossibilité de nuire, on éloigne du Verger le bois émondé, et ce qui vaut mieux encore, c'est de l'enfermer ou de le brûler sur place.

L'Anthonome (fig. 438) est aussi une petite bestiole ; sa couleur est d'un rouge-brun, avec une bande transversale grise sur les élytres ; à l'état de larve, elle ronge les écailles des boutons à fleurs du Poirier et du Pommier, et les fait avorter. Les dégâts commencent dès la chûte des feuilles et ne finissent qu'à l'époque de la floraison ; alors arrive l'insecte complet, qui pique les feuilles, s'en nourrit, et dépose ses œufs dans les rides de l'écorce. A l'automne suivant se produit une nouvelle génération de ravageurs.

On connaît plusieurs moyens de combattre l'Anthonome : 1° le sulfatage à base de cuivre, que l'on opère en septembre ou immédiatement après la récolte des fruits ; 2° la fumigation de tabac, et 3° le secouage des branches pour faire tomber les insectes installés dans les boutons et que l'on reçoit sur une toile étendue sous l'arbre; après, on leur fait subir le sort qu'ils méritent. Ce dernier procédé, recommandé par M. Hérissant, directeur de l'École d'Agriculture des Trois-Tours, réussit, sans doute, pour l'Anthonome du Pommier, mais en ce qui regarde celui du Poirier, il est sans effet ou à peu près, les boutons avariés et habités résistant au branlement de la tête de l'arbre.

Le Balamin (fig. 439) s'adresse aux fruits du noisetier qu'il perfore, puis il en mange le contenu. On lui nuit avec les insecticides ordinaires.

Le Capnodis tenebrionis (fig. 440) est un fort insecte, très dur, coloré de noir et piqueté de blanc; il préfère l'Amandier, et a l'instinct de se cacher, lorsqu'on va le saisir, ou bien il se laisse tomber sur le sol. On le détruit par le ramassage et l'écrasage.

Le Charançon pourpre est nuisible surtout à l'état de larve; c'est alors un petit ver blanchâtre, à tête noire, qui s'introduit dans les fruits et les empêche d'arriver à leur entière maturité.

Pour s'en débarrasser on a recours encore aux moyens spéciaux aux Coléoptères; ensuite, on fait prendre aux fruits des bains ou on les asperge au sulfate de fer (p. 43).

Le Hamaticherus ou Cérambyx (fig. 441), est un grand insecte brun foncé ou noir, muni de deux longues antennes; il s'alimente de fruits: poires, figues, etc. Mêmes procédés de destruction que pour les autres représentants de cette famille d'insectes.

Le Scolyte destructeur (fig. 442), perfore l'écorce des arbres; puis, arrivé à l'aubier (p. 20), il y trace un sillon longitudinal, dans lequel ses œufs sont déposés et d'où sortent des larves rougeâtres, qui, à leur tour, se creusent également des galeries, mais dans le sens latéral.

Planche XLII. Chapitre XVII.

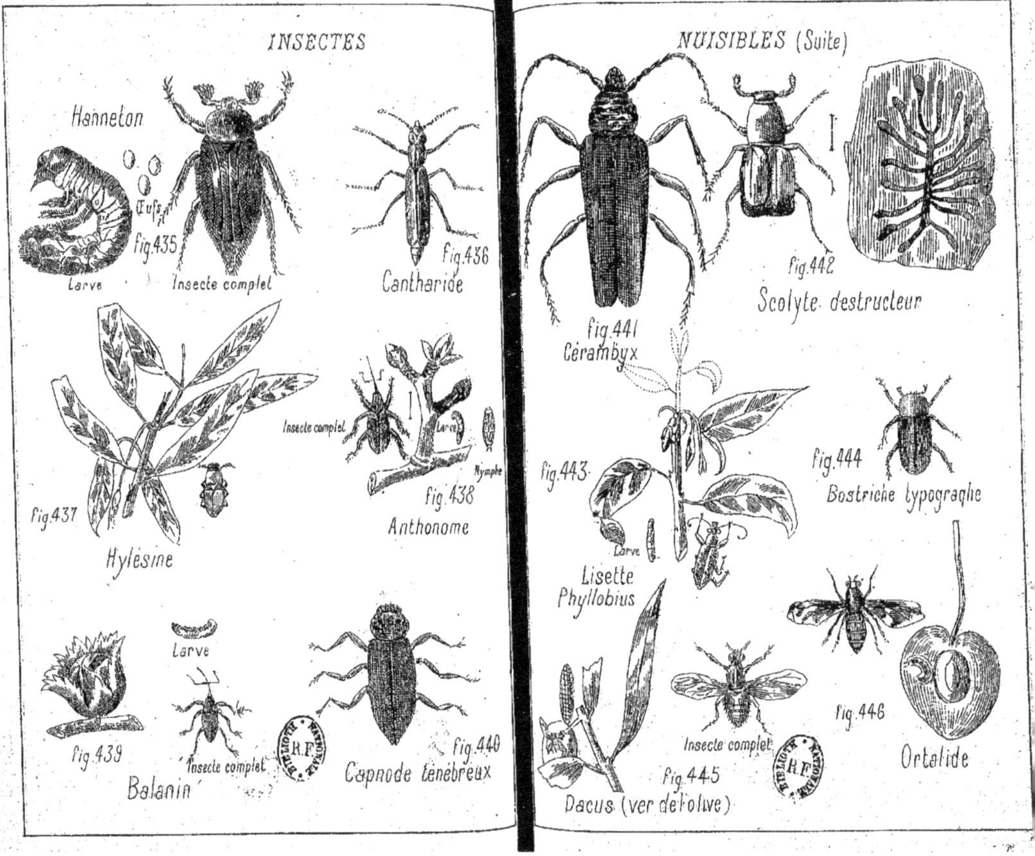
INSECTES NUISIBLES (Suite)
Hanneton
Œufs
fig.435
Larve
Insecte complet
fig.436
Cantharide
Insecte complet
Larve
Nymphe
fig.438
Anthonome
fig.437
Hylésine
Larve
fig.439
Insecte complet
Balanin
fig.440
Capnode ténébreux
fig.441
Cérambyx
fig.442
Scolyte destructeur
fig.443
Larve
Lisette
Phyllobius
fig.444
Bostriche typographe
Insecte complet
fig.445
Dacus (ver de l'olive)
fig.446
Ortalide

Comme remèdes, les incisions longitudinales (p, 36), qui produisent un double effet, celui de faciliter la circulation de la sève, et de mettre à nu les conduits formés par les insectes, ce qui rend plus efficace l'action des liquides insecticides (p. 251).

Si le mal est ancien et que certaines parties du sujet soient déjà mortifiées ; on enlève soigneusement tout ce qui est altéré, et on termine le traitement par l'emploi du goudron ou d'un mastic (p. 15).

La LISETTE *(Phyllobius)* (de 6 à 8 millimètres) (fig. 443), opère ses dégâts sur les jeunes pousses et principalement à la partie herbacée, qui se flétrit ; dans l'entaille produite, l'insecte y met un œuf d'où sort un ver qui se loge dans le bourgeon. On prévient les ravages de cet insecte avec des aspersions sulfatées (p. 232), et quand le mal est commis, on taille en vert immédiatement au-dessous du point desséché et juste au-dessus d'un œil capable de refaire la ramification.

Le BOSTRICHE ou ver *typographe* (fig. 544), s'adresse aux arbres à pépins ; il déchire et soulève l'écorce en zigzag. Pour trouver cet ennemi, on enlève les portions chancreuses, et on tue les larves, quand elles s'y trouvent encore ; puis on enduit les blessures avec un englument quelconque (p. 15).

DIPTÈRES : Le DACUS (ver de l'olive, fig. 445), est nuisible par sa larve, qui ronge le fruit ; ses dégâts sont quelquefois si importants qu'ils annulent la récolte. On croit que sa chrysalide se tient l'hiver sous terre ou sous l'écorce de l'arbre. Le badigeonnage du tronc et des branches et des labours fréquents sont les moyens les plus sûrs à mettre en œuvre contre ce dévoreur d'olives.

On aurait remarqué encore que cet insecte n'apparaît, en grand nombre, que bisannuellement. Comme la fructification de l'olivier ne se produit aussi que tous les deux ans, on pourrait combiner la conduite du sujet de façon à faire coïncider l'année infertile avec celle qui s'accorde avec la venue du Dacus ; alors celui-ci ne pouvant plus se bien substanter, s'affaiblirait, et par la suite se trouverait, peut-être, dans l'impossibilité de se reproduire assez abondamment pour contrarier sérieusement la récolte.

C'est une bonne pratique également de ramasser les olives qui se sont détachées de l'arbre ; elles contiennent des larves que l'on détruit en brûlant le produit de la cueillette, et si les fruits ont assez de maturité, on en fait l'extraction de l'huile.

L'Ortalide (fig. 446) en veut à la cerise ; la mouche ou l'insecte complet place son œuf dans une piqûre qu'il fait sur l'ovaire (p. 21), et, quand le fruit est mûr, il en sort une larve blanchâtre qui en fait pourrir la chair. Pour re-repousser cet ennemi, on conseille l'eau ferreuse, à la dose de 7 à 8 grammes de sulfate de fer par litre d'eau, et cela dès que la cerise est nouée. On obtient de bons résultats aussi avec l'eau de tabac.

La Tipule (fig. 447) est un très petit insecte qui pique, avec la tarrière dont il est muni, les pommes et les poires, dès qu'elles sont nouées ; dans la plaie, un œuf est déposé et produit une larve qui ronge l'intérieur du fruit, lequel noircit alors et ensuite se laisse tomber. La chrysalide se forme dans la terre et ordinairement dans le fruit. On ramasse ce fruit, de peur de l'enterrer par les labours, et on l'écrase pour détruire l'ennemi qu'il contient. Les eaux ferreuses et les solutions de tabac sont employées également avec succès.

Dans l'Olivier, on attribue aussi à une *Tipule* des excroissances rugueuses qui se présentent sur les rameaux ou les jeunes branches, qui alors faiblissent et même s'étei-

Planche XLIII Chapitre XVII

INSECTES NUISIBLES (Suite)

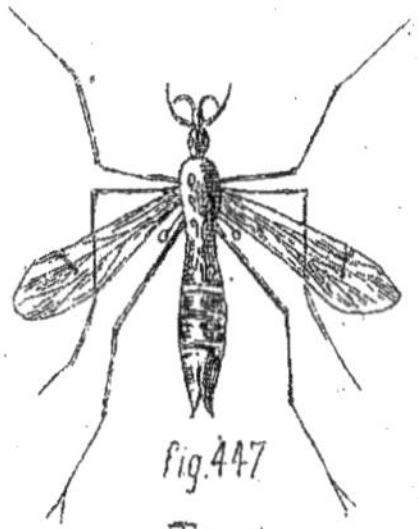

fig. 447
Tipule

fig. 448
Cécydomie

fig. 449
Yponomeute

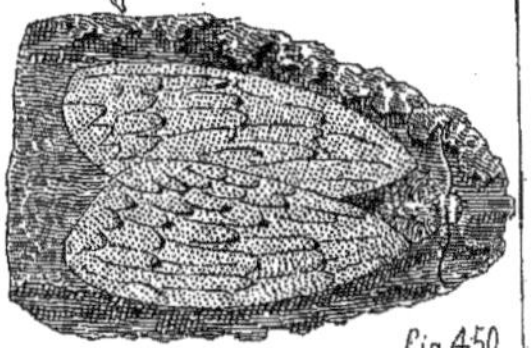

fig. 450
Bombyx disparate

fig. 451
Bombyx chrysorrhée

fig. 452
Tortrix (Pyrale)

fig. 453
Noctuelle psy

fig. 454

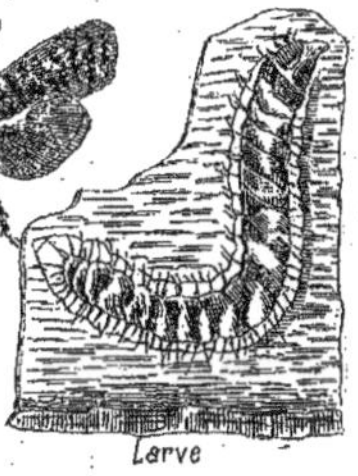

Larve
Cossus Ligniperda

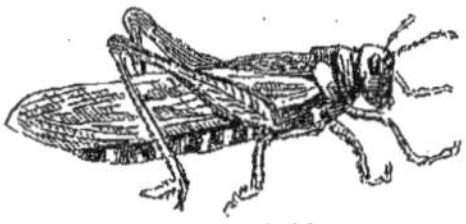

fig. 455
Criquet voyageur

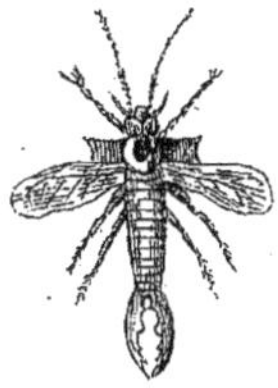

fig. 456
Forficule

fig. 457
Guêpe

fig. 458
Cloporte

gnent quelquefois. A défaut de moyen curatif, on se borne à enlever les boursouflures et à en mastiquer ou à en goudronner la place.

La *Cécydomie* (fig. 448), est d'un brun jaunâtre ; avec sa scie, elle agit sur les fruits à la façon de la Tipule, et se traite par les mêmes procédés de destruction.

Lépidoptères : l'*Yponomeute* (fig. 449) est un insignifiant papillon blanc taché de noir, qui, à l'état de chenille, ronge les feuilles du Pommier, et les larves s'entourent d'une légère toile. On se rend maître de ces insectes avec le *Flambage*. A cet effet, on se munit d'un allumoir analogue à celui dont on se munit pour éclairer les becs de gaz ; on présente la flamme au tissu soyeux qui enveloppe les chenilles et celles-ci brûlent sans que le feu nuise sérieusement à la végétation. Quand l'Yponomeute est hors de la portée de la main, on emmanche l'appareil avec la douille dont il est muni, à une canne ou à une perche, ce qui permet d'opérer à toute élévation et cela sans être obligé de grimper sur une échelle ou de monter sur l'arbre [1].

La chenille de l'Amandier (*Cruca amygdalina*, provient d'œufs qu'un papillon colle, au mois d'avril, sur le tronc et les branches de l'arbre ; ces œufs, de la couleur et de la grosseur de ceux du ver à soie, sont placés du côté du midi. Les parties attaquées voient disparaître toutes leurs feuilles et perdre leurs amandes. Pendant que les larves se rassemblent encore dans leurs fourreaux filamenteux, on les brûle comme leurs précédentes congénères.

(1) A l'Ecole d'Agriculture de Valabre, nous poursuivons, depuis quelques années, des expériences de destruction mutuelle des insectes. Nous voulons parler de l'innoculation, aux Lépidoptères, des maladies du ver à soie : *Pébrine*, *Muscardine*, etc.; de cette manière, on s'est débarrassé, ou à peu près, du Bombyx (du Pin).
A Lourmarin (Vaucluse), on a remarqué aussi que le Dacus ravageait moins la récolte de l'olivier, depuis que l'on fume l'arbre avec de la litière du ver à soie.

Quand les chenilles sont adultes et que la température est devenue tiède, elles ne se rassemblent plus et restent dispersées sur l'arbre, leur destruction est plus malaisée ; le matin, à la fraîcheur, on secoue les branches, et la plus grande partie des larves se laisse choir à terre, où on les écrase avec les pieds ; pour empêcher les autres de remonter, on amoncelle de la chaux vive autour du tronc [2].

Le *Bombyx disparate* (fig. 450) sort d'une grande chenille velue, à tête forte, jaunâtre et portant six paires de points rougeâtres sur les côtés du dos. Le papillon est d'un gris cendré ou brun foncé, suivant son sexe. La larve nuit à tous les arbres fruitiers en les dépouillant de leurs feuilles. Ce sont toujours les mêmes moyens de destruction à pratiquer : enlever les œufs ou les chenilles et les écraser.

Le *Bombyx chrysorrhée* ou le *Cul-doré* (fig. 451) est un papillon blanc, nocturne, qui se montre à la fin du printemps ; il pond, sous les feuilles, une grande quantité d'œufs et les couvre d'un duvet roux qui lui tapisse le ventre ; les chenilles vivent en société et s'entourent d'un tissu soyeux ; elles sont velues, brunes et rayées de rouge ; les feuilles constituent exclusivement leur nourriture. On les combat avec les procédés communs aux Bombyx.

Le *Bombyx neustriæ* a les mêmes mœurs que le précédent ; son papillon arrive au commencement de l'été ; il porte des raies jaunes, noires et rouges, avec une raie blanche sur le dos ; la femelle dispose des œufs en bague autour des rameaux ; on a soin, avant l'éclosion, d'en délivrer les arbres ; si on craint d'oublier quelques-uns de ces anneaux, on lave les branches avec des solutions cupriques ou ferreuses (p. 244).

La TEIGNE *(de l'Olivier)* fait du mal par sa larve, qui se nourrit du parenchyme des feuilles et de l'extrémité des

(2) Ce moyen, dont l'idée revient à M. Giband, est employé, avec succès, au domaine de Mollières, en Crau.

bourgeons; elle attaque aussi les fleurs et les fruits en amenant leur dessication. Comme remède, on emploie toujours les mêmes.

La TORTRIX POMONELLA ou *Pyrale de la Poire ou de la Pomme* (fig. 452) est un papillon d'un brun foncé, avec des taches rouges; sa larve, d'un jaune pâle, s'établit dans le fruit et l'empêche d'arriver à maturité. Il n'y a encore d'indiqué, contre cet insecte, que les badigeonnages et les aspersions.

Quand le fruit en vaut la peine, on introduit dans la galerie que la larve s'est creusée, un petit fil de fer galvanisé recourbé par un bout qui sert à extraire l'insecte de sa retraite; ensuite, on ferme l'entrée de la plaie avec de l'argile pétrie ou du plâtre gâché.

La *Noctuelle psy* (fig. 453), se trouve sur le pommier; sa larve glabre et verte et à tête noire, ronge les fleurs; elle se réfugie dans les feuilles et les fait s'enrouler. On ne connaît d'autre moyen de détruire cet ennemi que l'enlèvement des feuilles qui le recèlent et l'écrasage ou le brûlage.

Le *Cossus ligniperda* (fig. 454) est une grosse larve rouge qui s'établit à l'intérieur des branches en se creusant des galeries ondulées, ce qui en rend la capture peu commode; cet insecte trahit sa présence par ses excréments, semblables à de la sciure de bois. Pour s'emparer de cet ennemi, on introduit, dans son passage, un fil de fer flexible et recourbé en crochet à son extrémité, afin de pouvoir l'extraire de sa retraite, ou on l'écrase, si on ne peut l'en tirer. On a recours également à l'asphyxie avec des vapeurs sulfureuses, et on termine toujours par l'encluage des plaies (p. 15).

ORTHOPTÈRES : Les *Criquets* (fig. 455), *Acridiens*, *Ephippiger* et autres insectes de ce genre, commettent, dans certaines régions, de véritables désastres. Jusqu'à présent, on n'a pu les combattre, avec quelque avantage,

qu'avec une chasse active opérée à la rosée ou de suite après une pluie.

On détruit également beaucoup de ces ennemis en brûlant les broussailles et les végétaux secs qui sont dans le voisinage des vergers et où les Orthoptères viennent, de préférence, déposer leurs progénitures.

Le *Forficule* ou *Perce-oreilles* (fig. 456), coupe la pointe des bourgeons et ronge les feuilles et les fruits ; il opère ses ravages la nuit ; le jour il se cache dans les endroits sombres et frais. Pour s'en emparer, on confectionne de petits paquets de bourgeons que l'on dépose au pied de l'arbre ou sur les branches où cet insecte vient se réfugier ; ensuite, dans le courant de la journée, on secoue ces paquets sur un baquet ou un seau contenant de l'eau pétrolisée ou huilée.

On attire aussi les Forficules avec des fragments de cannes de Provence, dont on laisse la cloison d'un côté, ou avec des cornes de béliers, dont l'odeur les attire.

Hyménoptères : Les *Guêpes* (fig. 457), *Frelons*, etc. vident les fruits ; on les prend de la même façon que les Fourmis (p. 253).

Le *Cloporte* (fig. 458) craint la lumière, comme le Forficule ; le jour il se réfugie dans les fentes des murailles, sous les pierres, les écorces, etc. Pour s'en débarrasser, on leur prépare des retraites avec des tuiles couchées à plat sur la terre, des tas d'herbes fraîches, etc., où on les surprend et ensuite on les écrase.

L'Araignée rouge, connue sous le nom de *Grise*, par les arboriculteurs, est fort petite ; elle vit du parenchyme ; la feuille attaquée prend une teinte grisâtre et se laisse tomber ; les fruits se dessèchent et subissent le même sort.

On arrête les dégâts produits par cet ennemi, en le traitant comme les Pucerons, Tigres, etc.

Ennemis viticoles

Il est des animaux et des insectes qui ne contrarient uniquement que la Vigne. Au nombre des quadrupèdes, on doit mentionner le *Renard*. Il n'est pas précisément nuisible à la santé du cep, puisqu'il ne mange que les raisins, et ceux-ci sont épuisants ; mais il lèse les intérêts du vigneron, en réduisant la récolte. Contre ce rusé animal, on se sert d'appâts empoisonnés, de pièges *ad hoc* et des épouvantails (p. 250).

Parmi les Oiseaux, la Perdrix, qui picote les baies des grappes et quelquefois ne leur laissent que les rafles ; le meilleur préservatif est la chasse à coups de fusil.

C'est le même procédé qu'il faut employer aussi contre la Grive et autres Becqueteurs de raisins.

Hémiptères : *Phylloxera vastatrix* (fig. 459). Ce redoutable puceron s'attaque aux racines de la vigne et en épuise la sève, ce qui amène rapidement la mort de l'arbuste.

« A l'origine du mal, si on examine l'appareil radiculaire, on y trouve, apparents à l'œil nu, des insectes d'un jaune clair et formant de véritables taches, tant ils sont nombreux. A son état parfait, le Phylloxera, mâle ou femelle, est muni de longues ailes, qui se prêtent très bien à l'action des vents auxquels l'insecte s'abandonne volontiers à l'époque de ses migrations.

« Les femelles déposent leurs œufs vers la fin de l'été et choisissent, avec un remarquable discernement, les vignobles qui offrent les plus beaux pampres et le sol le plus propice à l'extension de leurs progénitures ; à cet effet, elles pratiquent sur les feuilles ou autres parties herbacées, des piqûres, à l'aide de leurs tarières et pondent, dans ces blessures, deux ou trois œufs, tous femelles, et qui éclosent, d'habitude, au commencement de l'automne.

« Les larves qui en résultent (pucerons aptères), descendent le long de la tige et envahissent d'abord le chevelu des radicelles supérieures ; puis, progressivement, tous les organes souterrains ; elles passent de la sorte l'hiver et quand les froids rigoureux arrivent, elles tombent dans une espèce d'engourdissement qui se prolonge jusqu'au retour de la belle saison. A partir de ce moment, ces femelles, sans copulation préalable, pondent, durant tout l'été, une quantité incalculable d'œufs, d'où naissent d'autres œufs également femelles et toujours aptères qui pondent à leur tour et ainsi de suite pendant plusieurs générations. Ce n'est qu'à l'approche de l'automne que la métamorphose de l'insecte arrive chez les derniers individus éclos et qu'apparaissent des nymphes à moignons d'ailes, d'où l'insecte complet, mâle ou femelle.

« L'éclosion peut ne se produire qu'au printemps, pour quelques œufs ; mais ce n'est là qu'une exception ; c'est ce qui a donné lieu à la théorie de l'*Œuf d'hiver*, sur la larve duquel reposerait ensuite l'avenir de la colonie phylloxérique. En Provence, on peut affirmer que le mal est produit par les larves des générations estivales.

« Il existe aussi un *Phylloxera gallicole*, vivant sur les feuilles et dont il pique le parenchyme, d'où il sort des galles ou des excroissances rugueuses que les mères remplissent d'œufs et de larves, comme le font d'autres pucerons sur le Térébinthe. (Extrait d'un savant Mémoire: *La vigne à l'Ecole du Phylloxera*, par M. Jules Giéra). »

Les procédés anti-phylloxériques qui donnent le plus de satisfaction, sont: la *Submersion*, le *Sulfure de carbone*, le *Sulfocarbonate de potassium*, le *Sable*, les *Vignes américaines* et les *Formes arborées*.

Submersion. On entoure le vignoble d'un bourrelet de terre, afin qu'il puisse bien retenir l'eau ; puis on l'inonde pendant 50 ou 60 jours consécutifs ; au bout de ce laps de temps, tous les phylloxeras existants sur les racines sont noyés ; après, on laisse ressuyer le sol, et la vigne continue à vivre avec les soins ordinaires.

Sulfure de carbone. Cet ingrédient chimique s'emploie à l'aide d'un pal injecteur (p. 13) et à la dose de 15 à 20 grammes par mètre carré, soit de 150 à 200 kil. à l'hectare ; la dépense de la matière et de la main-d'œuvre revient, tout compris, de 190 à 200 fr. à l'hectare.

Le sulfure de carbone, d'une application dangereuse pour l'opérateur, ne réussit que dans les sols perméables et profonds.

Sulfocarbonate de potassium. C'est aussi un agent chimique dont on fait usage dans les proportions de 50 à 60 grammes par 20 ou 25 litres d'eau, à chaque pied de vigne; après avoir découvert les racines, on y déverse la composition qui agit, à la fois, et comme insecticide et comme engrais.

Sable. Cette nature de terre doit ses propriétés anti-phylloxeriques : 1° à la ténuité et à l'instabilité de ses mollécules ; 2° elle s'oppose à la putréfaction des racines ; et 3° elle est anti-parthénogénésique, c'est-à-dire contraire à la trop grande reproduction des insectes. Toutefois, ces qualités demandent à être complétées par un sous-sol aqueux et à eau courante.

Vignes américaines. L'adoption de ces cépages exotiques est considéré, aujourd'hui, comme le meilleur mode de reconstitution du vigoble, soit avec les *Producteurs directs*, soit surtout avec les *Porte-greffes*; ces derniers sont non seulement les plus insensibles au Phylloxera, mais encore leur transformation en cépages indigènes, améliore sensiblement leurs produits (p. 69).

Espacement et *Arborescence.* « Les avantages que la vigne trouve sous une forme arborée ne sont pas douteux ; elle a plus d'air et de lumière, elle résiste mieux à la sécheresse et la fructification est plus abondante ; dans une haute tige, la sève monte librement, rien n'en gêne la circulation, ce qui favorise la santé et la longévité du cep ; enfin, par cette méthode, on donne à la vigne les caractères que réclame son tempérament.

« En élevant la tige, on allège les racines de la quantité de sève qui s'y accumule lorsqu'on la taille bas et court, et le Phylloxera, moins bien nourri et n'ayant pas un bois aussi tendre pour le pénétrer avec sa trompe, s'alimentera plus difficilement ; les larves aériennes, à leur éclosion, auront aussi, par le fait de l'élévation de la tige, un plus grand déplacement à opérer, partant plus de chances à courir, plus de fatigue à supporter, et beaucoup d'elles périront dans le trajet, en supposant qu'elles osent le tenter. » *(La vigne à l'Ecole du Phylloxera*, par Jules Giéra).

COLÉOPTÈRES : L'*Altise* (fig. 460) est un petit insecte d'un bleu métallique et de la grosseur d'une lentille ; il est doué d'une grande agilité, ce qui en rend la destruction difficile.

Cette bestiole dépose ses œufs sur le bois ou sur les feuilles, suivant l'époque de sa pondaison ; au printemps, l'éclosion a lieu avec les premiers beaux jours, il en résulte des larves gluantes et d'une couleur noire, qui rongent le parenchyme ; un mois plus tard a lieu une nouvelle ponte et ensuite une nouvelle éclosion ; quelquefois même il en résulte une troisième génération. On s'empare de l'insecte complet en secouant la tige du cep le matin de préférence, à la rosée, et en le recevant dans une sorte d'entonnoir.

Quant aux larves, on les saupoudre avec des substances caustiques ou insecticides, telles que la chaux vive, le ciment, la poudre de pyrèthre, etc., ou on les asperge avec de l'eau de tabac.

Le *Sinoxylon sexdentatum* a le corps de l'altise, mais le corselet est plus long et les élytres sont brunes.

Cet insecte troue les sarments et les fait sécher ; on croit que les femelles pondent leurs œufs à la fin de l'été, de sorte que, pour s'opposer efficacement à leur éclosion et ainsi prévenir de nouveaux dégâts, il faut opérer la taille de bonne heure, et après utiliser les solutions cuivriques ou ferrifères (p. 244).

Le *Rynchite, Attelabe, Urbec, Becmars* et *Cigarier* (fig. 461), à cause de son action sur les feuilles qui les fait s'enrouler en cigares. Cet insecte, gros comme un grain de blé, est reconnaissable à son coloris bleu ou vert et d'un brillant métallique. A l'état complet, ce coléoptère, après avoir placé ses œufs, translucides, sur le parenchyme, pique les pétioles et les nervures, ce qui provoque le fourreau et favorise l'éclosion des larves. Il faut songer d'abord à enlever les feuilles enroulées, ce qui diminue d'autant le nombre des ravageurs, et l'on emploie aussi certains moyens spéciaux à l'Altise (p. 266).

L'*Eumolpe, Gribouri, Ecrivain* (fig. 462) trace, sur le parenchyme, des lignes qui ressemblent à des caractères d'écriture ; il s'adresse parfois aussi aux grappes qu'il coupe ; on le distingue à son corps noir et à ses élytres rousses, ses dimensions sont à peu près les mêmes que celles du Rynchite ; sa larve est d'abord blanche, puis brune ; en hiver, elle se réfugie en terre et se nourrit de racines. On a recours aux mêmes systèmes de destruction que pour ses congénères.

Le *Péritelle gris* (fig. 463) porte un bec aussi long et presque aussi large que la tête ; son corselet est cylindrique et parsemé de points enfoncés. Ce sont toujours les mêmes moyens de défense à mettre en œuvre, et, dans le but de détruire les larves qui hivernent en terre, on fume le vignoble avec du tourteau de colza, ou mieux encore avec celui de ricin, à raison de 120 kil. à l'hectare.

L'*Anomala* est une sorte de hanneton, plus petit que

l'ordinaire et d'un vert brillant ; il a la ruse de se cacher ou de se laisser tomber, quand on veut s'en emparer. On lui fait la guerre avec les procédés usités contre les Coléoptères en général.

DIPTÈRES : La *Tenthrède chaussée* (fig. 464) ressemble à une fourmi ailée ; elle s'installe dans l'étui médullaire des sarments et en détruit la moëlle, ce qui fait souvent avorter la bourre au-dessus de laquelle on taille. Deux procédés sont également bons pour éviter les ravages de cet insecte : la coupe sur le diaphragme (p. 34) et l'engluage des amputations (p. 15).

Les *Mouches ordinaires* et de la viande, sont nuisibles en ce sens qu'elles sucent les raisins et leur laissent, sur l'épiderme, des ordures répugnantes. Les moyens qui réussissent contre les Guêpes sont ceux qu'il faut employer contre les mouches (p. 262).

LEPIDOPTÈRES : La *Pyrale* (fig. 465) est représentée par un papillon de couleur blanc jaunâtre, après avoir été une larve à la tête noire et au corps d'un vert obscur ; elle apparaît au moment du débourrage, d'abord elle entoure le jeune pampre de fils soyeux et ensuite il le dévore. Les grappes également ont à craindre les dégâts de cet ennemi, qu'il faut combattre préventivement.

L'insecte dépose ses œufs non seulement sur la vigne elle-même, mais encore sur l'échalas accolé à son pied. On se trouve bien de l'échaudage, c'est-à-dire de répandre, sur chaque cep, en hiver bien entendu, un litre d'eau bouillante ; mais il est plus simple et plus économique de pratiquer des aspersions au sulfate de fer ou au sulfate de cuivre (p. 244).

Quand la végétation se met en marche, on traite la Pyrale avec des compositions moins concentrées, ou bien on chasse l'insecte avec une aiguille de bas, qui permet d'en débarras-

Planche XLIV Chapitre XVII

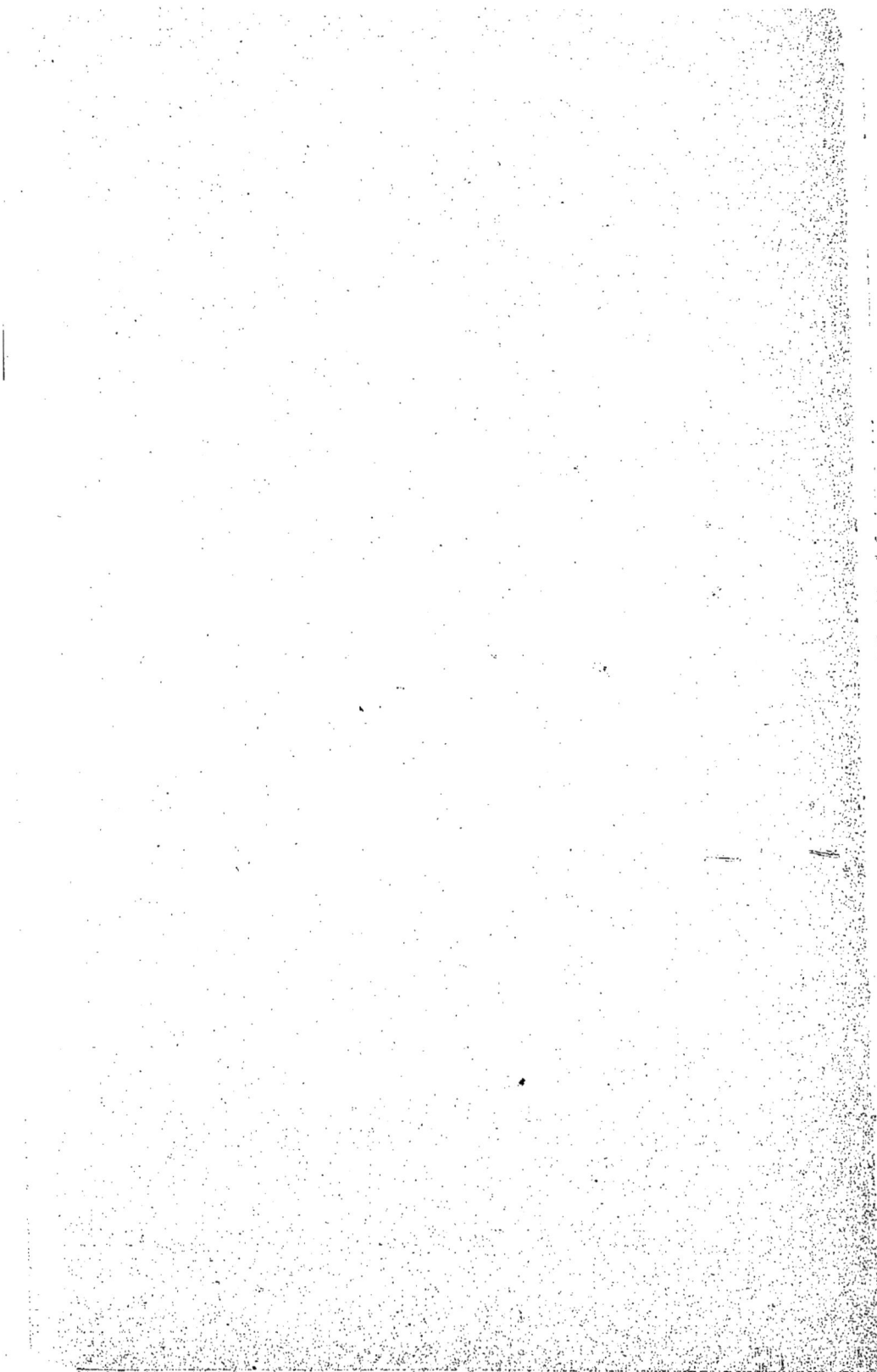

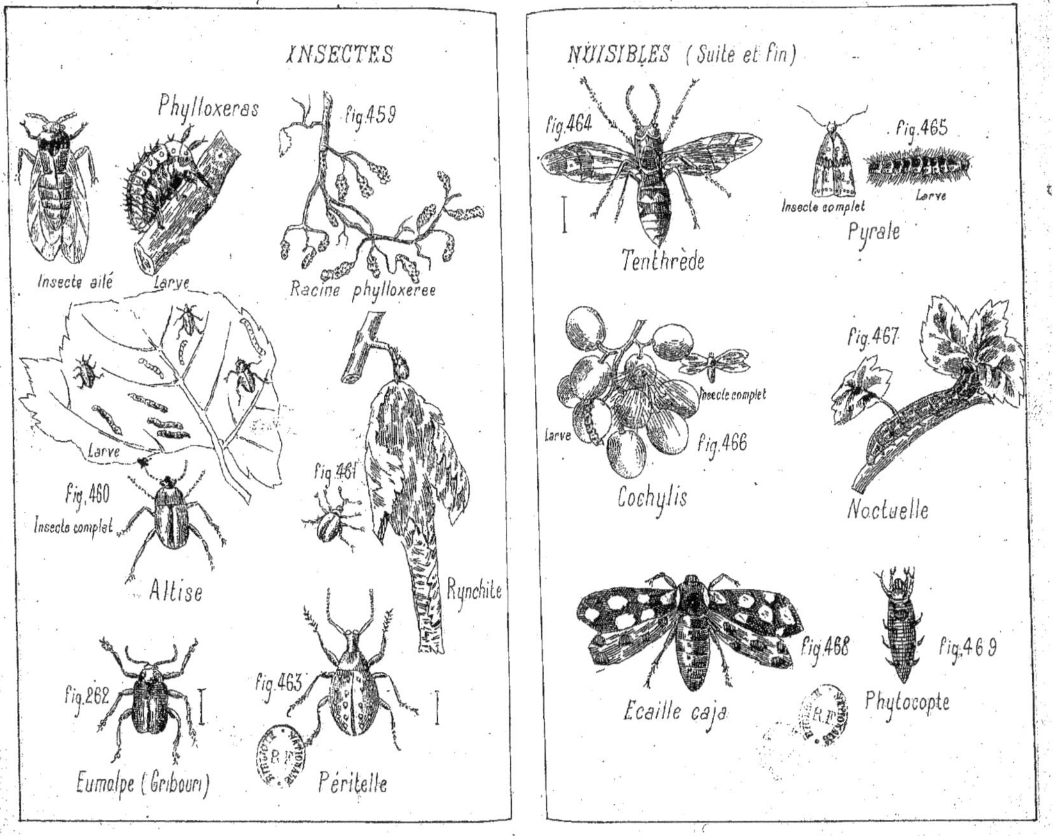
INSECTES
NUISIBLES (Suite et fin)
Phylloxeras
fig.459
Insecte ailé
Larve
Racine phylloxerée
Larve
Fig.460
Insecte complet
Altise
fig.461
Rynchite
fig.262
Eumolpe (Gribouri)
fig.463
Péritelle
fig.464
Tenthrède
fig.465
Insecte complet
Larve
Pyrale
Insecte complet
Larve
fig.466
Cochylis
fig.467
Noctuelle
fig.468
Ecaille caja
fig.469
Phytocopte

ser les pousses nouvelles, sans inconvénients pour la santé et la fertilité de l'arbuste.

La *Cochylis* (fig. 466) a beaucoup d'analogie avec la Pyrale, seulement elle ne commet de dégâts que sur les raisins ; sa larve, d'un rouge sombre ou d'un jaune pâle, coupe les ramifications de la rafle et se loge aussi dans les grains ; elle se montre à deux époques qui correspondent assez exactement à la floraison et à la veraison, la chrysalide se loge dans un cocon blanc ; on emploie contre cet insecte le même traitement que contre la Pyrale. On peut détruire également un certain nombre de larves en les sortant de la grappe avec des pinces ou des ciseaux. En hiver, ces insectes se réfugient dans les anfractuosités de l'écorce, les fentes des échalas, etc.; pour les détruire, on sulfate à nouveau les bois, on sulfure le terrain autour des ceps, etc.

Une Noctuelle (fig. 467) fait parfois de grands et rapides ravages par sa larve, d'un gris livide, qui dévore toutes les feuilles ; sa destruction est malaisée à cause des mœurs de l'insecte ; le jour il s'enfonce à 2 ou 3 centimètres dans la terre, et, la nuit, il sort de sa retraite pour se nourrir des pampres. Des fouilles réitérées et pratiquées autour du pied de la vigne, à l'aide d'une binette, mettent à nu la plupart des larves, que l'on tue ensuite. On peut recourir également au sulfure de carbone (p. 264), ou encore on badigeonne la tige avec de l'huile phosphorée.

Les chenilles de l'Ecaille, caja (fig. 468), du Sphinx alpénor, etc., exercent également des ravages, mais pas assez graves cependant pour les considérer comme de sérieux ennemis.

Acariens : le *Phytocopte* est un insecte microscopique, d'une couleur vert jaunâtre, transparent, qui pique le dessous des feuilles, et par ses désastres, il provoque comme un feutrage ; sur le dessus du parenchyme correspond une boursoufflure que l'on désigne sous le nom d'*Erinose* ou *Erineum*. Cette affection n'est pas sérieuse ; pour l'arrêter, il suffit d'une aspersion ferrifère, ou simplement d'un fort soufrage (p. 240).

L'Anguillule est un petit ver qui, d'après le docteur P. Viala, agit sur la racine, à la façon du Phylloxera. On remarque sa présence principalement dans les sols humides et froids.

Pour s'opposer aux ravages de cet ennemi, on a recours au drainage et aux solutions de sulfocarbonate de potassium (p. 232).

CHAPITRE XVIII

Animaux et Insectes utiles

Si les arbres fruitiers et la vigne ont de nombreux *Ennemis*, ils ont aussi des *Amis*, que le cultivateur doit connaître pour pouvoir les respecter et même les protéger, en cas de besoin :

Oiseaux : ce sont d'abord ceux qualifiés d' *Insectivores*, tels que : *Mésange, Fauvette* (fig. 470), *Rouge-gorge, Rossignol* (fig. 471), *Hirondelle, Martinet, Engoulevent, Martin-Triste, Torcol*, etc.

Le *Hibou*, la *Chouette* (fig. 472), etc., dévorent les rats et autres rongeurs nuisibles.

Le *Vanneau*, le *Pluvier*, etc., mangent les limaces et les vers de terre.

Parmi les Rongeurs, la *Musaraigne*, une sorte de rat, vit de vers et de limaces.

Cheiroptères : Les chauves-souris (fig. 473) détruisent beaucoup de papillons crépusculaires.

Coléoptères : Le *Carabe doré* (fig. 474), est un joli insecte, d'un vert métallique et comme saupoudré d'or ; il s'alimente de divers insectes et surtout de hannetons.

La *Cicindelle* (fig. 475), est aussi un bel insecte d'un vert doré, qui a les mêmes mœurs que le précédent.

Le *Calosome sycophante* (fig. 476), ressemble au Carabe par sa couleur, mais il est plus gros et se nourrit exclusivement de chenilles.

La *Coccinelle* (fig. 477), vulgairement *Bête à bon Dieu*, rend service par sa larve, un ver d'un gris sale, avec une raie jaune sur le corps ; elle constitue sa nourriture avec des pucerons.

Le *Sylphe lisse* (fig. 478) s'introduit dans les coquilles des escargots et en mange les mollusques.

Le *Procruste coriace* (fig. 479), attaque les limaces et les escargots ; il craint la lumière ; on doit donc lui ménager des abris avec des tuiles, des mottes de gazon, etc.

Le *Staphylin* (fig. 480) a le corps allongé, la tête plate, les mandibules fortes ; son abdomen se relève quand on menace l'insecte, et il en fait sortir un liquide d'une odeur forte et acide. Cette bestiole est carnassière.

La *Luciole* ou *Lampyre* ou *Ver-luisant* (fig. 481) est ce curieux insecte dont la femelle répand une lueur phosphorescente qu'elle modifie à volonté ; le mâle, qui est ailé, découvre sa compagne, grâce à cette lumière.

Diptères : L'*Hémérobe perle*, appelé aussi *Lion des pucerons*, a le corps de couleur jaune, avec les yeux d'un vert doré, très brillants ; ses ailes sont longues, transparentes et avec des points noirs sur les nervures. La larve se nourrit de pucerons.

Cet insecte dépose ses œufs sur les feuilles et à la cîme d'appendices capillaires dressés en aigrettes.

La *Volucelle zonée*, (fig. 482) ressemble à une guêpe ; elle pénètre dans le nid de ces dernières, et ses larves, épineuses, dévorent ces insectes nuisibles.

L'*Echinomyie* est souvent confondue à tort avec la mouche de la viande ; elle en diffère par la couleur qui est noire et par les poils noirs qui couvrent son corps ; elle pond ses œufs à la surface des chenilles ; les larves qui en proviennent s'introduisent à l'intérieur des chenilles, qu'elles rongent ; puis en sortent à l'état de puppes brunes ;

ANIMAUX ET INSECTES UTILES

Fig. 470 Fauvette.

Fig. 471 Rossignol.

Fig. 472 Chouette.

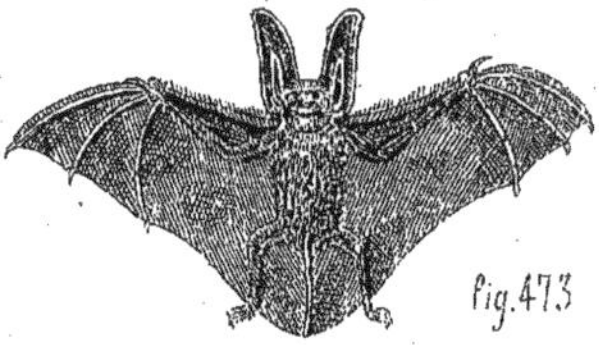

Fig. 473 Chauve-Souris.

Fig. 474 Carabe doré.

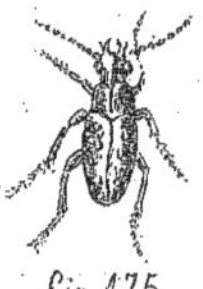

Fig. 475 Cicindelle champêtre.

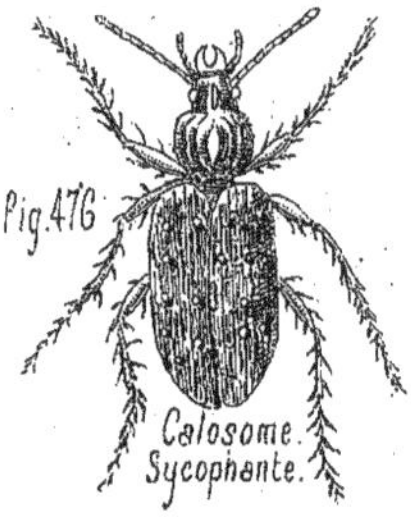

Fig. 476 Calosome. Sycophante.

insecte Complet Larve

Fig. 477 Coccinelle.

Fig. 478 Sylphe lissé.

Fig. 479 Procruste coriace.

Fig. 480 Staphylin.

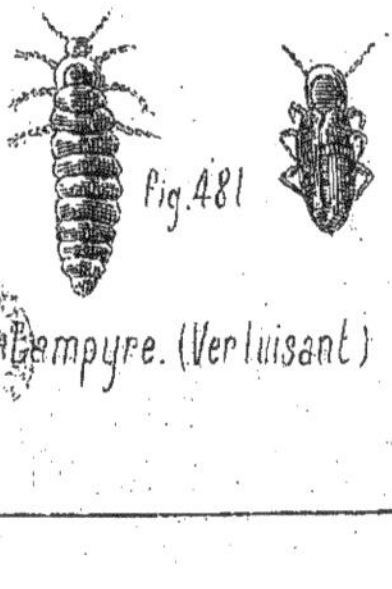

Fig. 481 Lampyre. (Verluisant)

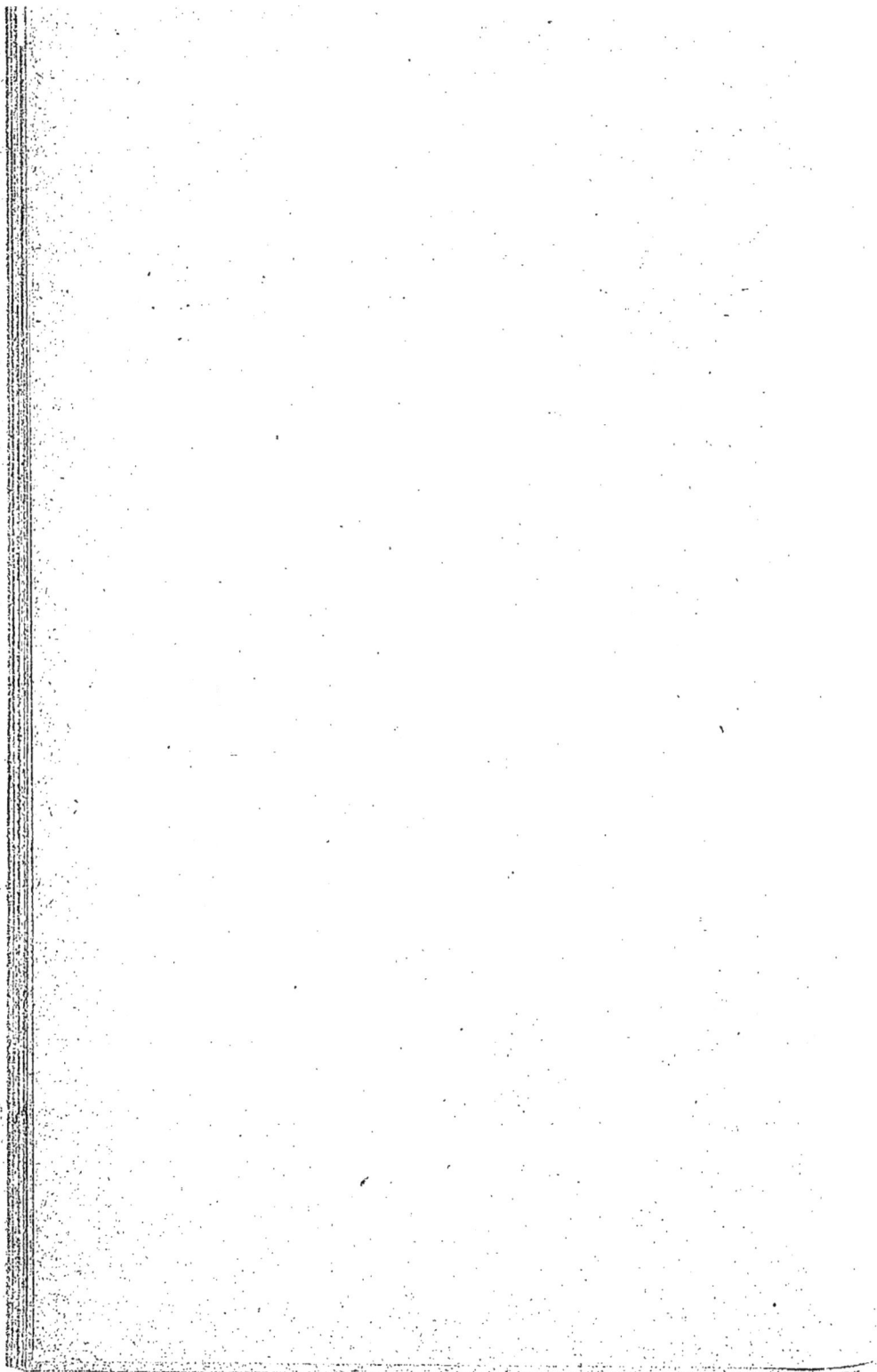

quant à la chrysalide, elle laisse s'envoler une nuée de mouches, au lieu d'un papillon nuisible.

La *Tachine* (fig. 483) est aussi une sorte de mouche dont le thorax est allongé et l'abdomen presque rond, ferrugineux, avec des lignes longitudinales, ponctuées de noir; elle a les mœurs de l'Échinomyie.

Le *Syrphe* (fig. 484), est une sorte de mouche jaune et noire, qui dépose ses œufs au milieu des colonies du pucerons, et ses larves se nourrissent de ces hémiptères.

Le *Cynips* (fig. 485) a l'instinct de distinguer les insectes nuisibles; il place ses œufs à côté des leurs, et comme les siens éclosent plus vite, ses larves, qui sont carnivores, dévorent leurs voisines.

L'*Ichneumon* (fig. 486) introduit son aiguillon à travers les parois des nids de guêpes, pour y déposer ses œufs et y faire éclore ses larves, qui vivront aux dépens des vraies habitantes du nid.

La *Libellule* (fig. 487) est une bestiole élégante, qui voltige avec rapidité; on la remarque plus spécialement dans les endroits humides; elle fait la chasse à beaucoup d'insectes nuisibles, qu'elle saisit au vol.

ORTHOPTÈRES : La *Mante religieuse* (fig. 488), vulgairement *Prie-Dieu*, est un terrible ennemi pour les mouches, guêpes, sauterelles, etc., qu'il décapite avec ses bras en scie, afin de pouvoir ensuite dévorer ses victimes mieux à son aise.

L'*Empuse appauvrie* ressemble à la Mante; elle en diffère seulement par la forme de la tête qui est triangulaire au lieu d'être rectangulaire. Cet insecte rend les mêmes services que la Mante.

Le *Grillon champêtre* ou *Cricri*, se creuse des galeries

dans lesquelles il se tient à l'affût des insectes dont il fait sa proie.

HYMÉNOPTÈRES : Le *Cémone unicolor* est un insecte fouisseur qui s'installe dans le canal médullaire des sarments ; ses larves se nourrissent de pucerons qui y sont logés pendant la froide saison.

L'*Asile-Frelon* (fig. 489) est une bestiole allongée, d'un jaune foncé et portant sur le ventre des bandes noires et jaunes et sur l'une d'elles un point blanc. Il suce et mange des chenilles et d'autres insectes.

HÉMIPTÈRES : Le *Zicrone* ou *Punaise bleue* (fig. 490), est reconnaissable à son corps en forme d'écusson et à sa couleur d'un bleu métallique. A l'aide de sa trompe-aiguillon, il perce les larves d'altises et les vide ; il s'attaque aussi à l'insecte complet qu'il détruit de la même manière, en introduisant son dard entre le corselet et l'abdomen.

Le *Fourmi-Lion* (fig. 491) est utile par sa larve qui creuse, dans le sable, un entonnoir au fond duquel elle se cache ; quand un insecte y tombe dedans, le Fourmi-Lion fait éclabousser le sable pour étourdir sa proie, qui alors est de prise facile et ensuite la dévore.

MYRIAPODES : L'*Iule terrestre* se nourrit de divers insectes nuisibles ; mais il a l'inconvénient de répandre une odeur infecte, partout où il séjourne.

Le *Scolopendre* (fig. 492), est terrible par ses palpes avec lesquelles il saisit les insectes, qu'il empoisonne ensuite avec un venin enfermé dans une poche placée dans sa bouche.

MOLLUSQUES : La *Testacelle* est une sorte d'escargot, pourvu à l'extrémité du corps d'une très petite coquille à courtes spires ; elle mange surtout des larves.

INSECTES UTILES

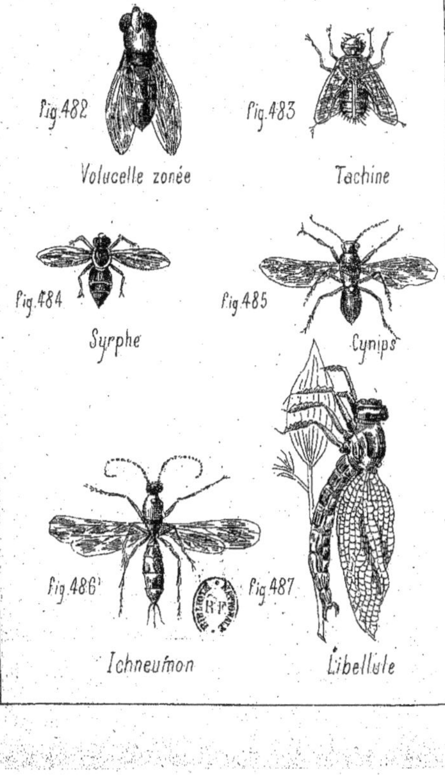

Fig. 482
Volucelle zonée
Fig. 483
Tachine
Fig. 484
Syrphe
Fig. 485
Cynips
Fig. 486
Ichneumon
Fig. 487
Libellule

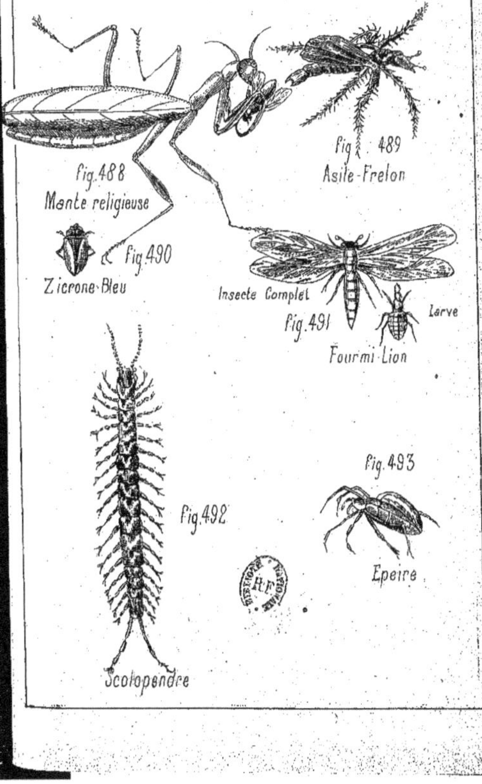

Fig. 488
Mante religieuse
Fig. 489
Asile-Frelon
Fig. 490
Zicrone-Bleu
Insecte Complet
Larve
Fig. 491
Fourmi-Lion
Fig. 492
Scolopendre
Fig. 493
Epeire

Batraciens : Le *Crapaud*, la *Grenouille* et la *Rainette* sont de grands destructeurs de vers et de limaces.

Reptiles et Sauriens : La *Couleuvre*, le *Lézard* et l'*Orvet*, mangent des charançons, des limaces, des rats, etc.

Arachnides : Le *Théridion bienfaisant* ou *Dictyne* est une petite araignée brune, portant sur l'abdomen une tache foncée qui se détache sur un fond gris ; elle s'installe le plus souvent dans les grappes, entre les grains de raisin, et se tisse une toile au milieu de laquelle elle se tient.

Le Théridion attaque les mouches et autres insectes nuisibles.

L'*Epeire* (fig. 493) se forme une grande toile et la tend de façon à arrêter sa proie : Diptères, Hyménoptères, etc, on y aurait remarqué aussi des Phylloxeras ailés.

CHAPITRE XIX

Récolte, Conservation et Transport des Fruits

Il est nécessaire de savoir l'époque et le mode de cueillette des fruits pour les obtenir avec toutes leurs qualités et en prolonger le plus possible la bonne conservation.

Le moment de la vraie maturité des fruits est difficile à préciser, il varie avec le climat, la nature du sol, l'âge de l'arbre, etc. Toutefois, voici quelques indications propres à éclairer d'avance le cultivateur :

Quand un fruit est mûr, ordinairement il est odorant, se colore diversement, suivant l'espèce, et sa chair cède sous une faible pression du pouce, près du pédoncule.

Pour récolter, il faut profiter d'un temps beau et sec ; les fruits sont cueillis successivement, à quelques jours d'intervalle, en commençant par les parties inférieures de l'arbre.

Les fruits à pépins qui mûrissent en été ou au commencement de l'automne, doivent être *entre-cueillis*, c'est-à-dire récoltés quelques jours avant qu'ils se détachent d'eux-mêmes des arbres ; si on les laisse mûrir entièrement, ils perdent une bonne partie de leur saveur, deviennent pâteux, cotonneux et impropres à la consommation.

Au contraire, les Figues, les Prunes, les Alberges et les Brugnons sont meilleurs lorsqu'ils sont cueillis complètement mûrs.

Les fruits d'hiver, dont la maturité doit s'achever au fruitier, gagnent toujours à rester le plus longtemps possible sur l'arbre ; toutefois, on doit les avoir enlevés avant l'arrivée des fortes gelées. La cueillette de ces fruits se fait ordinairement en octobre.

Chaque sorte de fruit est récoltée d'une façon spéciale :

La *Poire* (fig. 494) est séparée de la bourse (p. 92) qui la porte, en soulevant le fruit avec la main et en appuyant l'index sur le pédoncule ; s'il résiste et qu'on soit obligé de le casser pour avoir le fruit, la maturité n'est pas suffisante.

La *Pomme* est détachée en la prenant dans la main et en faisant tourner le fruit, qui doit venir avec son pédoncule.

Le *Coing* est cueilli en le relevant légèrement et en le détachant sans queue.

La *Sorbe* et la *Nèfle commune* sont récoltées au commencement de l'automne et portées à la fruiterie, où elles achèvent de mûrir, ce que l'on reconnaît à leur chair qui se *ramollit, blettit* ; alors elle est sucrée et agréable à manger.

La *Prune* est enlevée de sa coursonne fruitière par un mouvement de torsion imprimé au pédoncule.

La *Pêche* (fig. 495) et l'*Abricot* sont délicats à cueillir ; on les saisit avec les doigts, et, s'ils sont mûrs, une faible traction suffit pour les désunir de leurs pédoncules, qui doivent rester fixés aux rameaux à fruits.

On doit bien se garder d'exercer la moindre pression sur les fruits fins ; quand on y voit les empreintes des doigts, on dit alors qu'ils sont *poucillés*, et ne se conservent plus. A Montreuil, on brosse les pêches avec une brosse douce, délicatement et sans les blesser, pour les débarrasser seulement de ce duvet blanc et épais, une sorte de parasite. On avive ainsi le coloris du fruit et on le rend plus séduisant.

Les *Cerises*, les *Groseilles* et les *Framboises* sont récoltées avec des ciseaux ou à l'aide d'un petit sécateur, ou simplement avec l'ongle, en conservant tout ou partie du pédoncule.

Les *Amandes* sont mûres quand s'ouvrent les deux valves du brou ; la récolte se fera, autant que possible, à la main ; on ne doit recourir à la gaule que lorsque les fruits sont placés trop haut sur l'arbre.

On cueille les *Olives* et les *Jujubes* de la même manière que les Amandes ; seulement, leur récolte demande à être exécutée expéditivement, afin de l'avoir terminée avant l'arrivée des grands froids, nuisibles pour les qualités de ces espèces de fruits.

Les *Noisettes* se récoltent lorsqu'elles se séparent naturellement de leurs involucres, alors, la moindre secousse imprimée à l'arbre suffit pour les faire tomber à terre.

Quant aux autres fruits : *Oranges*, *Noix*, *Châtaignes*, etc., ils demandent une cueillette faitte suivant les indications données pour les précédents fruits.

Les *Raisins* sont vendangés à l'aide d'un sécateur, et lorsque leurs baies sont sucrées ; à ce moment leurs pédoncules ont la couleur du sarment.

Aussitôt récoltés, les fruits délicats sont déposés, avec précaution, dans des paniers plus larges que profonds (fig. 496) et garnis de feuilles, de mousse, etc., afin d'éviter les meurtrissures, car tout fruit blessé est un fruit perdu.

La cueillette terminée, les fruits sont transportés dans une pièce saine et bien aérée, où on les étale sur une table, une claie, etc., pour faire évaporer leur eau de végétation ; on met à part les exemplaires piqués, tachés ou véreux, qui ne se conserveraient pas. Au bout d'environ huit jours, les fruits sains sont transférés dans la Fruiterie.

Fruiterie

La Fruiterie est le local où l'on place les fruits qui n'ont pu achever leur maturité sur l'arbre, ou dont on veut faciliter la longue garde.

Cet emplacement, pour être convenable, doit réunir les conditions suivantes : il sera établi dans un lieu sain, aéré, à température modérée, mais plutôt froide que chaude, et à l'exposition du Nord ou à celle de l'Est. Un thermomètre est indispensable pour connaître l'état de la température intérieure.

La construction d'une fruiterie, comme certains auteurs l'ont conseillée, entraîne à des dépenses dont la plupart des propriétaires se refusent à faire les frais, tandis qu'on peut, sans dépense presque, organiser une excellente fruiterie. A cet effet, on choisit, au rez-de-chaussée, si l'habitation est élevée sur un sol sec, ou au premier étage si le terrain est humide, une pièce ayant seulement deux ouvertures, une porte et une fenêtre que l'on tient hermétiquement fermées, afin de garantir les fruits contre l'influence défavorable de la lumière et du froid ; ensuite, dans cet appartement, on dispose autant de claies ou de tablettes qu'il en faut, pour placer les fruits ; on range ces claies tout autour ou au milieu de la pièce et on les soutient soit avec des bâtons, soit avec des tringles enfoncés dans le mur, soit sur des montants avec traverses ; les tablettes seront espacées d'environ $0^{m},30$ les unes au-dessus des autres et installées, les plus inférieures, légèrement inclinées en arrière ; celles à hauteur des yeux, transversalement, et les plus élevées, penchées en avant, afin qu'on puisse voir tous les fruits d'un seul coup d'œil. On garnit les claies de feuilles de papier, de balle ou de son de céréales, ou de feuilles d'arbres sèches ; les fruits sont posés les uns à côté des autres, délicatement, les espèces à pépins le pédoncule en l'air, et la queue en bas pour les espèces à noyaux. Il est utile de séparer les variétés, à cause de leur différence de maturité ; d'ailleurs le classement rend la surveillance plus facile.

La fruiterie demande de fréquentes visites pour enlever les fruits qui pourrissent, afin qu'ils ne vicient pas l'air, lequel alors communique la décomposition aux voisins.

Il importe surtout de surveiller le Fruitier au moment des grands froids, pour empêcher les fruits de geler. A cet effet, on calfeutre soigneusement toutes les ouvertures, et si le froid s'accentue, on chauffe la température pour l'élever à quelques degrés au-dessus de zéro.

Les raisins de garde sont étendus aussi sur des tablettes disposées et garnies de la manière indiquée plus haut; mais ils se conservent mieux, en l'air, suspendus de haut en bas à des crochets de fils de fer formant S, à des cerceaux ou à des cadres construits exprès (fig. 498). Quelquefois encore, on laisse les raisins après la vigne, et on les abrite, avec des cornets de papier, pour les garantir contre la gelée ; seulement, de temps en temps, on enlève les grains qui se gâtent.

Un excellent moyen aussi est le procédé Bouvery, improprement appelé Rose-Charmeux. Voici en quoi il consiste : On coupe, avec la grappe, une partie du sarment qui la porte ; on introduit l'extrémité inférieure de ce sarment dans un bocal ou une bouteille remplie d'eau et à laquelle on ajoute une pincée de charbon de bois pilé ; on enduit l'autre bout du sarment, de mastic à greffer. Les raisins ainsi préparés se conservent pendant plusieurs mois sans se rider.

On remplace avantageusement le charbon par de l'eau-de-vie que l'on met à la dose de quelques gouttes par litre d'eau ; avec cette addition, non seulement on empêche le liquide de s'altérer, mais encore la grappe se garde fraîche bien plus longtemps et avec une meilleure saveur.

Aujourd'hui, on conseille également l'emploi de l'alcool pour conserver les raisins mis en caisse et séparés les uns des autres par de la sciure en bois blanc; dans un des coins du récipient, on y place un bocal rempli de ce spiritueux, qui agit par ses émanations éthérées [1].

Lorsqu'on n'a pas à sa disposition un emplacement appro-

(1) Ce moyen nous l'avons fait connaître il y a plus de vingt ans, ainsi que l'atteste le n° de janvier 1872 de la *Revue Horticole* de Paris.

Planche XLVII. Chapitre XIX.

RÉCOLTE, CONSERVATION ET TRANSPORT DES FRUITS

fig: 494

Cueillette de la Poire.

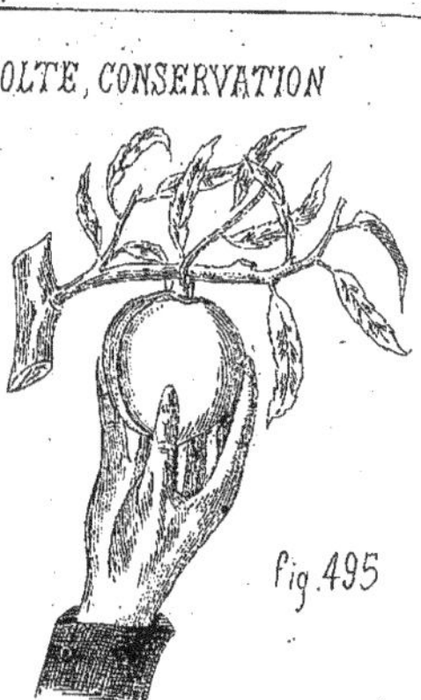

fig. 495

Cueillette de la Pêche.

fig. 496

Panier à récolter les raisins.

fig. 497

Fruitier portatif.

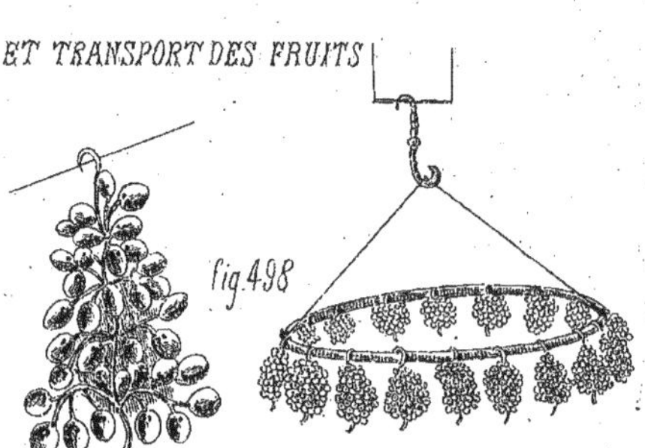

fig. 498

Conservation des raisins.

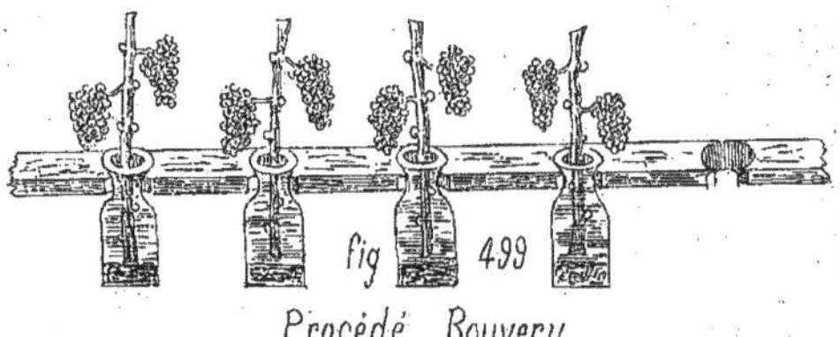

fig 499

Procédé Bouvery.

fig. 500

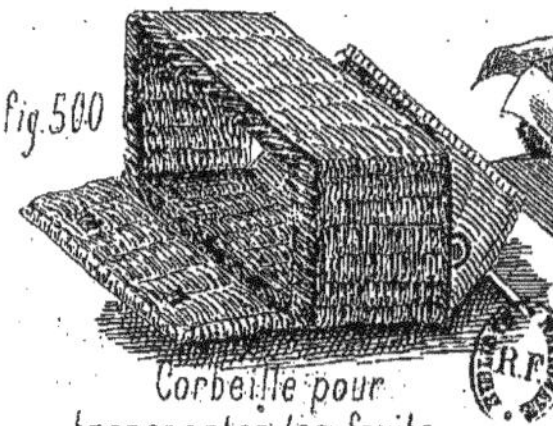

Corbeille pour transporter les fruits.

fig. 501

Boite pour le transport des cerises.

prié pour une Fruiterie, on peut y suppléer par une armoire ou une commode, ou bien encore par un casier analogue à celui dont se servent les naturalistes pour y renfermer leurs collections; enfin, on fabrique des *Fruitiers portatifs* (fig. 497) en fer, avec claies en bois, élégants, et d'un prix économique.

Emballage et Transport des Fruits

Ces deux opérations exigent des soins spéciaux pour permettre aux fruits d'arriver en bon état à destination.

Les fruits fins : Pêches, Abricots, etc., sont mis dans de petites caisses légères, en sapin, assez grandes toutefois pour en renfermer une douzaine ; on ne forme qu'un seul lit de fruits, qui doivent reposer sur une couche de rognure de papier ou d'algue, plus connue sous le nom de crin végétal; on enveloppe chacun d'eux d'une feuille de papier Joseph ; on les range avec soin l'un contre l'autre ; puis on recouvre le tout de façon à ne laisser aucun vide et que le couvercle n'exerce sur eux aucune pression.

On emballe les Prunes avec des feuilles d'ortie, pour conserver cette pruinosité qui donne aux fruits une valeur toujours plus grande qu'à ceux qui en sont dépourvus.

Pour les Cerises (fig. 50), on se sert de petites boîtes en bois blanc qui présentent $0^m,21$ de longueur sur $0^m,14$ de largeur et $0^m,05$ de hauteur ; on renverse la caisse de façon que le dessus soit dessous ; puis on y met, à l'intérieur, quatre feuilles de papier, dont on fait ressortir les bords ; ensuite, on y dispose trois rangs de fruits, les premiers placés verticalement, c'est-à-dire avec la queue en l'air ou légèrement inclinée ; on porte la même attention pour les autres rangées, qu'on recouvre d'une feuille de papier ; après il ne reste plus qu'à clouer la planchette du fond.

Afin de donner plus d'éclat aux fruits, on emploie du papier brodé ou dentelé, ce qui n'élève pas beaucoup le prix de l'emballage ; car, dans ces conditions, le papier et la boîte ne reviennent qu'à $0^{f},15$.

Quand les produits sont abondants, on a recours aux corbeilles (fig. 500) en osier d'une contenance de 2 à 5 kil. de fruits ; alors on dispose les cerises par lits en ayant soin seulement de mettre la dernière rangée comme pour la confection des caisses ; c'est ce qu'on appelle *coiffer* la corbeille.

Les Poires, Pommes, etc., sont expédiées dans des caisses plus grandes ; on met trois ou quatre lits de fruits séparés par des couches de regain, du crin végétal, on les recouvre également de feuilles de papier. Il est nécessaire également d'éviter les vides pour prévenir les meurtrissures que les secousses inévitables du voyage pourraient occasionner.

Les fruits secs tels que Noix, Châtaignes, etc., sont mis dans des sacs, sans autre précaution que de les garantir contre l'humidité.

CHAPITRE XX

Travaux Arboricoles et Viticoles mensuels

Pour l'Arboriculteur comme pour le Viticulteur, l'année commence aussitôt la récolte des fruits ou plutôt à partir de la chute complète des feuilles, c'est-à-dire en

Novembre

Arboriculture. On exécute le défoncement des terrains destinés à être convertis en Jardins ou en Vergers ; on laboure à la charrue ou à bras les plantations existantes On emploie les fumures en fumier de ferme ou en engrais chimiques. On commence la plantation et la taille des arbres. On s'occupe déjà de combattre les maladies et les insectes nuisibles. On cueille les Olives et les Arbouses. On butte les tiges des espèces fruitières frileuses. On met stratifier les pépins et les noyaux. On peut faire également du bouturage et du marcottage.

Viticulture. Les soins relatifs au sol du Jardin fruitier sont applicables également à celui du Vignoble, ainsi que l'opération de la taille. On plante les ceps enracinés. On commence les traitements phylloxériques, tels que la submersion et le sulfurage. On arrache les échalas, que l'on rentre à l'habitation, pour les mettre à l'abri des intempéries et des maraudeurs. On chausse les ceps greffés au printemps dernier.

Décembre

Arboriculture. On continue la pratique de la plupart des opérations indiquées pour le mois précédent. On badigeonne, ou mieux encore, on lave, au pulvérisateur, avec des solutions ferreuses ou cupriques, l'écorce des arbres. On surveille les fruits de garde et l'on élimine ceux qui se décomposent ; on renouvelle l'air de la Fruiterie. C'est l'époque de maturité des derniers fruits d'automne.

Viticulture. Les travaux terrestres sont toujours les mêmes. Dans les nouveaux vignobles on garnit les vides avec des plants enracinés ; dans les plantations anciennes, on comble les dénudations avec des provignages. On continue la taille et les fumures, ainsi que les soins hygiéniques spéciaux à la vigne.

Janvier

Arboriculture. On peut continuer les fumures jusqu'au printemps, et les autres opérations culturales d'hiver, si le froid n'est pas trop intense. On choisit les rameaux pour greffons, surtout ceux de végétation hâtive, et on les conserve, dans le sable, à l'exposition du nord. On achève la taille de l'Amandier, de l'Abricotier, du Noisetier, etc., enfin de tous les arbres qui entrent en sève de bonne heure. Quand la température est trop rigoureuse pour travailler dehors, on confectionne ou on répare les paillassons.

Viticulture. Les soins applicables à la vigne ne diffèrent en rien de ceux des mois précédents. On commence les greffages à l'atelier et on les met de suite en pépinière, au lieu de les placer en stratification.

Février

Arboriculture. On exécute à la bêche ou à la charrue le second labour d'hiver. On continue la taille et le palissage en sec. On fait choix de greffons sur les sujets à végétation normale ou tardive. On greffe l'Amandier en fente ou en couronne. On termine la taille de la plupart des arbres à fruits à noyaux.

Viticulture. On continue encore à labourer et à tailler. On confectionne les treillages et on y palisse les ceps, pour former un contre-espalier.

Mars

Arboriculture. On finit les gros travaux du sol et la taille des arbres à feuilles caduques. On greffe la plupart des espèces fruitières. On exécute les entailles et les incisions longitudinales. On récolte les Oranges.

Viticulture. On termine la plantation et la taille des ceps. A partir de la seconde quinzaine de ce mois, on peut commencer à greffer, le long du littoral méditerranéen.

Avril

Arboriculture. On commence les binages ; on achève la taille des arbres à végétation tardive, tels que le Pommier, et l'on commence celle de l'Olivier, de l'Oranger, de l'Arbousier, etc. C'est le moment aussi de planter les arbres toujours verts. A la fin de ce mois, on exécute, chez les variétés d'arbres à végétation précoce, l'ébourgeonnement et le pincement.

Viticulture. On termine également les plantations de vignes. On remet les échalas pour pallisser les pampres. On est au moment le plus opportun pour réussir les divers greffages. On se précautionne pour prévenir les ravages des gelées printanières.

Mai

Arboriculture. On finit le premier binage, ou on se borne à un ratissage, suivant l'état du sol. On opère les principaux soins en vert : ébourgeonnement, pincement et palissage. On fait la récolte des cerises hâtives et de moyenne saison. Dans les derniers jours de ce mois, on greffe en écusson et en flûte à œil poussant. Si les arbres sont envahis par des maladies ou des insectes nuisibles, on les traite en conséquence.

Viticulture. Dans la première quinzaine de ce mois, on finit les greffages. On opère le premier binage ; on commence le soufrage et le sulfatage, On applique les soins en vert ordinaires.

Juin

Arboriculture. On donne le second binage ; on continue les soins en vert ; on termine la récolte des cerises. On fait la récolte des groseilles, des abricots et de certaines poires précoces. On visite fréquemment les plantations pour prévenir les ravages des insectes nuisibles. Dans les derniers jours de ce mois, on cueille des figues bifères et des pêches hâtives.

Viticulture. A partir de cette époque, on renouvelle les binages mensuellement. On continue l'application des soins d'été. On épointe les grappes sujettes à la coulure et on pratique l'incision annulaire. On débarrasse les greffes de leurs drageons et de leurs racines d'affranchissement. On fait la chasse aux insectes, et on opère le second soufrage et le second sulfatage.

Juillet

Arboriculture. On continue les labours superficiels et autres opérations en vert. On récolte diverses variétés d'abricots et de poires. On greffe les espèces d'arbres qui sont en sève. On pratique le cassement et l'arcure.

Viticulture. Les soins particuliers au sol et à la vigne sont les mêmes que ceux indiqués pour le mois précédent. On récolte quelques variétés de raisins précoces.

Août

Arboriculture. Ce sont toujours les mêmes soins d'été à pratiquer ; on récolte des Poires, Prunes, Pêches, Amandes, etc. On commence les greffes à œil dormant.

Viticulture. En outre des opérations d'été ordinaires, on vendange aussi les cépages aux raisins précoces. On pratique le troisième et dernier sulfatage, pour permettre le parfait aoûtement du bois de la vigne.

Septembre

Arboriculture. Suivant les espèces d'arbres, on continue les greffages en Ecusson, en Fente et en Couronne, mais c'est surtout l'époque de la greffe à fruit. On récolte la plupart des fruits du Verger. On surveille toujours l'équilibre de la sève.

Viticulture. On continue à faire profiter la vigne de tous les soins propres à faciliter sa vigueur et sa fructification. C'est dans le courant de ce mois que l'on commence les travaux préparatoires pour les futures plantations, et on peut se mettre à l'œuvre pour la mise en terre des arbres toujours verts.

Viticulture. On termine les vendanges. On opère les gros labours et on commence les fumures.

Ensuite, on renouvelle cette succession de travaux dans le même ordre que précédemment.

AVIS

Nos Lecteurs qui désireraient d'autres détails sur l'Arboriculture et la Viticulture nous trouveront toujours disposé à les leur donner avec plaisir..

FIN

ERRATA

Pages.	Lignes.	
7.	4.	— par avec arbres, *lisez :* par des arbres.
9.	34.	— Tendeur Collignon (fig. 26), *lisez :* (fig. 27).
10.	1.	— Tendeur Faudrin (fig. 29), *lisez :* (fig. 28 bis).
12.	5.	— Les Cisailles (fig. 33, *lisez :* (fig. 34).
15.	5.	— Le Métro-greffe (fig. 45), *lisez :* (fig. 46).
16.	17.	— Organes de la végétation, *lisez :* Organes élémentaires.
39.	28.	— de la même façon, *ajoutez :* que celui en sec.
41.	18.	— Taille en vert (fig. 88), *lisez :* (fig. 89).
41.	31.	— Annellation corticale (fig. 89), *lisez :* (fig. 88).
66.	34.	— de même grosseur que celle, *lisez :* que celui.
67.	27.	— pratiqué sur le sujet (fig. 125), *lisez :* (fig. 124).
83.	27.	— sur le péri, mètre, *lisez :* périmètre.
88.	12.	— ensemble des tiges ou branches, *lisez :* de tiges ou de branches.
92.	17.	— les premières (fig. 164), *lisez :* (fig. 163).
92.	18.	— Quant aux autres (fig. 164 bis, *lisez :* (fig. 164).
94.	30.	— à l'épaisseur d'un écu, au point F, *lisez :* au point E.
95.	1.	— ou par inattention, le rameau, à bois, *lisez :* par inattention, le rameau à bois.
96.	2.	— Certains rameaux, aussi à constitution, *lisez :* rameaux aussi, à constitution.
110.	18.	— Quatrième année. Hiver (fig. 212), *lisez :* (fig. 211).
113.	3.	— Quatrième année. Hiver, *ajoutez :* (fig. 216).
122.	17.	— un rameau désigné à faire, *lisez :* destiné à
143.	12.	— et les autres fois, de $0^m,15$ à $0^m,20$ (fig. 177), *lisez :* (fig. 277).

Pages. Lignes.

162. 11. — suivant la grosseur du pied (Ch. XV), *lisez :* (Ch. V).

170. 9. — l'O. femelle avec les branches, *lisez :* avec les (fig. 341).

193. 24. — Aramon-Rupestris-de-Ganzin (n°s 1 et 2), *lisez :* Aramons-Rupestris-de-.

199. 19. — sur leurs sarments supérieurs et leurs sarments inférieurs sont coupés, *lisez :* sur leurs sarments inférieurs et ceux-ci sont coupés.

206. 13. — au climat sous lesquels on se trouve, *lisez :* sous lequel on se trouve.

208. 6. — Cinsaut (peut-être Saint-Saud Boudalès, *lisez :* Saint-Saud ? Boudalès).

218. 10. — ceux enseignés précédemment (p. 303), *lisez :* (p. 203).

229. 30. — que l'on plante à un mètre, *lisez :* de un à deux mètres.

235. 4. — les bouillies cupriques (p. 24), *lisez :* (p. 241).

237. 16. — Fusicladium pirnum, *lisez :* pirinum.

252. 7. — Le Puceron blanc (fig. 340), *lisez :* (fig. 430).

253. 8. — Tigres (fig. 342), *lisez :* (fig. 432).

256. 9. — Le Balamin, *lisez :* Le Balanin.

257. 19. — Le ver typographe (fig. 544), *lisez :* (fig. 444).

Planche XLIII. Noctuelle Psy, chenille velue, *voyez :* chenille glabre.

261. 29. — par l'encluage des plaies, *lisez :* par l'engluage des plaies.

265. 26. — Reconstitution du vigoble, *lisez :* du vignoble.

281. 22. — Pour les cerises (fig. 50), *lisez :* (fig. 501).

TABLE DES MATIÈRES

Chapitre Sixième

Chapitre Septième

Chapitre Huitième

Chapitre Neuvième

Chapitre Dixième

Chapitre Onzième

Chapitre Douzième

Chapitre Treizième

Chapitre Quatorzième

Chapitre Quinzième

Chapitre Seizième

Chapitre Dix-septième

Chapitre Dix-huitième

Chapitre Dix-neuvième

Chapitre Vingtième

FIN